Technologievision Südtirol 2030

AUTONOME PROVINZ BOZEN SÜDTIROL
PROVINCIA AUTONOMA DI BOLZANO ALTO ADIGE
Deutsche Kultur

Die Drucklegung dieses Buches wurde ermöglicht durch
die Südtiroler Landesregierung / Abteilung Deutsche Kultur.

Roland Benedikter
(Hrsg.)

Technologievision Südtirol 2030

Elemente für die Landes-Technologiezukunft

ATHESIA VERLAG

Inhaltsverzeichnis

Vorwort

Franz Schöpf

Abteilung Innovation, Forschung, Universität und Museen der Landesverwaltung der Autonomen Provinz Bozen-Südtirol

Dieses hoch konzentrierte Buch gibt einen spannenden Einblick in die wichtigsten Technologiethemen der Zukunft: einer Zukunft, die unseren Alltag in Südtirol heute schon erobert. Im Haushalt, bei der Arbeit oder auf Reisen sind wir bereits mittendrin im Strom der Veränderung. Zukunftstechnologien begleiten unser Leben, beeinflussen unsere Gewohnheiten und prägen unsere Gemeinschaft. Wir haben die Möglichkeit, über Grenzen hinweg zu kommunizieren, Wissen auszutauschen und die Welt in einem noch nie dagewesenen Ausmaß mittels Daten und Information zu erkunden.

Wir müssen aber auch über den heutigen Stand hinaus weiterdenken. Denn die Art und Weise, wie wir arbeiten, lernen, miteinander interagieren und die Welt um uns erleben, wird sich in den kommenden Jahren weiter grundlegend verändern. Zukunftstechnologien werden unsere Werte von Liberalismus und Freiheit beeinflussen. Es wird nicht nur neue Geschäftsmodelle geben, sondern auch neue Gesellschaftsmodelle werden notwendig sein. Politik, Wirtschaft und Zivilgesellschaft werden vor der Herausforderung stehen, die Chancen der technologischen Innovations-Veränderung zu nutzen, ohne dabei das Wohl von Mensch und Umwelt aus dem Blickfeld zu verlieren.

Diese Herausforderung ist nicht völlig neu. Südtirol verdankt seine Stellung als Wirtschafts- und Innovationsstandort mit hoher Lebensqualität seit jeher der Fähigkeit, sich frühzeitig auf neue Herausforderungen und Trends einzustellen. Überall im Land entstehen ständig neue Ideen, Technologien, Produkte und Dienstleistungen. Die Ausgaben für Forschung und Entwicklung nehmen laufend zu und haben im Jahr 2020 erstmals die Marke von knapp einem Prozent des Bruttoinlandsproduktes erreicht (laut ASTAT vom September 2022). Eine zentrale Rolle spielt dabei die kooperative Wertschöpfungskette zwischen heimischen Unternehmen, Start-ups, führenden Forschungseinrichtungen wie Eurac Research und der Freien Universität Bozen sowie die Verfügbarkeit der notwendigen Forschungsinfrastruktur, wie sie im NOI-Technologiepark Bozen und Bruneck mit seinen über 40 Labors errichtet wurde.

Für eine weiterhin zukunftsfähige Entwicklung des Landes dient die *Forschungs- und Innovations-Strategie für Intelligente Spezialisierung* – RIS3, englisch: *Research and Innovation Smart Specialisation Strategy* – als Wegweiser. Aufbauend auf der Analyse standortspezifischer Stärken, vorhandener Forschungskompetenzen und für Südtirol relevanter Schlüsseltechnologien der kommenden Jahre steckt diese Strategie klare mittelfristige Ziele für Politik, Wirtschaft und Wissenschaft.

Vor diesem Hintergrund gilt für die kommenden Jahre: Nur durch die gemeinsame, zielgerichtete Anstrengung und ein koordiniertes Handeln aller am Innovationsprozess beteiligten Akteure kann eine „Technologiezukunft Südtirol 2030" Einzug halten, die Entwicklung und Fortschritt ermöglicht, unsere Lebensqualität verbessert und nachhaltige Lösungen für gesellschaftlich relevante Themen bereitstellt. Die vorliegende Publikation unter Leitung von Roland Benedikter ist ein überaus wertvoller Schritt in diese Richtung.

Einleitung

Roland Benedikter

Eurac Research Bozen, Center for Advanced Studies und UNESCO-Lehrstuhl für Interdisziplinäre Zukunftsvorwegnahme und Global-Lokale Transformation, Zukunftskreis des Deutschen Bundesministeriums für Bildung und Forschung (BMBF) für die deutsche Bundesregierung 2019–2023

Dieses Büchlein stellt Elemente für den Weg zu einer integrierten und partizipativen Technologievision Südtirols bereit. Es

- beschreibt kurz und allgemein verständlich Bausteine dazu;
- entwirft ein Grundmodell für die mittel- bis langfristige Ausrichtung;
- und verweist auf „beste Praktiken" verschiedener Kontexte und Länder.

Bei alledem nimmt es eine Landes-Technologiestrategie nicht vorweg, sondern erarbeitet – in offener Weise – Voraussetzungen und Ansätze dafür.

Die vorliegende Studie wurde auf Anregung des Südtiroler Landtags: des Parlaments der Autonomen Provinz Bozen-Südtirol, als Grundlage für Diskussionen auf wissenschaftlicher Basis erstellt. Sie soll politische Entscheidungen und operative Ausarbeitungen für eine bestmögliche Beteiligungspraxis anregen und informieren. Adressaten sind Entscheidungsträger, Politik und Zivilgesellschaft sowie, langfristig mit am wichtigsten, Jugend und Bürgerschaft im umfassenden Sinn.

Die folgenden Beiträge wurden zum ersten Mal bei einer internationalen Anhörung für die Südtiroler Politik in Bozen vorgebracht. Der Südtiroler Landtag hielt im Februar 2022 auf Initiative der III. Gesetzgebungskommission ein *Hearing* zu jenen neuen Zukunftstechnologien ab, die für das Land in den kommenden Jahren relevant sein können – teilweise auch über bereits bestehende Schwerpunkte hinaus. Ziel war es, durch Beiträge von internationalen Experten und regionalen Sachverständigen einen Überblick über Technologien mit hohem gesellschaftlichem Veränderungspotential zu gewinnen. Weitere Ziele waren die Erkundung des wechselseitigen Bezugs dieser Technologien zueinander und ihrer gebündelten Anwendbarkeit auf das Territorium; ihre möglichen Wirkungen im Landes-Kontext, und zwar sowohl als Kontinuitäts- wie Unterbrechungsfaktoren; die Steigerung der Technologiekompetenz der politischen, sozialen und zivilen Gestalter; und generell die Intensivierung der Debatte zwischen den politischen Lagern, um innovative Entwicklungsstrategien anzuregen.

Das Ergebnis der Anhörung war – gerade in der Vielfalt der Beiträge – eindeutig. Es ist im Sinne eines partizipativen Entwicklungsprozesses wünschenswert, dass Südtirol in den kommenden Jahren eine erweiterte, in manchen Punkten bisherige Schwerpunktsetzungen ergänzende, langfristig und interdisziplinär ausgerichtete und mit einem institutionell verankerten, sozialwissenschaftlich fundierten Selbstreflexions- und Ethik-Ansatz verbundene Technologievision implementiert, die sich in die heute bereits bestehenden Ansätze eingliedert. Das sollte möglichst noch im – und für den – aktuellen 5. Kondratieff-Zyklus der „intelligenten Technologiesysteme" geschehen. Dieser Zyklus wird nach Ansicht der meisten Experten um das Jahr 2030 vollends reif und dann gesamtgesellschaftlich wirksam sowie in seinen Instrumenten vernetzt für das Gemeinwohl umsetzbar werden.

Sicher ist aber schon heute: Zukunftstechnologien werden sich laufend vervielfältigen, stärker als bisher in den Alltag eindringen und damit auch die Südtiroler Gesellschaft in den kommenden Jahren stark verändern. Deshalb gilt es, wie die folgenden Seiten zeigen wollen, drei Grundbausteine frühzeitig mit Augenmaß und Weitblick zu verbinden:

1. Zukunftstechnologien,
2. soziale Ökosysteme, und
3. neue Wissensökologien.

Von der Qualität der Verbindung dieser drei Bausteine wird – wie auch in anderen Gesellschaften weltweit – immer mehr an Innovationsfähigkeit, Fortschritt und sozialem Frieden in unserem Land abhängen. Wissenschaft kann dazu Elemente der Orientierung ebenso bereitstellen wie philosophisch-sozialwissenschaftlich und ethisch begründete Technologiereflexion, Technologieantizipation und Technologiebildung *(Tech Literacy)*.

Im Ergebnis zeichnete die Landtagsanhörung vom Februar 2022 Elemente für eine mögliche Entwicklungsvision auf, ohne diese Vision selbst auf bestimmte Aspekte einzugrenzen. Daraus eine Strategie zu entwickeln, ist Aufgabe der Politik selbst in Zusammenarbeit mit den Unternehmern, ihren Forschungsabteilungen und Verbänden, Institutionenvertretern des NOI-Technologieparks und der Landesabteilung für Innovation und Forschung sowie den Wissenschaften und ihrer Experten. Dazu steht zur Zusammenführung verschiedener Entwicklungsstränge die Integrationsmethode der UNESCO-Zukunftsbildung *(Futures Literacy)* als ethischer Reflexionsansatz und Diskussionsplattform bereit. Sie ist am UNESCO-Lehrstuhl von Eurac Research am Center for Advanced Studies in Bozen angesiedelt. Einer der „Väter" dieser Methode – Riel Miller – ist in diesem Buch vertreten..

Für das vorliegende Buch lieferten die Sprecher des Landtagshearings schriftliche Zusammenfassungen ihrer Beiträge, die nicht vollständig mit ihren mündlichen und medialen Präsentationen übereinstimmen, sondern zum Teil überarbeitete und erweiterte Versionen darstellen. Das Buch, das der Leser in Händen hält, steht für einen verständlichen, sprachlich und inhaltlich voraussetzungslosen Zugang zur Debatte nicht nur für die Politik, sondern auch die Zivilgesellschaft. Damit ist es für jeden Bürger und für die größtmögliche Verbreitung unter allen Bevölkerungsschichten geeignet. Es soll dadurch den Dialog zwischen Politik, Experten und Zivilgesellschaft fördern.

Eine letzte Bemerkung zum Ton der folgenden Darstellungen. Das vorliegende Buch stellt die wichtigsten neuen Zukunftstechnologien ganz bewusst vorwiegend positiv dar, um ihre Chancen für die Landesentwicklung in den Vordergrund zu stellen. Das stimmt mit dem Ansatz der meisten zeitgenössischen Experten sowie globaler Organisationen wie den Vereinten Nationen überein, eine positive Nutzung in den Vordergrund zu stellen, um neue Kräfte freizusetzen und die Jugend mitzunehmen. Ziel ist es, von einem allzu oft von einseitiger Sorge geprägten, apokalyptischen Ton zu einer konstruktiv sorgenden Haltung überzugehen. Der US-Analytiker Peter Leyden hat das 2022 so dargestellt:

> „Die Idee [ist], eine positive Geschichte zu erzählen … Wenn man zu irgendeinem Zeitpunkt in der Geschichte zufällig in eine menschliche Kultur hineingeboren würde, würde man sich eher in unserer als in einer anderen Epoche wiederfinden wollen. Fast jeder weiß, dass wir uns mitten im Übergang zu einer technologisch vernetzten Wirtschaft und Gesellschaft befinden, und dass es sinnvoll ist, alle an Bord zu holen … Wir befinden uns eindeutig in einer technologisch vernetzten Welt, aber ich würde behaupten, dass wir jetzt in eine solche Gesellschaft übergegangen sind sowohl im Guten wie im Schlechten."[1]

Die Hervorhebung *beider* Seiten ist also wichtig: Risiken und Chancen, mit Schwerpunkt auf letzteren. Die positive Darstellung neuer Technologien soll aber nicht heißen, dass viele der im folgenden beschriebenen Technologien nicht auch vieldeutig sind. Die charakteristische Vielgestaltigkeit der Entwicklungen will natürlich auch in Südtirol beachtet und reflektiert werden. Dieses Büchlein will in diesem Sinn eine Anregung sein, über die dargestellten Sachverhalte gemeinschaftlich nachzudenken und sie vielleicht auch in einigen Aspekten vorauszudenken.

Der Auftraggeber des Landtagshearings im Februar 2022 war die III. Gesetzgebungskommission des Südtiroler Landtags unter dem Vorsitzenden L.-Abg. Helmuth Renzler (†). Die Initiatoren des Hearings waren L.-Abg. Helmuth Renzler, L.-Abg. Paul Köllensperger und L.-Abg. Gert Lanz. Der Beschlussantrag wurde eingebracht von L.-Abg. Paul Köllensperger, L.-Abg. Gert Lanz und L.-Präsidentin L.-Abg. Rita Mattei. Die wissenschaftliche Koordination und Leitung hatte ich. Die Übersetzungen aus dem Englischen, Deutschen und Italienischen ins Deutsche verantworte ich in Zusammenarbeit mit Marco Armani und den Autoren. Besondere Verdienste um Zukunftstechnologie als Politikthema für Südtirol und die Veröffentlichung dieser Beiträge erwarb sich L.-Abg. Maria Rieder.

1 Christoph Drösser: Peter Leyden: „Die Idee war, eine positive Geschichte zu erzählen." In: Die Zeit, 25. Juli 2022, https://www.zeit.de/digital/2022-07/peter-leyden-wired-zukunftsszenarien-klimawandel-pandemie.

KAPITEL 1

Digitale Transformation, Blockchain, Künstliche Intelligenz, Big Data: Wohin geht die Reise? Welche Zukunft erwartet Südtirols Menschen und Betriebe? Die Politik muss ihre Digitalkompetenz aufrüsten

Paul Köllensperger, Gert Lanz, Helmuth Renzler (†)

Südtiroler Landtag / Parlament der Autonomen Provinz Bozen-Südtirol

Zukunftstechnologien werden für Südtirol zum zentralen Thema der kommenden Jahre. Im Jahrzehnt bis zum Jahr 2030 – das die Vereinten Nationen und UNESCO zum Entwicklungszeitraum und Prüfstein nachhaltiger und humaner Entwicklung erklärt haben – bergen neue Technologien voraussichtlich das mit größte Entwicklungs- und Wachstums-Potential. Allerdings ist damit auch die Notwendigkeit richtungsweisender Entscheidungen verbunden. Das geht mit besonders viel Verantwortung einher. Es geht um nichts weniger, als die Weichen für die vor uns liegende Ära neuer Humantechnologien zu stellen. Inwiefern? Und was genau ist damit gemeint?

Wie uns die Experten unter der Leitung von Roland Benedikter im Februar 2022 in einer Landtagsanhörung zeigten, sind digitale Transformation, Blockchain, Künstliche Intelligenz und Big Data Vorreiter einer neuen Ära der Techno-Demokratie. Technologie kann in den kommenden Jahren zu mehr Bürgerbeteiligung und gleichzeitig zur Entlastung von Politik, Verwaltung und Regierung beitragen. Datenproduktion, Datenwirtschaft, Datenwissenschaft und Dateneigentum der Bürger:innen sowie datengestützte automatisierte Arbeit sind Elemente, die für eine ganze Gesellschaft Sprünge in Qualität und Quantität ermöglichen. Sie weisen voraus in einen neuen sozialen Technologiegebrauch – vor allem dann, wenn sie in ihrem Potential ganzheitlich erfasst und eingerichtet werden.

Dazu muss die Politik als ersten Schritt ihre Digitalkompetenz aufrüsten. Hier gilt: Wer zu spät kommt, den bestraft das Leben. Südtirol kann vom Zusammenfluss technologischer Innovationen in den kommenden Jahren schon in mittleren Zeiträumen profitieren – wenn neue Technologien frühzeitig, gesellschaftsrelevant und sozial verträglich eingesetzt werden.

Was dazu nötig ist, ist Vision – nicht nur für wenige, sondern für alle. Viele Bürger wissen noch nicht genau, was in den und durch die neuen Technologien geschieht: was genau sie können und bewirken. Das gilt es auch vonseiten der Politik besser zu verstehen, zu erklären und zu vermitteln. Unser Land ist in Nischen- und Transformationsbereichen in Wirklichkeit bereits auf dem Weg zum Spitzentechnologieland – vor allem mittels Privatwirtschaft und NOI-Technologiepark in Bozen und Bruneck. Wenn die Politik diesen Weg weiter kompromisslos unterstützt und ausbaut, kann Südtirol auf mittlere Frist sogar Maßstäbe auf regionaler Ebene setzen. Dafür sind mit Wissenschafts- und Forschungseinrichtungen wie Eurac Research und Freier Universität Bozen, privaten Initiativen wie der (informellen) Akademie für Künstliche Intelligenz in Brixen, sowie einer Vielzahl neu gegründeter Start-ups zu Blockchain, Dateneigentum und Privatsphäre als Inkubatoren und Vernetzer gute Voraussetzungen gegeben. Vor allem aber sind es die Bürger Südtirols mit ihrem hohen Ausbildungsstand und ihrem Interesse an Innovation, die in den kommenden Jahren den Unterschied machen.

Wohin also geht die Reise? Und welche Zukunft erwartet Südtirols Menschen und Betriebe?

Die Antworten finden sich auf den folgenden Seiten. Sie sind als Bausteine für die weitere Diskussion gedacht – sowohl die politische wie die zivilgesellschaftliche. Die Südtiroler Politik sollte sich um ein mittel- bis langfristiges Gesamtkonzept kümmern – jetzt und nicht erst später. Neben der Nachhaltigkeits- und der RIS3-Strategie – der Forschungs- und Innovations-Strategie für Intelligente Spezialisierung, die die EU all ihren Regionen vorschreibt – ist für Südtirol eine ebenso gezielte wie ganzheitlich einbeziehende Technologiestrategie sinnvoll, um den sozialen Frieden zu wahren und auszubauen. Die Situation hinsichtlich Humankapital ist dafür günstig. Junge Südtiroler:innen arbeiten bereits heute an den internationalen Technologie-Hochburgen mit – in Italien, Österreich, der Schweiz, Deutschland, den Niederlanden, Schweden, Großbritannien und den USA. Sie gilt es an unser Land zurückzubinden, im Idealfall dauerhaft hier zu halten. Die Umkehrung des „Technologie-Brain-Drain" mittels einer landesweiten Technologie-Offensive kann zu noch breiterer Innovation im Land führen. Einer Innovation, die als Basis-Treiberin quer durch alle Gesellschafts- und Wirtschaftsbereiche agiert, und von der über kurz oder lang alle Bürger:innen profitieren.

Was bedeutet das? Ausschlaggebend werden in den kommenden Jahren grundsätzlich mehr Investitionen in technologische und Innovationsektoren sein. Wir brauchen Attraktions- und Akquisitionsstrategien im High-Tech-Bereich; und wir brauchen den entschlossenen Ausbau der Grundlagen- und anwendungsorientierten Wissenschaft in inter- und transdisziplinärer Blickrichtung.

Das Landtagshearing „Technologiezukunft Südtirol 2030" vom Februar 2022 war dazu eine Auftakt- und Signalveranstaltung. Es war der Beginn einer intensiveren Auseinandersetzung der Volksvertreter und Gesetzgeber im Landtag mit dem Technologie-Zukunftsthema in der größeren Blickrichtung, die das Land nun benötigt.

KAPITEL 2

Voraussetzungen für eine ganzheitliche Technologievision Südtirol: Die drei Bausteine Zukunftstechnologien, soziale Ökosysteme und Wissensökologie miteinander verbinden

Roland Benedikter

Eurac Research Bozen, Center for Advanced Studies und UNESCO-Lehrstuhl für Interdisziplinäre Zukunftsvorwegnahme und Global-Lokale Transformation, Zukunftskreis des Deutschen Bundesministeriums für Bildung und Forschung (BMBF) für die deutsche Bundesregierung 2019–2023

Wirtschaft und Technologie bilden heute eine immer stärkere Einheit. Ihr Überschneidungspunkt entfaltet auch für den Standort Südtirol zunehmende Bedeutung. Die Konvergenz von Wirtschaft, Technologie, Wissenschaft und ganzheitlich geplanter Zukunftsvorwegnahme erfolgt am Schnittpunkt zu Kernbereichen wie Industrie, Finanzwesen, Bauwesen, Dienstleistungssektor, Landwirtschaft und Tourismus, die ebenfalls allesamt von Technologie immer stärker beeinflusst werden. Technologie wird in den kommenden Jahren zum Brücken-, Integrations- und Umgestaltungstreiber, der ins Zentrum unserer Gesellschaft rückt. Südtirol hat sich bereits seit Jahren darauf vorbereitet. Unser Land hat die wichtigsten Weichen gestellt, um Technologiezukünfte für Anziehungskraft und Sektoren-Innovation in der Gemeinschaft zu nutzen. Dabei sollte, so alle Landes-Entwicklungspläne, das Gemeinwohl im Mittelpunkt stehen, um Teilhabe zu erweitern und Ungleichheit zu vermindern.

Der idealistische Ausgangspunkt für kommende Innovationswellen: Befreiungstechnologie

Die Situation, dass Technologie für Territorien wie Südtirol mit jedem Jahr einflussreicher wird, ist nicht neu. Die Lage entwickelt sich schnell – und präsentiert immer neue Möglichkeiten und Herausforderungen. Nach Anlauf- und

Inkubationsphasen seit den 1990er Jahren kann Technologie-Innovation in den 2020er Jahren laut Forschungseinrichtungen wie Max-Planck-Gesellschaft und Universitäten wie Stanford und MIT erstmals tatsächlich zur *Befreiungstechnologie* für Gesellschaften werden – wenn sie ganzheitlich, systematisch, sozial integriert, dialogisch und partizipativ erfolgt.

„Befreiung" bedeutet in diesem Bereich: Zukunftstechnologie kann sowohl die Beteiligung wie die Autonomie der Bürger verbessern. Sie kann sowohl Selbsttätigkeit und Initiative wie Vernetzung, Interaktivität und Gemeinschaftsbewusstsein stärken. Damit kann sie besser als in vergangenen Entwicklungsphasen dazu beitragen, persönliche Freiheit in einer solidarischen Gesellschaft weiterzuentwickeln. Das gilt in erster Linie für Territorien, die sich frühzeitig um die Einführung, Zusammenführung, Anpassung und Anwendung neuer Technologie-Entwicklungen im öffentlichen Interesse kümmern – und sie territorial und zwischen den Sektoren ausgeglichen umsetzen, wobei den Schnittstellen eine besondere Bedeutung zukommt.

Die erste Phase

Wichtig als Voraussetzung für den – zunächst idealistisch gemeinten – Einsatz von Technologie als „Befreiungstechnologie" ist, den Qualitätssprung in der sozialen Wirkungsvielfalt von Technologie zu sehen, der sich in den vergangenen Jahren vollzogen hat. Wir erleben derzeit den Übergang von der ersten zur zweiten Phase der Befreiungstechnologie. Die *erste Phase* erfolgte seit Anfang der 2000er Jahre. Sie verstand „Befreiung durch Technologie" als die Kombination von Computer und Internet, die nötige Bildung zu deren Gebrauch und die weitestmögliche Verbreitung dieser drei Grundpfeiler der digitalen Gesellschaft. Das sollte für die Emanzipation aller Bürger mittels gleichen Zugangs zu Information und Wissen sowie für die Ausbildung entsprechender Fähigkeiten der Selbstorientierung und der Eigenaktivität auch bei den nachwachsenden Generationen sorgen. Später meinte „Befreiungstechnologie" den Einsatz von Smartphones und anderen Aufzeichnungsgeräten zur Steigerung von Transparenz, Dokumentation und Bekämpfung unlauterer Praktiken und zur Verbesserung von Regierungs- und Verwaltungsabläufen mittels interaktiver Bürger-Rückmeldungen samt Möglichkeit jederzeitiger Veröffentlichung zum Beispiel in sozialen Medien. Diese Ansätze wurden von den Sozialwissenschaften in demokratischen Gesellschaften der Welt begleitet und gefördert.

Dazu wurden nach und nach auch ganze akademische Programme gegründet, darunter das für ähnliche Initiativen beispielgebende „Programm für Befreiungstechnologie" (Program on Liberation Technology) an der Stanford Universität in Silicon Valley.[1]

Diese erste Phase der bewussten Verwendung von Technologie für das – zunehmend als unauflöslich gedachte – Tandem von individueller Emanzipation und gemeinschaftlichem Fortschritt löste große Begeisterung aus, und zwar sowohl bei jenen, die sie betrieben, als auch bei denen, die in ihren Genuss kamen. Regierungen und Verwaltungen sahen dies als Profilierung und Schulterschluss in progressiver Weiterentwicklung von Demokratie. Die erste Phase stieß aber mit der raschen Veränderung des Technologiebereichs, insbesondere der Computer-Internet-Schnittstelle, mittels

1. immer umfassenderer – und trans-sektorial vernetzter – Kommerzialisierung von Internet, sozialen Medien und Information,
2. dem Aufstieg der „Datenausbeutungswirtschaft" *(data extraction economy)* und
3. dem steigenden Einfluss von Monopolen

schon bald an ihre Grenzen. Viele sprachen ab den 2010er Jahren statt von Befreiung von einer zunehmenden Gefahr der Verengung gesellschaftlicher Spielräume durch Technologie: nämlich von „Algokratie" – also der „alles durchdringenden" wirtschaftlichen, politischen und sozialen Herrschaft der Algorithmen, die die Gesellschaft schon bald unter ihre Fittiche nehmen würde.

Die zweite Phase

Die seit Mitte der 2010er Jahre einsetzende *zweite Phase der Befreiungstechnologie* erkennt dieses veränderte Umfeld und arbeitet mit ihm. Ihr Ziel ist, die Ansätze der ersten Phase auf eine neue Ebene zu heben. Dazu findet, wie in anderen gesellschaftlichen Sektoren, eine gewisse Entpolitisierung statt, was traditionelle ideologische Richtungen betrifft. Im Unterschied zur ersten (links-progressiven) Phase will die aktuelle zweite Phase nichts mehr mit Ideologie zu tun haben – auch keiner technophil fortschrittsorientierten. Ziel sind jetzt fast ausschließlich pragmatische Verbesserungen des Alltagslebens. Die zweite Phase der Befreiungstechnologie versteht sich als politisch nur mehr insofern, als sie das Soziale verbessern will.

Dabei ist der Übergang von der bisherigen Parallelentwicklung zum systematischen Verschmelzungsmechanismus neuer Technologien entscheidend. Es sind inzwischen intelligente und interaktiv lernende globale Netzwerke entstanden, die sehr verschiedene, zunehmend dezentralisierte Technologien miteinander kommunizieren lassen – und sie in vielen Einzelanwendungen gezielt auf Kontexte bezogen integrieren. Dadurch entsteht ein Netz von „Knotentechnologien", die sich gegenseitig ständig weiter vorantreiben, indem sie sich immer neu an unterschiedliche Realitäten anpassen – und dabei an ihren Erfahrungen ständig weiter lernen, indem sie diese transversal austauschen.

Diese neuen Knotentechnologien dringen nach und nach in die meisten Arbeits- und Lebensbereiche ein. An ihren Überschneidungspunkten sind sowohl graduelle Steigerungen wie disruptive „Sprünge" bestehender Technologieanwendungen im Vollzug. Als Treiber agieren die Verbreitung von 5G, die Entstehung neuromorpher Netzwerke, der Erwerb deduktiver Sinneswahrnehmung durch Künstliche Intelligenzen, die Entstehung und Vernetzung immer mehr verschiedener, nämlich unterschiedlich kontextualisierter und individualisierter „generativer" Künstlicher Intelligenzen, und der Übergang des Computers zum lernenden Hybrid aus Quanten- und Biocomputer, der ein Vielfaches bisheriger Leistungen erbringen kann und damit auch alle anderen Digitalisierungsbereiche auf ein neues Niveau heben wird.[2]

In Kombination dieser und weiterer Entwicklungen ist die „zweite Phase" der Befreiungstechnologie voraussichtlich bis in die 2030er Jahre hinein imstande, tiefer in die Sozial- und Lebensstrukturen einzugreifen, als es die erste, aus heutiger Sicht noch eher traditionell emanzipationsorientierte Welle ahnen konnte. Als Preis für diese höhere Effizienz birgt die aktuelle Technologie-Entwicklung aber auch größere Mehrdeutigkeiten und Risiken. Darunter ist eine rasch steigende Anzahl von „Dual-Use"-Entwicklungen und -Anwendungen. Das sind Anwendungen, die widersprüchlich und oft sogar gegensätzlich genutzt werden können, was traditionelle ethische oder politische Regelungen schwer bis unmöglich macht. In der Fachsprache charakterisiert die Wissenschaft deshalb die zweite Phase der Befreiungstechnologie durch die Kombination von Hypertechnologie mit Tiefenambivalenz.[3] Weil vieles in der aktuellen Technologiephase durch Irreversibilität gekennzeichnet ist, können wir hinter diese Kombination gesteigerter Möglichkeiten mit gesteigerten Risiken kaum mehr zurückgehen. Wir müssen, wie alle Länder und Gemeinschaften, versuchen, sie positiv zu fassen und bestmöglich zu nutzen – ohne die Herausforderungen zu unterschätzen.

Wachsende Chancen und Risiken erfordern die umfeldangepasste Integration von Zukunftstechnologien

Für beides: Chancen und Risiken sind die Voraussetzungen dynamischer Weiterentwicklung gegeben. Beide erweitern und verbreitern sich ständig. Um die Chancen zu nutzen, müssen Gesellschaften auf der Höhe der Zeit gewisse Risken eingehen. Und um die Risiken zu minimieren, müssen diese Gesellschaften Chancen nutzen und verschiedene Zukunftstechnologien in ethisch-gesellschaftspolitischer Perspektive so zusammenführen, dass sie sich gegenseitig korrigieren und ausgleichen. Ziel ist die demokratieverträgliche Integration in die offene Gesellschaft.

Die Zusammenführung verschiedener Technologien zum Zweck ihres Ausgleichs ist auch deshalb nötig, weil zahlreiche aktuelle Transformationstechnologien mit Langzeitwirkung auf Territorien und soziale Gemeinschaften inzwischen selbstverändernd funktionieren und Eigendynamiken entfalten. Darunter sind zum Beispiel das Spektrum Künstlicher Intelligenzen, Blockchain und Datenwirtschaft. Je weiter sie fortschreiten, desto mehr nehmen sie Fahrt auf und verzweigen sich trans-sektoral. Umso mehr können sie – eben deshalb – aber auch an Territorien und Bevölkerungen mittels gezielter Selektion und Kombination angepasst: also „umfeldangepasst" oder „kontextualisiert" werden. Die Chance auf maßgeschneiderte Anpassung ergibt sich auch deshalb, weil viele dieser Technologien heute zunehmend mit progressiven sozialen Innovationen wie der Möglichkeit zur Personalisierung des Dateneigentums und dezentralisiertem Datenhandel einhergehen. Dafür hat die Europäische Union die Europäische Datenschutz-Grundverordnung 2016[4], die Europäische Datenstrategie 2020[5] und das Europäische Daten-Governance-Gesetz 2020[6] erlassen. Sie alle basieren auf der Charta der Grundrechte der Europäischen Union aus dem Jahr 2012.[7] Weitere EU-weite Normen für Einzelaspekte der aktuellen Technologie-Evolution sind in Ausarbeitung begriffen.

Diese Gesamt-Entwicklung geht mit der dynamischen Anpassung von Wertevorstellungen im Spannungsfeld zwischen privat und öffentlich einher, die durch den Einsatz und die *Art und Weise* des Gebrauchs von Innovations-Technologien zum Ausdruck kommen. Die neuen Werte, die dazu erst im Entstehen begriffen sind, müssen von Wirtschaft, Politik und Zivilgesellschaft gemeinsam legitimiert, validiert, eingesetzt und gesteuert werden – und zwar nicht nur gesamteuropäisch, sondern auch regional und territorial.[8]

Gemeinsam können neue techno-partizipative Werte in den kommenden Jahren in eine Welt führen, die eine erste wirkliche Techno-Demokratie eröffnen kann – das heißt eine schnellere, autonomie- und unabhängigkeitsorientiertere, personenzentriertere und effizientere Demokratie, in der Politik und Bürger gemeinsam mittels Realzeit-Interaktionstechnologien das Soziale gestalten und wo sowohl die Gemeinschaft wie jeder einzelne von öffentlicher Technologieinvestition, Technologieentwicklung und -ansiedlung profitiert.[9]

Die großen Leitlinien stimmen überein

Die zweite, „kapillare" Phase der Befreiungstechnologie bis in die 2030er Jahre wird zusammenfassend nicht vorrangig durch Einzelentwicklungen, sondern erst in der anwendungs- und umfeldspezifischen *Integration* verschiedener Zukunfts-Technologien möglich. Damit ihre Integration das volle Potential für die Weiterentwicklung bestehender Gesellschaftsvoraussetzungen entfalten kann, ist es sinnvoll, dass die Entscheidungsträger frühzeitig die Weichen in Richtung Ganzheitlichkeit stellen – wenn möglich in enger Zusammenarbeit der Sozialpartner und mit Experten internationaler Organisationen wie OECD und UNESCO sowie der Europäischen Union. Die autonome und zugleich europäisch vernetzte, in sich hoch differenzierte Territorial-Gemeinschaft Südtirol weist dafür gute Voraussetzungen auf. Für die Zusammenarbeit bietet sich die Kenntnisnahme von und der dauernde, systematische Austausch mit bestehenden Zukunftsvisionen und -strategien von Nachbarregionen, Nationen, der EU und internationalen Organisationen an. Wichtige Leitlinien zeichnen zum Beispiel die Visions- und Strategiepapiere der Task Force Vorausschau (Foresight) des Deutschen Bundesministeriums für Bildung und Forschung[10], das European Strategy and Policy Analysis System (ESPAS)[11], der EU Forward Look[12], die Zukunftstechnologiestrategie Japans (eine der mittlerweile erfahrensten und langlebigsten der Welt, mit fast ausschließlich technologisch-gesellschaftlichem Schwerpunkt bereits seit den 1990er Jahren)[13] und die Zukunfts-Antizipations-Prozesse von UNESCO[14], anderer Teilorganisationen der Vereinten Nationen wie der Anticipatory Action Task Force AATS[15], des United Nations Department for Economic and Social Affairs[16], aber auch von World

Economic Forum (WEF)[17], Weltbank[18] und OECD[19]. Es ist interessant, dass die meisten Bausteine, aber auch die Zielräume der von diesen Organisationen skizzierten Technologie-Vorwegnahmeprozesse trotz unterschiedlicher politischer und sozialer Umfelder bezogen auf das Jahr 2030 sehr weitgehend konvergieren, ja in vielen Aspekten sogar übereinstimmen, obwohl sie unabhängig voneinander entworfen wurden.[20]

Drei Grundbausteine für eine ganzheitliche Strategie

Vor diesen Hintergründen, und von Erfahrungen gegenseitig lernend, ist es für Südtirol aus sozialwissenschaftlicher Sicht grundsätzlich sinnvoll, als Voraussetzung für eine produktive, gemeinschaftliche und integrative techno-soziale Entwicklung bis in die 2030er Jahre vor allem *drei* Grundbausteine zusammenzuführen und in ihrer Verbindung fruchtbar zu machen. Diese drei Bausteine sind:

1. Zukunftstechnologien;
2. soziale Ökosysteme und
3. das Konzept der Wissensökologie(n).

Was genau ist damit gemeint? Und warum sollten sich Südtirols Politik und Zivilgesellschaft ausgerechnet auf diese drei Bausteine konzentrieren – maßgeschneidert auf unser Land, und mit Blick auf Prozessqualität und Allgemeinwohl? Gehen wir sie im einzelnen durch!

1. Zukunftstechnologien: Zwischen Zukunft bisheriger Technologien und der Vorbereitung auf neue Technologien in der Zukunft

Zukunftstechnologien werden in den kommenden Jahren zum zentralen Entwicklungstreiber für alle entwickelten Gesellschaften. Sie bilden bereits heute die inter- und trans-disziplinäre Drehscheibe für viele andere Gesellschaftsbereiche. Die Frage ist, wie wir sie in ihren vielfältigen Aspekten an das Territorium anpassen und ausrichten, um sie bestmöglich zu nutzen. Das hat einerseits mit der grundsätzlichen Aufstellung Südtirols in Punkto Zukunftstechnologie, andererseits mit mittelfristig gezielten Cluster-Bildungen sowie mit „zugeschnittenen" Attraktions- und Anwendungsstrategien zu tun. Dabei halten sich Software- und Hardware-Innovationen in der aktuellen Technik-Evolution die Waage. Beide sind gleichermaßen wichtig für eine ausgewogene Entwicklung.

Nicht eine, sondern viele Zukunftstechnologien unterschiedlicher Geschwindigkeit und Anwendungsbreite

Eines gilt es vorab aber zu klären: Worin besteht Zukunftstechnologie heute eigentlich? Und was gilt es hinsichtlich ihrer weiteren Entwicklung zu berücksichtigen?

Zukunftstechnologie ist ein Sammelbegriff für eine nicht einheitliche zivilisatorische Entwicklung. Sie schließt eine breite Vielfalt von Stoßrichtungen unterschiedlicher Geschwindigkeit, Anwendungsbreite und Reife ein. Zusammen wirken sich diese auf unsere Lebensführung ebenso aus wie auf unsere Lebensplanung. Der Begriff Zukunftstechnologie umfasst heute die Trends zu

- intelligenten Häusern, intelligenten Städten und intelligenten Peripherien;
- digitaler Sanität, einschließlich digitaler Alterungsbetreuung, Ferndiagnostik und Selbstoptimierung, etwa mittels Handy-Anwendungen;
- Präzisions- und Gendermedizin;
- neue Arbeits- und Ausbildungsmodelle zum Beispiel mittels virtueller Realitäten.

Zur Zukunftstechnologie unserer Zeit gehört darüber hinaus der Trend zur Verräumlichung des Internets: von Internet-Seiten zu Internet-Räumen (Holographie), was Dienstleistungen und künftig wohl auch Tourismus auf digitalem Niveau ermöglicht.

Zudem werden sich Konzept und Praxis von Mobilität stark verändern. Denn „jedes Fahrzeug wird eine rollende Internet-Adresse"[21] (Wolfgang Müller-Pietralla), das mittels Internet der Dinge (IoT) mit allen Geräten und Prozessen rundherum ständig kommuniziert, um Informationen in Echtzeit auszutauschen. Ein künftiges Auto hält damit die Menschen während der Fahrt ebenso über die Umgebung auf dem Laufenden, wie es den Straßenverkehr analysiert und Entscheidungen über Wegverlauf, Geschwindigkeit, Tankverhalten, Pausen und Verbrauch in Realzeit trifft. Dieses Auto ist dann nicht mehr notwendigerweise Privat-, sondern eher Gemeinschaftsgefährt. Diese voraussichtlich schon bald universal anzutreffende „angewandte Kybernetik" wird intelligente – und dabei in vernetzten Verbünden ständig weiter lernende – Automatisierung allgegenwärtig machen. Das Ergebnis sind effizientere Prozesse. Sie können Nachhaltigkeit und Resilienz sowohl des Systems wie des Einzelnen fördern.[22]

Die damit beschriebene – bisher beispiellose – synchrone Vielfalt technosozialen Veränderungsgeschehens, in das wir zum Teil bereits eingebettet sind, ist der Grund dafür, warum Exzellenz-Lehrgänge nun nicht mehr nur zur „Digitalisierung" oder „Digitalen Entwicklung", sondern ganz bewusst – weit umfassender – zur „Digitalen Transformation" heute so wichtig werden wie nie zuvor.[23] Private Institute, Forschungseinrichtungen und Fachhochschulen waren dabei bisher oft schneller; Universitäten und öffentliche Institutionen sollten nachziehen. Warum?

Vieldeutige („tiefenambivalente") Perspektiven: Die Zweischneidigkeit der neuen Techno-Kybernetik

Laut Forschern wie Markku Wilenius befinden wir heute am Beginn des 5. Kondratieff-Zyklus: dem Prozess des vernetzten Intelligentwerdens fortgeschrittener Technologien.[24] Dieser Prozess wird ab Ende der 2030er und in den 2040er Jahren im 6. Kondratieff-Zyklus in die Anwendung dann hyper-intelligenter Technologien in Bio-Technologien und technologische Lebenssysteme münden – das heißt in die Kontrolle über und die Umgestaltung der bio-physiologischen Grundlagen von Mensch und Welt.[25]

Das erfolgt auf der Grundlage der Wiederkehr der Kybernetik als methodischer Plattform für Innovation, die verschiedenste Bereiche im Grundansatz zusammenführt.[26] Galt Kybernetik ab dem 19. Jahrhundert nicht nur als wissenschaftliche Methode, sondern auch als Grundlage der Kunst ganzheitlichen Gestaltens und Regierens, so erneuert sie sich heute nach einer zyklischen Abwesenheit von der Debattenbühne rapide und wird zum Kern der technologischen Vernetzungsrevolution. Kybernetik ist die Gesamtsteuerung von Systemen mittels universaler technologischer Vernetzung. Diese Gesamtsteuerung entwickelt sich durch interaktive Systemkomponenten wie dem Internet der Dinge (IoT) zunehmend auch ohne Zutun von Menschen: nämlich als selbstlernende und „selbsthervorbringende" („autopoietische") Selbstorganisation eines zusammenhängenden „Technologieteppichs". Was hier an immer mehr Selbstorganisation „lernender" und interaktiver Technologie geschieht, gilt es möglichst nahe am Menschen zu halten und ständig auf seine Gesellschaftsverträglichkeit zu überprüfen. Deshalb hat kürzlich etwa die Elite-Universität Australian National University (ANU) als eine der ersten wieder eine Schule für Kybernetik begründet.[27]

Auch in Südtirol könnte es an der Zeit sein, die Vieldeutigkeit der zunehmenden technologischen Selbststeuerungslogik von hoch komplexen Systemen, die wir Kybernetik neuester Stufe nennen, in ihren bevorstehenden Wirkungen auf die Gesellschaft zu diskutieren. Bietet die „neue Kybernetik" der entstehenden Techno-Kultur doch auch hierzulande sowohl die Möglichkeit eines ganzheitlicheren und transparenteren Steuerungsprozesses ebenso wie, zugleich, die Möglichkeit einer umfassenderen Veränderung der bisherigen Funktionsweisen von Gesellschaft, einschließlich der Autonomie, und letztlich auch die Möglichkeit der Enthumanisierung:

> „In Bezug auf ihre gesellschaftspolitischen Implikationen strebt die Kybernetik danach, einen ‚menschlichen Gebrauch des Menschen' einzuführen, indem sie den ‚unmenschlichen Gebrauch des Menschen' überwindet. Die Überzeugung ist: Maschinen können die als unmenschlich angesehenen Aufgaben übernehmen und den Menschen für den menschlichen Gebrauch freisetzen. Aus diesem Blickwinkel ist das … kybernetische Denken heute mehr als relevant. Es führt eine neue Art von Technokratie ein, die nicht mehr den Von-oben-nach-unten-Ansatz der klassischen Mechanisierung verfolgt, sondern vielmehr eine Flexibilität bietet, die Kontingenz und Unregelmäßigkeiten begrüßt. In diesem Sinne ist die neue Kybernetik auch zweideutig. Denn sie könnte sowohl bei der Verwirklichung eines sozialistischen, kommunistischen als auch anarcho-neoliberalen Verwaltungswesen mitwirken. Das hat damit zu tun, dass die Kybernetik epistemologisch darauf abzielt, den Gegensatz zwischen Mechanismus und Vitalismus zu durchbrechen … Ontologisch … hat die Kybernetik das Zwei-Werte-System der aristotelischen Logik überwunden und weist auf eine … mehrwertige Logik hin."[28]

Es sei hier nur am Rande erwähnt, dass diese „neo-kybernetische" Entwicklung auch tiefe kulturelle Implikationen mit sich führt, die sich zweifellos auf Kulturumgebung und Gesellschaftsstimmung auswirken werden – also auf Aspekte, die für ein kulturell sensibles Gebiet wie Südtirol von besonderer Bedeutung sind:

> „Martin Heidegger … wurde gefragt, was nach dem Ende der Philosophie komme; Heidegger antwortete: die Kybernetik. Mit anderen Worten: er verkündete, dass die Kybernetik das Ende der abendländischen Philosophie markiere … Die Kybernetik wird … als ein Triumph … der wissenschaftlichen Methode begriffen, der philosophische Überlegungen letztlich überflüssig macht. Dies wird auch beobachtet …, wenn wir [die Kybernetik] als eine neue Erkenntnistheorie betrachten, die auf Reflexivität beruht. Die Kybernetik ist nicht etwas, das von irgendwo außerhalb der westlichen Philosophie kommt, sondern sie ist ihre eigene Verwirklichung oder Vollendung."[29]

Diese – sowohl politischen wie sozio-kulturellen – Herausforderungen der neuen, dynamischen Kybernetik der Techno-Gesellschaft betreffen auch zwei Fragen, die im Zentrum der Zukunft unseres Landes liegen:

1. welches Verhältnis wir künftig zwischen Maschine und Ökologie anstreben. Das heißt für Südtirol: die Frage von Verhältnis und Verträglichkeit der Technikentwicklung mit der Nachhaltigkeitsstrategie des Landes, in deren Rahmen Südtirol zu einer der nachhaltigsten Regionen Europas werden will[30];
2. die Frage, wie die neue Kybernetik die bisher gültigen Grundideen verschieben wird, wie sich Kollektiv und Individuum zueinander verhalten – also ob es um eine neue gemeinschaftliche Denkweise (eine „Noosphäre" im Sinne eines Teilhard de Chardin) oder um einen neuen Individualismus geht.

Ist der 5. Kondratieff-Zyklus also vom Intelligentwerden technologischer Geräte und ihrer Vernetzung geprägt, so wird der 6. Zyklus mit hoher Wahrscheinlichkeit eine Zeit der wiederkehrenden Welle einer „neuen Kybernetik" sein, wo intelligente Netzwerke interaktiver Geräte sich zunehmend selbst organisieren, dynamisch weiterentwickeln und dabei ständig lernen. Beide zusammen: 5. und 6. Kondratieff-Zyklus werden die bisherige Welt stark verändern – also auch die individuellen und gesellschaftlichen Funktionsweisen in Südtirol.

Die Beispiele „radikaler" Innovation häufen sich

Das zeigt sich an vielen Beispielen – und zwar nicht nur an künftigen, sondern auch an gegenwärtigen; und nicht nur an eindeutig positiven, sondern auch an ausgewogen bedenkenswerten. So erlaubt es angewandte Künstliche Intelligenz (KI) inzwischen, per Knopfdruck Identitäten zu erzeugen, die gar nicht existieren – aber täuschend echt aussehen.[31] Die immer breitere Medienberichterstattung über KI-geschaffene „Inhaltsfarmen" *(content farms)*, so etwa die Erzeugung von Nachrichtenseiten im Internet[32], findet man vor allem deshalb in der öffentlichen Diskussion, weil wiederum die Medien selbst betroffen sind. Doch die voranschreitende Automatisierung der Information wird sich auf die Politik rückauswirken, weil dadurch auch Echokammern für Vorurteile, Stereotype und Klischees entstehen. In Echtzeit vernetzte und aktualisierte Straßenleitsysteme für Autos, die automatisierte – und hoch effiziente – Voranalyse von Röntgenbildern oder das Lernen von Ärzten an 3D-Holographie-Modellen veranschaulichen, was Muster- und Spracherkennung mittels Optimierungsalgorithmen inzwischen bewirken können. Sie sind längst Teil der „analogen"

Realität, werden aber betreffend ihrer Umgestaltung des Alltags manchmal noch wenig reflektiert.

Zwei Anwendungen haben es bisher geschafft, echte gesellschaftliche Aufmerksamkeit zu erreichen. Das ist einerseits KI als solche, daneben aber auch vor allem ChatGPT und ähnliche „dialogische" Künstliche Intelligenzen mit Fokus auf Alltagsanwendung – weil diese Schulen, Hochschulen und den Dienstleistungsbereich unmittelbar betreffen. Damit sind alle Vor- und Nachteile der „neuen Kybernetik" verbunden: Effizienzsteigerung, aber auch Entmenschlichung; Vernetzung, aber auch Jobverlust; höhere Entscheidungsgeschwindigkeit, aber auch weniger echte Dialognotwendigkeit. Wer ChatGPT benutzt, ist in einem Frage-Antwort-Mechanismus, nicht in einem echten Gespräch – jedenfalls nicht in dem Sinne, wie das Menschen bisher verstanden haben. Eine Reihe von Themen der Tiefenambivalenz neuer Technologien werden bisher noch kaum öffentlich diskutiert, noch sind viele Optionen überhaupt bekannt. Doch mit Hilfe von KI-Technologie kann man mittlerweile auch vieles vortäuschen oder „fälschen": Kompetenzen, Bilder, Videos, Berichterstattungen. Und nicht nur fälschen, sondern auch „kreativ" und glaubhaft belegt Sachverhalte erfinden. Laut der meisten Experten kann der Mensch aber nicht alles, was er liest oder sieht, permanent in Frage stellen – der Mensch muss vertrauen können. Ansonsten ist die gesellschaftliche Stabilität bedroht.

Hier entsteht auch für Südtirol unweigerlich die Frage, wie man das Thema Zukunftstechnologien und ihre vielfältigen Wirkungen stärker in die Diskussion in der Bevölkerung selbst hineinbekommt. Die Schule ist zunehmend mit sozio-technologischer Aufklärung überfordert und wird sich viel mehr auf Basisqualifikationen, wie Lesen, Textverständnis, Schreiben und Mathematik konzentrieren müssen, als neue Themen aufzugreifen. Auch dieser Umstand hat verschiedene Seiten.

Die fünf großen Transformationen

Wohin also führt uns die immer stärker vernetzte Gesamtentwicklung neuer Technologien? Werden die Blasen, in denen Menschen auf den sozialen Medienplattformen heute schon einen Teil ihres Lebens verbringen, immer größer? Wird der einzelne in der schönen neuen Technologiewelt zufrieden sein, wenn er einige „likes" erhält und ansonsten nur noch das hört, was er ohnehin bereits glaubt – weil das Leben dann deutlich einfacher ist, die soziale Interaktion im „echten Leben" verschlankt und man sich virtuell mit echten oder virtuellen

Personen umgibt, mit denen das „Gespräch" so wie mit Chatbots konfliktfrei funktioniert? Und: Wie können wir diese Perspektiven, wenn sie denn schon zum Teil unvermeidlich wären, positiv ausgestalten?

Diese Fragen stellen sich nun weitgehend unabhängig von Parteien, sozialen Ausgleichsarrangements, Verwaltungs- und Regierungsformen – auch in Südtirol.

Politik und Bevölkerung sollten deshalb in der Lage sein, sich intensiver mit dem Thema Zukunftstechnologien und deren Einbettung in die Gesellschaft zu beschäftigen. Das erfordert die Integration des Dialogs in ein Gesamtbild der Entwicklung, wofür es die Voraussetzungen zu schaffen gilt. Zu den großen Transformationen, die bereits heute auf allen Ebenen der Gesellschaft angestoßen werden, gehören laut dem Zukunftsforscher Georges Roos vor allem Entwicklungen in den fünf Dimensionen:

– digitale Transformation,
– demografische Transformation,
– ökologische Transformation,
– Bio-Transformation,
– geopolitische Transformation.[33]

Zwischen diesen fünf Transformationen bestehen Schnittbereiche – an denen sie sich treffen und wo besonders produktive Experimente möglich sind und auch bereits stattfinden.

Eine gemeinsame, transversale Thematik der fünf Transformationen ist zum Beispiel die inter- und transdisziplinäre Stoßrichtung der „intelligenten Stadt" oder *Smart City*. Urbane Zentren dienen immer öfter als Innovations-Ökosysteme für ein ganzes Territorium – womit allerdings die Frage noch nicht beantwortet ist, ob *Smart City* auch bereits *Happy City* bedeutet (Roberto Poli[34]). *Smart Cities* versammeln besonders viele Zukunftstechnologien. Sie vereinen damit die Themen Wohnen, Verkehr, Gesundheit, Bildung, Freizeit und Sicherheit. Damit entwerfen sie vernetzte Topografien der Zukunft – entweder willentlich oder indirekt. Intelligente Städte werden künftig aber auch immer stärker das Thema „Naturrechte in der Stadt"[35] und öko-technologische Transformationen im Erziehungsbereich einbeziehen. Weil die *Smart City* eine Art natürliche Katalysatoren-Funktion für die Integration verschiedenster Zukunftstechnologien einnimmt, wird sie immer öfter von Staaten und Ministerien als Plattform für die Diskussion integrierter Zukunftstechnologie-Strategien genutzt.[36]

Modell-Städte in den europäischen Alpen wie das schweizerische Luzern zum Beispiel haben dazu in ihrer *Smart City*- und Digitalstrategie den Leitspruch ausgegeben: „Wirksam modernisieren, intelligent verzichten, wegweisend gestalten".[37] Andere Städte – wie die Südtiroler Landeshauptstadt Bozen seit ihrer Auswahl durch die UNESCO im Oktober 2023 – bauen die Parameter des globalen UNESCO *Creative City* Formats ein, um *Smart City* auch als *Creative City* zu verstehen und öko-techno-kulturell auszugestalten.[38] Das Ziel ist, „intelligent" nicht nur als technische Infrastruktur zu verstehen, sondern aktiv mit „kreativ" als aktiver menschlicher Eigenschaft zu verbinden – und das ganze Konstrukt dann als eine Art Gesamtkunstwerk in Bewegung zu verstehen.

Eine Frage für die Transformation zu einer solchen „kreativen intelligenten Stadt" ist: Wie können Führungskräfte und Mitarbeitende von Landes- und Stadtregierungen und ihre Verwaltungen für den Veränderungsprozess begeistert und selbstwirksam werden? Benötigen sie als Voraussetzung dafür integrierte Zukunftsbildung, das heißt systemorientierte *Futures Literacy* zum Beispiel nach dem bereits seit 2003 erfolgreichen UNESCO-Modell?[39] Ist technologische Innovation in den kommenden Jahren ohne Zukunftsbildung überhaupt sinnvoll – oder auch nur nachhaltig möglich?

Systemtechnologien als Systeminstrumente

Um Veränderungsprozesse in intelligentere, grünere und kreativere Systeme umzusetzen, sind neue soziale Technologien und Anwendungsformen nötig. Denn jede intelligente Systeminnovation benötigt Bündellösungen oder *cluster progress*, um wirksam zu sein, und um später nicht wieder zurückzufallen oder sogar mittels Systeminnovation an einer Stelle gleichzeitig Systemschäden an anderer Stelle anzurichten. Zu den Systemkomponenten der Zukunft gehören agile Netzwerkorganisationen, die mittels technologischer Vernetzung gemeinsame Kreativformen des Gestaltens wie „Soziokratie"[40] und „Holokratie"[41] umsetzen können. Dazu gehören auch „Hackathons", das heißt bürgerorientierte Lösungsforen im Internet, die allgemein zugänglich sind und in denen Online-Gemeinschaften konkrete Lösungen für drängende Probleme entwickeln können.[42] Hackathons sind die positive Form der oft negativen sozialen Medienmöglichkeiten. Manche nennen das, was hier durch fortgeschrittene Kommunikationstechnologie möglich wird, LerNetzOkratie.[43]

Dazu kommt der Energiesektor mit der – wahrscheinlich in der Anwendung differenzierten – Innovation Wasserstoff, der wie die meisten anderen Bereiche ebenfalls stark von parallelem technologischem Fortschritt – hauptsächlich im Batteriesektor – abhängig ist.

Und dazu kommen zu guter Letzt auch Entwicklungen wie die Dezentralisierung des Finanz- und Bankwesens mittels Künstlicher Intelligenz und Blockchain. Das ermöglicht dem Konsumenten mehr Unabhängigkeit, Eigenaktivität und Personalisierung in der Einkommens- und Vermögensverwaltung. Beides ist eng verknüpft mit der Entstehung der „Abonnement-Wirtschaft" oder *Subscription Economy*.[44] Die Tatsache, dass immer mehr wirtschaftliche Prozesse und Produkte auf Vorbestellung bzw. Abonnement-ähnlichen Strukturen mittels Kommunikationstechnologie beruhen, könnte aus der Praxis algorithmischen Lernens heraus zu einem stärkeren Fokus auf individuellen Menschen statt reinem Wachstum beitragen.[45] Durch größere Präzision der Produktion mittels „Zuschneidung" auf erwarteten, weil vorbestellten Konsum könnte Überproduktion reduziert, Abfall vermieden und ein besserer Umfeldbezug der Wirtschaft erreicht werden.[46] Die „Abonnement-Wirtschaft" kann ebenfalls nur durch rechtzeitige Implementierung geeigneter technologischer Rahmenbedingungen wie entsprechende Zahlungsnetzwerke realisiert werden.[47] Diese könnten dann zusätzlich territorial zugeschnitten werden, etwa mit Hilfe regionaler Sonder- oder Kreislaufwährungen. Darauf gehen wir später noch etwas näher ein.

Datenwirtschaft kann bedingungsloses Grundeinkommen ermöglichen

All dies muss in einem Gesamtbild gesehen werden, das es ganzheitlich zu gestalten gilt. Ein Konvergenzpunkt vieler Entwicklungen kann dabei die Datenwirtschaft sein.

Die Datenwirtschaft bietet, wenn Privaten die laut EU-Richtlinie 2016 und folgenden Regelungen bestehenden Rechte[48] in vollem Umfang und in der Praxis eingeräumt werden, die Chance, dass jede Südtirolerin und jeder Südtiroler künftig die eigenen Daten besitzt – und zwar alle Daten, die sie oder er durch den alltäglichen Gebrauch elektronischer Geräte und des Internets produziert. Der Datenbesitz wird es dem Bürger dann erlauben, seine Daten entweder privat zu halten oder freiwillig zu verkaufen und so ein eigenes Einkommen zu erwirtschaften – dezentral kontrolliert und verwaltet mittels neuer, „horizontaler" Realzeit-Verifizierungstechnologien wie der zivilen (nicht währungsspekulativen) Form von Blockchain.[49] Das zeigt im vorliegenden Büchlein zum Beispiel der exemplarische Beitrag von Elena Pasquali. Die autonome

Bewirtschaftung der eigenen Daten durch den Bürger selbst kann laut Experten-Schätzungen im Durchschnitt ein bedingungsloses Grundeinkommen von 4.000 bis 10.000 Euro pro Jahr einbringen[50], wobei es realistisch gesehen im Einzelfall eher weniger als mehr sein dürfte. Trotzdem wäre das viel Geld für keinen Aufwand außer, wie ohnehin schon, das eigene Handy, den Computer und das Internet zu benutzen.

Wenn Südtirols autonome Regierung Mittel und Wege fände, hier auf Besteuerung zu verzichten, würde das bedeuten, dass jede Bürgerin und jeder Bürger künftig mittels Kombination von Künstlicher Intelligenz mit Blockchain dadurch, dass er wie immer Computer, Internet und Handy benutzt, ein Zusatzeinkommen erhält, ohne dafür zusätzlich arbeiten zu müssen. Sollte es Südtirol in den kommenden Jahren gelingen, dazu einen territorialen Modellversuch umzusetzen, der deshalb sinnvoll wäre, weil Südtirol mit seinen knapp 550.000 Bürgern für die Fallanalyse überschaubar ist, könnte sich daraus für die Regionalentwicklung ein Vorbildfall ergeben. Letztlich hieße die breite Fruchtbarmachung der Datenwirtschaft für die Bürger:innen in Südtirol wie in Europa, die gesellschaftlich anstehende Herrschaft der Algorithmen zu demokratisieren. Das wird heute – als dringende zivilgesellschaftliche Notwendigkeit – international bereits betreffs der möglichen Hinzufügung eines 18. Nachhaltigkeitsziels zur Demokratisierung der Algorithmen *(18th Sustainable Development Goal, SDG)* unter anderem von UNESCO, den Vereinten Nationen, OECD und WEF diskutiert.[51]

Immersive Techno-Realitäten und Neue Humantechnologien

Weitere Zukunftstechnologien, die die kommenden Jahre prägen werden und die wir also für Südtirol frühzeitig sichten und in Betracht ziehen sollten, sind Nano-, Bio- und Neurotechnologie. Daraus hervorgehende Trends an der Direkt-Schnittstelle von Technologie und Biologie werden von immer größerer Bedeutung sein – nicht zuletzt auch in der Medizin, wo Südtirol ebenfalls noch Sprünge bevorstehen. Wir erleben heute die Vorboten des biotechnologischen Zeitalters: also die wechselseitige Entgrenzung zwischen Technologie und Biologie – was zu einem „hybriden Zeitalter Mensch-Maschine" führen könnte.[52]

Zu den entsprechenden Verbindungstechnologien gehören in den kommenden Jahren maßgeblich die „Neuen Humantechnologien".[53] Sie verschmelzen Mensch, Computer, Künstliche Intelligenz, Internet der Dinge und Maschine direkt miteinander – und überführen Mensch und Technik damit von der

Interaktion in die Konvergenz oder „Hybridisierung". Damit gemeint sind unter anderem Gehirn-Computer-Schnittstellen *(Brain-Computer-Interfaces, BCIs)*, Gehirn-Maschine-Schnittstellen *(Brain-Machine-Interfaces, BMIs)* und seit 2019 sogar Gehirn-Gehirn-Schnittstellen *(Brain-Brain-Interfaces, BBIs)*[54]. Sie erlauben die Gedankensteuerung von Maschinen und Geräten sowohl mittels Implantaten wie drahtlos mittels sogenannten Emotiv-Hauben oder „Gehirntragegeräten" *(Brain Wearables)*. Das sind auf dem Kopf tragbare Gehirnaktivität-Lesegeräte, die Gehirnaktivitäten in Echtzeit mit Geräten und Computer verbinden, welche dann wiederum auf sie reagieren. Solche Direktverschaltungen können sich mittels Mensch-Cloudspeicher-Verbindungen *(Human Cloud Connections)* auch mit virtuellen und „ergänzten" Realitäten *(Virtual and Augmented Realities)* verbinden.

Dieser Trend zur Verschmelzung zwischen technischem Gerät und Mensch führt bis auf weiteres noch nicht zur „geklärten und gesicherten" Integration. Bislang führt er eher zur immer stärkeren Überschneidung und Verwischung der Grenzen zwischen physischen und digitalen Welten, was sowohl Probleme wie Chancen mit sich bringt. Unter den Problemen ist die latente Auflösung des bisherigen Realitätsbegriffs. Unter den Chancen ragt das Lernen an virtuellen Modellen, bevor in die Realität eingegriffen wird, etwa im Umwelt- und Nachhaltigkeits- sowie im medizinischen und Körper-Modifikationsbereich heraus.[55]

Die Folge: Realitäten definieren wird wichtiger

Der Schnittpunkt zwischen Brückentechnologien zwischen Mensch und Maschine und deren Interaktion mit virtuellen Realitäten wird sich voraussichtlich aus den heutigen Anfängen heraus rasch weiterentwickeln. Das erfordert ein erweitertes Verständnis der Realität für das 21. Jahrhundert. Gemeinsam ist dazu ein neues Lernen und eine breite „digitale Alphabetisierung" im Sinn eines neuen kritischen Denkens nötig: eine von Schulen und Erziehungssystem vermittelte Diskussionstiefe, um künftige Realitäten als technisch-physische Doppelrealitäten zu durchschauen und Informationsbeschaffung und Meinungsbildung anzupassen. Erforderlich ist, damit zusammenhängend, auch ein ganzheitliches Konzept für eine neue Arbeitswelt – also für die Welt der *Future Workplaces*. Darin werden Räume und holographische Projektionen eine Einheit bilden, die etwa in der Architektur neue Möglichkeiten der Einbettung hinsichtlich Einklangs mit dem Umfeld sowie eine komplex-dynamische Raumordnungsplanung und -gestaltung in Echtzeit ermöglicht.

Zukunftstechnologien werden zu Lebens-Umschlagspunkten

Zur Umsetzungsdimension von Zukunftstechnologien gehören, um diesen Rundumblick abzuschließen, schließlich auch neue Formen der inneren Selbst-Führung, die mit der Komplexität der schönen neuen Technikwelt umzugehen wissen. Darunter ist das von den Vereinten Nationen geförderte Modell der *Inner Development Goals*[56], also der inneren Entwicklungsziele des Menschen. Sie sollen sich seit 2020 den meist äußerlichen, materiellen *Sustainable Development Goals* (SDGs) an die Seite stellen. Das ist vor allem auch wichtig, um mit den neuen Technologien und ihrer immer stärkeren Umgestaltungskraft umzugehen. Die fünf „Inneren Entwicklungsziele" sind „Sein, Denken, Beziehen, Zusammenarbeiten, Agieren".[57] Damit verwandt ist der Ansatz der „Servant Leadership", das heißt des bewussten Übergangs von der Führung mittels personaler Hierarchie zu Netzwerken zusammenwirkender (semi-)autonomer Teams. Anwendungsorientierte Zukunftskompetenz-Instrumente wie der „Futures Skills Navigator"[58] unterstützen die Entwicklung neuer techno-kooperativer und techno-ethischer menschlicher Fähigkeiten. Sie könnten auch in Südtirol routinemäßig genutzter Bestandteil der Zukunftsmechanismen werden.

Zu den Transformationsthemen, die fundamental mit dem – aktuellen und kommenden – technologischen Wandel und seinen neuen Sozialformen verbunden sind, gehört schließlich auch die Zukunft von Regierungsformen, ihrer Selbstkonzeption und Selbstorganisation. Manche Sachverständige wie Helmut Willke bringen die aktuelle technologische Revolution mit der Forderung nach einer „Intelligenten Regierung" *(Smart Governance)* in Verbindung. Anderseits gilt: wenn die „neue Kybernetik" weitgehend technologisch funktioniert und zunehmend selbstständig agiert, könnte sie nach und nach den „Abschied vom demokratischen Prinzip der politischen Gleichheit" [59] einläuten – voraussichtlich langfristig auch in Südtirol, vor allem ab der Mitte des Jahrhunderts, wenn politische Konsensbildung eine solche Entwicklung nicht rechtzeitig verhindert. Weil traditionelle politische Zentrumskräfte aufgrund schwindender Bindekraft einen gemeinschaftlichen Gestaltungswillen tendenziell weniger als in der Vergangenheit gewährleisten, müssen „techno-intelligente" Gemeinschaften künftig in ihrer Selbstgestaltung auch aus der intelligenten Technologie heraus nach komplexitätsadäquaten Strategien und Lösungen suchen.

Gesellschaftstransformation durch Zukunftstechnologien: Die Europäische Union steht mittendrin – und mit ihr auch Südtirol

Diese Beispiele zeigen: Zukunftstechnologien betreffen in den kommenden Jahren praktisch alle Lebensbereiche. Sie werden zum angewandten Motor von Wirtschaft und Wohlstand, aber auch zum Umschlagspunkt von Lebensalltag und Selbstverständnis.

In Anbetracht dieser Einzelbausteine der heutigen technologischen Transformation hat der Europäische Rat im Januar 2023 seine „Zukunftsvorausschau 2023" *(Forward Look 2023)* veröffentlicht.[60] Dort erkannte er mit Bezug auf Daten und Untersuchungen von McKinsey[61] Europa nur in zwei von zehn Schlüsselbereichen transformativer „Querschnittstechnologien" führend:

1. in der Zukunft sauberer Technologien, einschließlich Solar-, Wind-, Wasser- und Kernenergie, Elektrofahrzeuge und Wasserstoff und
2. bei den Werkstoffen der nächsten Generation, einschließlich Nano- und Verbundwerkstoffe sowie Halbleiter im Rahmen der Chips-Offensive seit 2023.

In den anderen acht Zukunftstechnologie-Bereichen hinkt Europa dagegen hinterher, nämlich:

3. bei der Automatisierung nächster Ebene – einschließlich industrieller, kollaborativer und professioneller Robotik, additiver Fertigung und Virtualisierung;
4. in der Zukunft der Konnektivität, einschließlich 5G und Internet der Dinge (IoT);
5. bei verteilten Infrastrukturen (*Distributed Technologies*), einschließlich Cloud-Speicher- und Plattformtechnologien sowie anwendungsorientierte Verarbeitungsteilung zwischen Geräten und Trägern (*Edge Computing*);
6. bei der – weit leistungsfähigeren und gehirnähnlicheren – Datenverarbeitung der nächsten Generation, einschließlich Quantencomputing und neuromorphe Software;
7. bei der angewandten Künstlichen Intelligenz, u. a. bei der Automatisierung von Roboterprozessen, der optimierten Entscheidungsfindung, der Verarbeitung natürlicher Sprache, der Computer-Sinneswahrnehmung (*Computer Vision*) und der Sprachtechnologie;
8. bei der Zukunft der Programmierung, einschließlich Software 2.0, No- und Low-Code Programmierung;
9. bei der sogenannten Vertrauensarchitektur, einschließlich Blockchain, Zero-Trust-Sicherheit, Cybersicherheit, und Cyberbiosicherheit;

10. in der Bio-Revolution – einschließlich Biomoleküle, Biosysteme, Bio-Maschine-Interkonnektivität und Biocomputing.[62]

Europas Rückstände auf diesen Feldern beeinflussen auch Südtirols Optionen in zunehmendem Maß. Deshalb liegt es auch an der Landespolitik, in diesen Bereichen langfristig das Aufholen zu ermöglichen.[63] Auch hier stellt sich die Südtiroler Technologiezukunft in den Rahmen Europas. Zu den Fakten und Aussichten, die für Südtirol genauso gelten, schrieb McKinsey in einem Bericht vom September 2022:

> „Die Technologie durchdringt nun alle Sektoren mittels Querschnittstechnologien wie Künstliche Intelligenz, Bio-Revolution und Cloud. Europas wohlbekannte Schwäche im Technologiebereich ist die Ursache für ein wachsendes Problem bei der Unternehmensleistung. Die Daten zeigen, dass die Unternehmensleistung in Europa insgesamt nicht zufriedenstellend ist. Da Technologie alle Sektoren durchdringt und die Größenvorteile der Unternehmen sowie die Dynamik … zunehmen, ist der derzeitige Ansatz Europas nicht mehr haltbar."[64]

Als Gründe nennt McKinsey die neue, transversale Rolle von Zukunftstechnologien für alle anderen Bereiche:

> „Früher waren die Informations- und Kommunikationstechnologien (IKT) ein Sektor unter anderen. Heute sind sie überall, in allen Sektoren, präsent. Die in den IKT geschaffene Technologiebasis hat eine Reihe von Querschnittstechnologien hervorgebracht, die sich horizontal über die meisten anderen Sektoren ausbreiten. Die eigentliche Wertschöpfung verlagert sich in diese horizontalen Bereiche, wobei die Dynamik der … Netzwerkeffekte bei der Technologieentwicklung und die Größenvorteile bei der Technologieanwendung zum Tragen kommen. Das Weltwirtschaftsforum (WEF) schätzt, dass 70 Prozent der Wertschöpfung in der gesamten Wirtschaft in den nächsten zehn Jahren digital ermöglicht wird. Das ist eine Dynamik, die durch die [Folgen der] COVID-19-Pandemie noch beschleunigt wurde. Europas mangelnde Größenordnung bei den Querschnittstechnologien gefährdet seine Position in fast allen Sektoren, einschließlich derzeitiger Hochburgen wie Automobil- und Luxusgüterindustrie. Die Tatsache, dass Europa bei der ersten Technologiewelle, die sich auf das Internet und die Software konzentrierte, nicht mit den Vereinigten Staaten mithalten konnte, bedeutet nun, dass sich Europa bei den Querschnittstechnologien in allen Sektoren in

einer eher schwachen Position befindet ... Auf dem Spiel stehen nicht nur die Leistung europäischer Unternehmen, ihre technologischen Fähigkeiten, ihr Wirtschaftswachstum und ihr Wohlstand, sondern auch ihre bisherigen Fortschritte bei Nachhaltigkeit."[65]

Die Innovationskraft transversaler Zukunftstechnologien wird, in Europa wie auch in Südtirol, laut dieser Analyse zum entscheidenden Wachstumsfaktor. Deshalb sollte auch Südtirol gerade im Hinblick auf die Nachhaltigkeitsziele des Landes in den kommenden Jahren mehr tun:

„Obwohl es Debatten darüber gibt, ob ein geringeres Wachstum notwendig ist, um Nachhaltigkeit zu erreichen und den Klimawandel aufzuhalten, ist [auch] das gegenteilige Argument überzeugend: Wachstum stärkt das Vertrauen und schafft ein gesundes Investitionsklima, um nachhaltigkeitsbezogene Innovationen und neue Einkommensströme zu generieren, die für die Finanzierung der Energiewende benötigt werden. Ein rückläufiges Wachstum könnte zudem die [soziale] Integration untergraben, da weniger Mittel für Sozialprogramme zur Verfügung stehen. Wenn Europa nicht in der Lage ist, die Querschnittstechnologien zu verbessern, könnte den europäischen Unternehmen bis 2040 eine Wertschöpfung von 2 bis 4 Billionen Euro pro Jahr entgehen – ein Wert, der sich in höheren Löhnen, einer besseren Gesundheitsversorgung, mehr Investitionen in die Nachhaltigkeit usw. niederschlagen könnte. Der Wert, der auf dem Spiel steht, entspricht 30 bis 70 Prozent des prognostizierten BIP-Wachstums in Europa zwischen 2019 und 2040, oder einem Prozentpunkt Wachstum pro Jahr. Zur Veranschaulichung: Dies entspräche dem Sechsfachen des Betrags, der [für die EU] für den Übergang zu Netto-Null-Emissionen erforderlich ist. Und es würde etwa 90 Prozent aller derzeitigen Sozialausgaben in Europa ausmachen."[66]

Besonders wichtig für Südtirol hier: Der Technologie-Nachhaltigkeits-Nexus hat auch sehr viel mit Autonomie zu tun. Politische Autonomie wird künftig stärker als bisher zur technologischen Autonomie:

„Es wurde in den letzten Jahren viel über Energieautonomie diskutiert. Aber die globalen wirtschaftlichen Veränderungen verstärken vor allem die Notwendigkeit einer strategischen Autonomie bei kritischen Technologien. Technologische Autonomie ist mit offenen Volkswirtschaften und globaler Zusammenarbeit vereinbar. Sie kann durch eine Vielzahl unabhängiger Beschaffungsmöglichkeiten ... erreicht werden. Sie erfordert aber auch den

> Aufbau von Kapazitäten durch europäische Unternehmen und deren Ausweitung. Heute decken die in Europa produzierten Halbleiter beispielsweise nur 9 Prozent der europäischen Nachfrage ab. Europäische Unternehmen haben in der globalen Halbleiter-Wertschöpfungskette nur einen Marktanteil von etwa 10 Prozent. Und in Europa gibt es keinen Marktteilnehmer mit einem Marktanteil im Infrastrukturservice-Bereich von mehr als 1 Prozent ..."[67]

Das alles kann – bei stärkerer Einbeziehung der Zivilgesellschaft – laut McKinsey nur eines für Politik und Entscheidungsträger bedeuten:

> „Die europäischen Entscheidungsträger und Unternehmen müssen in die Offensive gehen, um ihre technologischen Fähigkeiten und ihre Wettbewerbsfähigkeit zu verbessern. Europa kann und sollte weiterhin seine zahlreichen Stärken nutzen. Dazu gehören seine hochwertigen Bildungssysteme, die führende Talente in den Bereichen Wissenschaft, Technologie, Ingenieurwesen und Mathematik sowie einige der produktivsten beruflich ausgebildeten Arbeitskräfte hervorbringen. Europa ist außerdem die offenste und am stärksten vernetzte große Volkswirtschaft der Welt. Für Europa steht jedoch so viel auf dem Spiel, dass die Entscheidungsträger erwägen sollten, neue Wege zu beschreiten und Kompromisse auf eine Art und Weise neu zu bewerten, die bisher als unangenehm galten. Angesichts der sich ausbreitenden ‚Der Gewinner erhält am meisten'-Dynamik muss Europa in größerem Maßstab und mit höherer Geschwindigkeit spielen und seinen Unternehmen gleiche Wettbewerbsbedingungen bieten. Da sich die Quellen des Wettbewerbs – und des Wachstums – hin zu disruptiven technologischen Innovationen und immateriellen Gütern verlagern, entsteht eine Dynamik, bei der Größe, Geschwindigkeit und etablierte Technologie-Ökosysteme immer wichtiger werden."[68]

Alle genannten Stärken gelten – sogar in konzentrierter Weise – auch für Südtirol, das zudem als eine der am stärksten europäisierten Mikro-Gesellschaften gelten darf. Die Rede von „Technologie-Ökosystemen" ist deshalb auch für unser Land wichtig. Sie verweist auf die Grundherausforderung, Technologiesysteme als Ökosysteme zu betrachten – und in einer langfristigen Ausrichtung auch so zu gestalten. Zur Sozialisierung und Ökologisierung von Technologie gehört – in dieser Blickrichtung – auch ein neues territoriales Reparatur-Netzwerk, mittels dem Dinge wieder erneuert statt einfach weggeschmissen werden können. Die Wiederentdeckung des Reparaturwesens und die Einrichtung entsprechender Werkstätten-Netzwerke, die das Territorium abdecken, ist ein wichtiger Bestandteil jeder ganzheitlichen öko-techno-sozialen Nachhaltigkeits-Revolution.

Deshalb sollte das Reparaturwesen der Entstehung von Zukunfts-Netzwerksystemen bodenständig an die Seite gestellt werden.

2. Soziale Ökosysteme

Es ist klar, dass Technologie-Ökosysteme nur eine Seite der Medaille sein können. Soziale Ökosysteme sind die dazu komplementäre, zweite Dimension zukunftsorientierten Technologiewandels für ein Territorium. Sie gilt es bei der Implementierung und Ausrichtung von Zukunftstechnologie-Netzwerken frühzeitig zu berücksichtigen, ja wenn möglich von Anfang an aktiv einzubeziehen. Weitgehende Einigkeit herrscht heute unter Experten darin, dass, je stärker Technologie-Innovationen Leben und Gesellschaft verändern, sie umso besser an soziale Lebenswelten vor Ort angepasst und sozial ausgewogen gestaltet werden müssen, um Ungleichheiten zu verringern, statt zu vergrößern. Dafür gibt es aber kein abstraktes, allgemeingültiges Rezept. Denn:

- jede Technologie entfaltet andere kulturelle Veränderungen und soziale Tiefenwirkungen;
- jedes soziale Ökosystem ist anders;
- und sogar auf kleinem Raum wie in Südtirol koexistieren viele noch kleinere und kleinste soziale Ökosysteme neben- und miteinander. Viele von ihnen verfolgen ihre eigenen Zukünfte, die nicht immer miteinander kommunizieren oder sich als zusammenhängend erfahren.

Zuschneidung von Technosystemen auf das Umfeld, Differenzierung in der Ausrichtung und Integration von Diversität sind also hinsichtlich sozialer Ökosysteme gefragt. Die gute Nachricht ist: gerade dabei kann Technologie selbst helfen. Drei Themenbereiche sind dabei besonders wichtig.

- *Erstens* das Thema „Gleichberechtige Interaktivität" im Technologiebereich. Es prägt heute zum Beispiel die Diskussion um die weitere Evolution des Internet: Wie können Monopolbildungen, Machtstrukturen und Hierarchien zugunsten breiterer Beteiligung und systemischer Gegenseitigkeit abgeschwächt oder verhindert werden? Das gilt nicht nur für Zukunftsaspekte der „Datenextraktionswirtschaft"[69], sondern auch für Fragen des Zugriffs zu und der Verteilung von Informationen ganz grundsätzlich. Es gilt auch nicht nur international, sondern genauso regional.
- *Zweitens* das Thema Technologie und Lebenszeit. Es geht um Lebensqualität und Altern. Und es geht um Generationenbezüge im Kulturgebrauch von

Zukunftstechnologien. In Verbindung mit Geschlechtergleichstellung kann das als übergreifendes Dachthema für Südtirol bedeutsam werden, weil hier besonders viele verschiedene Teilbereiche zusammenfließen, die mit dem sozialen Zusammenhalt und Zusammenleben zu tun haben. Die Forschung, wie Technologie zu einem guten Lebensverlauf, einschließlich Altern, beitragen kann, wird sich künftig immer mehr in den zwei Themenbereichen biologisches und soziales Geschlecht bewegen, die nicht identisch sind. Dabei kann Technologie, zum Beispiel Künstliche Intelligenz, zur individualitätsbezogenen Präzisierung beitragen.

- *Drittens* gehören zu den sozialen Ökosystemen die „eingebettete Entwicklung" von Technologie in Bildungs- und Mediensysteme. Die technologische Entwicklung und ihr oft zu wenig allgemeinverständlich gemachter Erziehungs-Einfluss verlangen geeignete Bildungsmaßnahmen und öffentliche Aufklärung.[70] Denn es sind ausnahmslos komplexe Technologien, die unsere Gesellschaft heute stärker verändern als die meisten anderen Kräfte. Das macht Veränderungsprozesse für viele Bürger:innen schwer zu verstehen. Gerade die jungen Generationen sollten von den Politik- und Gesellschaftsgestaltern die Chance auf ein kritisch-konstruktives Technikbewusstsein erhalten – etwa mittels verstärkter Medienförderung von Technologiediskussion und Ausbau der Thematik „Technologiebewusstsein" im Bereich gesellschaftlicher Bildung an Schulen aller Stufen.

Mittel-Technologie

Eines der vielversprechenden Integrations-Konzepte zur Verbindung von Technologie mit sozialen Ökosystemen ist heute „Mittel-Technologie" *(Mid-Tech)*.[71] Das Konzept der „Mittel-Technologie" passt gut zur Mitte und Ausgleich, die ein geeintes Europa benötigt. Und „Mittel-Technologie" passt auch zu Südtirol und seiner mittleren, vom Mittelstand getragenen und grundsätzlich zwischen verschiedenen ethnischen und sozialen Gruppen vermittelnden kulturellen Ausrichtung. „Mittel-Technologie" beruht laut Experten auf der Einsicht, dass

> „technologische Vorstellungen zunehmend die Zukunftsvisionen ... prägen. Von der Künstlichen Intelligenz über die Distributed-Ledger-Technologie bis zum dreidimensionalen Druck – Hochtechnologie-Artefakte sind inzwischen sehr oft die Voraussetzungen von Zukunftskonzepten. Technologie bezieht sich jedoch nicht nur auf Artefakte. Technologie umfasst auch die Prozesse rund herum: wie diese Artefakte entworfen, hergestellt, verwendet, gewar-

tet und entsorgt werden. Aus dieser Perspektive lassen Hochtechnologie-Visionen oft Probleme außer Acht, die mit der Gewinnung von Ressourcen, dem Einsatz von Arbeitskräften, dem Energieverbrauch und den Materialflüssen zusammenhängen. Im Gegensatz dazu bringen Niedrigtechnologie- und lokale Alternativen oft Ideen mit geringeren negativen Auswirkungen und höherer Resilienz hervor. Sie bieten jedoch zuweilen keine Lösungen in der gewünschten Größenordnung und Intensität. Um dieses Spannungsverhältnis aufzulösen, [brauchen] wir eine alternative Vision im Sinne von ‚Mittel-Technologie': also ein Gleichgewicht zwischen den entgegengesetzten Eigenschaften von Hochtechnologie und Niedrigtechnologie."[72]

Im Prinzip besteht „Mittel-Technologie" demnach aus der bewussten, an das jeweilige Umfeld angepassten Verknüpfung von Technologien von hoher Komplexität und hohem Aufwand an Ressourcenverbrauch mit Technologien mit niedriger Komplexität und niedrigem Aufwand an Ressourcenverbrauch. In diese „Verknüpfung in der Mitte" werden verschiedene soziale Gruppen in gemeinsamer Vermittlung zwischen „hoch" und „niedrig" einbezogen. Die Mitte schließt hier „hohe" und „niedrige" Ansprüche und Ressourcenverfügbarkeiten ein. Das bedeutet, dass „Mittel-Technologie" auch zur Verbindung verschiedener sozialer Technik-Ökosysteme und ihrer unterschiedlichen Beteiligten geeignet sein soll. Wie kann „Mittel-Technologie" auf dieser konzeptionellen Grundlage im Spannungsfeld zwischen Technologie, Technologieanwendungen (Artefakten) und sozialen Prozessen konkret verwirklicht werden? Dazu schreibt eine zum Thema führende Autorengruppe um Vasilis Kostakis, indem sie den vorhin besprochenen klassischen Anwendungsfall „Intelligente Stadt" ins Zentrum rückt:

> „[Es gibt] Mittel-Technologie[-Ansätze] ... unter dem Blickwinkel der Stadt ... Wir ... [können] zeigen, wie [sie] sozial und ökologisch verantwortungsvollere Big-Data-Praktiken für die Stadtverwaltung unterstützen können."[73]

Im Einzelnen führen die Autoren dazu aus:

> „Die ‚intelligente Stadt' ist heute ein Sinnbild für eine technologiegestützte städtische Zukunft. Sie nutzt moderne Technologien, um die Effizienz städtischer Dienstleistungen zu verbessern, den Ressourcenverbrauch allgemein und die CO_2-Emissionen im Besonderen zu verringern und die Bürger aktiver einzubinden. Von intelligenter Sensorik und Künstlicher Intelligenz bis hin zum 3D-Druck [...] Öffentliche Gebäude können zum Beispiel mit ‚intelli-

genter Beleuchtung' beleuchtet werden, d.h. von Lampen mit Sensoren, die mit dem Internet verbunden sind und aus der Ferne gesteuert werden können. Sie können auch mit Computern verbunden werden und folgen dann Sprachbefehlen, Bewegungen oder anderen Sensorsignalen. Dieses Hochtechnologie-System kann Energie sparen, da sich die Lampen nahtlos aus- und einschalten lassen. Doch wenn wir über Energieeinsparungen sprechen, berücksichtigen wir dann auch die Umweltkosten und die Energie, die bei der Herstellung und Entsorgung oder beim Recycling dieser Systeme anfallen? Wie einfach ist es außerdem, Hochtechnologie-Geräte zu warten, die in der Regel komplex und von der Herstellerfirma abhängig sind?"[74]

Hier kommt nun die „Niedrigtechnologie" ins Spiel – nicht als Ersatz, sondern als Ergänzung und zur Findung der richtigen Mischung zwischen „hoch" und „niedrig":

„Hochtechnologie-Artefakte wie Computer, Sensoren, Batterien, Windturbinen und Solarpaneele erfordern Metalle, die knapp sind, und seltene Mineralien. [...] Im Gegensatz dazu erzeugen Niedrigtechnologie-Artefakte geringere Auswirkungen und höhere Resilienz. Anstelle eines ‚intelligent beleuchteten' Gebäudes könnte man zum Beispiel ein Gebäude nach dem Konzept der passiven Architektur entwerfen und dabei das Tageslicht vollständiger nutzen. Alternativ könnte man einfache Steckverbindungen für kleine Gebäude verwenden, die eine einfache Montage und Demontage ermöglichen. Niedrigtechnologie ist so einfach wie möglich gestaltet und daher in der Regel billig, leicht zu installieren, zu warten und an Veränderungen anzupassen. Es kann jedoch sein, dass Niedrigtechnologie nicht die gewünschten Eigenschaften, den gewünschten Umfang und die gewünschte Intensität der Lösungen bietet ... Gefragt ist also die Synthese der bisherigen beiden Polaritäten: Hochtechnologie und Niedrigtechnologie."[75]

Die Lösung liegt demnach in der Mitte, nämlich in „Mittel-Technologie":

„[Eine Mitteltechnologie-Initiative kann] ... veranschaulichen, wie Niedrigtechnologie- und Hochtechnologie-Elemente synergetisch kombiniert werden können ... [Sie kann] zeigen, wie ein Mitteltechnologie-Ansatz die Grenzen [zwischen beiden] ... abmildern und überwinden kann, um sozial und ökologisch verantwortungsvollere ... Gestaltungs-Praktiken zu unterstützen ... Die Synthese zwischen Niedrigtechnologie- und Hochtechnologie-Elementen kann die Vielseitigkeit der Digitalisierungs- und Automatisierungstechnologien nutzbar machen und gleichzeitig die Autonomie und Anpassungsfähigkeit der Endnutzer erhöhen. Sie zeigt einen Weg auf, der fortschrittlich, aber nicht mehr techno-deterministisch ist ... Mitteltechnologie baut auf einem Technologieverständnis auf, das ausdrücklich anerkennt, dass ‚Datenaustausch' unweigerlich mit ungleichem Materie-/Energieaustausch verbunden ist, und eröffnet neue Wege der Abstimmung und gegenseitigen Anpassung. Ein Mitteltechnologie-Ansatz für komplexe soziotechnische Systeme, wie zum Beispiel städtische Infrastrukturen, liegt in der Schaffung von Räumen für Beratung und Beteiligung auf menschlicher Ebene, die von kollektivem Handeln ausgehen."[76]

Technik-Ökonomie als Sinnökonomie

Das alles betrifft, was die Folgen angeht, letztlich die „Sinnökonomie" (oder *Purpose Economy)*, die heute zu Recht viel diskutiert wird.[77] Die „Sinnökonomie" erhebt gesellschaftliche und individuelle Sinnhaftigkeit zum Kern wirtschaftlichen Handelns. Sie wird von vielen wegen ihres Bezugs zur Vermittlung und Integration von Werten auch als der Kern einer neuen Technik-Ökonomie angesehen, die sich möglichst umfassend auf Sinn-Prozesse bezieht, wenn die neuen Zukunftstechnologien human bleiben wollen. Die vier Zukunftsszenarien der Sinnökonomie sind:

1. „Nachhaltiges Umsteuern",
2. „Wachstum und Wettbewerb",
3. „Fokussierte Resilienz" und
4. „Agil auf Sicht fahren."[78]

Alle vier sind auch für die Technikzukunft entscheidend – zumindest dann, wenn sich diese erfolgreich in die Nachhaltigkeits-Wende eingliedern soll.

Näheres zur Abonnement-Wirtschaft: Ihre Wirkung auf das Gesellschaftssystem könnte bald über ihre bisherigen Grenzen hinausreichen

Wir haben oben bereits kurz die „Abonnement-Wirtschaft" *(Subscription Economy)* als Baustein für zukunftsfähiges Wirtschaften mittels Ausbau geeigneter Breitentechnologien erwähnt. Dies gewinnt im Zusammenhang der Integration von Zukunftstechnologien mit sozialen Ökosystemen in der Tat rasant an Bedeutung. Deshalb verdient diese auf Technologie beruhende Wirtschaftsform eine nähere Auseinandersetzung. Denn sie ist letztlich auch Ausdruck der zwei Zukunftsszenarien der Sinnökonomie: „Fokussierte Resilienz“ und „Agil auf Sicht fahren.“

„Abonnement-Wirtschaft“ heißt wie erwähnt im idealen Sinn, dass nicht mehr einfach im Voraus massenproduziert wird, sondern dass – eben im Rahmen liberaler Marktwirtschaft – mittels Einsatz vernetzender neuer Technologien, die Verbraucher und Produzent in Realzeit miteinander verbinden, gezielt nach Bedürfnis produziert und geliefert werden kann. Das braucht nicht in allen Sektoren so sein, kann sich aber in einigen als zielführend erweisen. In den letzten Jahren sehen wir, dass sich dieser Ansatz ausbreitet. Es handelt sich strukturell um ein Mittelding zwischen sozialer Marktwirtschaft und Planwirtschaft, diesmal aber nicht von Staats wegen, sondern aus dem privaten Sektor heraus. Abonnement-Wirtschaft, die nicht von oben, sondern von unten kommt, ist einerseits kundenfreundlicher, andererseits kosten- und ressourcensparender. Sie ist drittens antizipationsorientiert, das heißt ausdrücklich auf die Zukunft und nicht die Vergangenheit von Verhaltensweisen und Gewohnheiten ausgerichtet. Die Möglichkeit, auf eine nie dagewesene Vielzahl aktueller und künftiger Bedürfnisse Abonnements abzuschließen und dadurch festes Eigentum – etwa an Filmen im Internet oder Geräten des alltäglichen Gebrauchs – vernachlässigbar zu machen, wird erst durch kapillare Digitalisierung ermöglicht. Ihre Verfahren könnten bald eine viel breitere gesellschaftliche Wirkung entfalten, als bisher erwartet – wenn Abonnements auf Wirtschafts- und Dienstleistungen auf andere Sektoren erweitert und technologisch einfach, kundenfreundlich, schnell und sicher für eine immer größere Anforderungsbreite ermöglicht werden.

Das hängt von den Marktmechanismen ab und betrifft nicht nur die Mobilität – etwa mit geteilten Autos – oder Streamingdienste, sondern auch eine sich rasch erweiternde Vielzahl an Optionen des täglichen Bedarfs. Damit kann die Globalisierung mit ihren oft anonymen Produktions- und Konsumtionsformen auf eine konkretere, „glokalere“ Ebene herabgebrochen werden[79] – vor allem dann, wenn nach einer angemessenen Reifungsphase die Abonnement-Wirtschaft auch von der öffentlichen Hand in geeigneten Formen adaptiert und umgesetzt wird. Wie die Proponenten der „Abonnement-Wirtschaft“ schreiben, geht es dieser grundsätzlich

> „bei der Wachstumsfrage in erster Linie um Menschen, nicht Produkte. Was ist die Abonnement-Wirtschaft? Sie ist ein Konzept, das … die Wachstumsmetriken von Hunderten von Abonnementunternehmen in modernen

Branchen wie Software als ein Service (*SaaS*) und E-Handel (*E-Commerce*) widerspiegelt. Die Abonnementwirtschaft bezieht sich auf den Trend, dass Unternehmen vom traditionellen Zahle-für-das-Produkt-Modell zu einem Abonnementgeschäftsmodell übergehen. Das Abonnementmodell beinhaltet den Verkauf wiederkehrender Abonnements an Verbraucher im Austausch für den Zugang zu einem Produkt oder einer Dienstleistung über einen bestimmten Zeitraum ... Heute geht es nicht mehr um Ihr Produkt oder Ihren Code, sondern darum, wie einzelne Menschen einen Nutzen aus dem Abonnement Ihres Produkts ziehen. Eine Strategie, bei der der Mensch im Mittelpunkt steht und nicht das Produkt, bedeutet, dass Unternehmen ihre Produkterfahrung anders betrachten:

- Es geht um Zugang, nicht um Besitz.
- Es geht um Anpassung und Personalisierung, nicht um Verallgemeinerung.
- Es geht um ständige Verbesserung, nicht um geplantes Kaputtgehen oder vorhersehbare Veralterung.
- Es geht um die Automatisierung von Verbesserungen und den Aufbau von Beziehungen.
- Es geht nicht um perfekt, sondern um reaktionsschnell."[80]

Das bedeutet, dass die Abonnementwirtschaft ein Teil der Zukunft der Globalisierung auch im Sinne der „Glokalisierung" sein kann[81], weil sie auf zugeschnittenes statt verallgemeinertes Kundenerlebnis setzt. Für die Unternehmen bedeutet das im Zusammenhang der zunehmenden Bedeutung der „Verhaltenswirtschaft" *(Behavioral Economy)*:

„Der Anstieg kundenorientierter Abonnementmodelle ... ist eindeutig, da viele Unternehmen zu Software als Service oder Cloud-Diensten übergegangen sind. Unternehmen steigern ihren Wert und bauen längerfristige Beziehungen auf, indem sie ihr Umsatzwachstum direkt mit den individuellen Kundenerwartungen verknüpfen. Die Verhaltensökonomie und die Verhaltenswissenschaft tragen entscheidend dazu bei, dass sich die Nutzer aufgrund ihrer persönlichen Bedürfnisse und Lösungen wertgeschätzt fühlen. Indem sie dem Drang widerstehen, menschliche Erfahrungen auf Datenpunkte zu reduzieren und sich stattdessen darauf konzentrieren, wie Menschen über ein Produkt denken und darauf reagieren, können Unternehmen von geplanter Veralterung zu einem Umsatzmodell übergehen, das auf ständige Verbesserung ausgerichtet ist. Glücklicherweise wird es mit dem Wachstum des Marktes ... für digitale Produkte immer einfacher, Kundenrückmeldung zur Nutzung zu sammeln und zu sehen, wie sie davon profitieren. Dies ist ein nachhaltiger Weg, um das Abonnementwachstum im Laufe der Zeit zu steigern."[82]

Wird dieses Modell in verschiedenen Bereichen, die gemeinsam zu bestimmen wären, auf regionale Bedürfnisse angepasst, kann das strukturelle Veränderungen mit sich bringen, die letztlich nicht nur für einige, sondern für viele Bewohner:innen eines Gebietes Vorteile bringen. Die Voraussetzung dafür ist jedoch eine mehr zukunfts- und zeitorientierte statt gegenwarts- und produktorientierte Mentalität:

„Die Abonnementwirtschaft ... erfordert ... eine andere Sichtweise bei der Produktfreigabe. Anstelle der alten Mentalität, dass Ingenieure ein Produkt perfektionieren müssen, bevor es auf den Markt gebracht werden kann, verstehen erfolgreiche Abonnementunternehmen, dass es weniger darum geht, perfekt zu sein, sondern vielmehr darum, auf das Feedback der Nutzer zu reagieren. Dies erfordert Veränderungen innerhalb des Unternehmens, Veränderungen im Vertriebskanal und Veränderungen in der Innovationsabteilung ... Es geht um den Lebenswert des Kunden und Innovationssysteme."[83]

Wie einige Theoretiker der „Abonnement-Wirtschaft" schreiben, ist

„das Herzstück der Abonnement-Wirtschaft die Idee, dass Kunden lieber die Erlebnisse abonnieren, die sie wollen, als ein Produkt zu kaufen, das sie in der Hand halten müssen. Die Kunden haben sich verändert ... Die Verbraucher von heute ... wollen Ergebnisse, nicht Besitz. Individualisierung, nicht Verallgemeinerung. Ständige Verbesserung, nicht geplante Veralterung. Und das Ergebnis? Die Unternehmen ändern die Art und Weise, wie sie ihre Produkte und Dienstleistungen verkaufen. In den letzten Jahren haben wir eine explosionsartige Zunahme neuartiger Geschäftsmodelle erlebt, die alle darauf abzielen, die Kunden dauerhaft an sich zu binden – man denke nur an Netflix, Amazon Prime, Uber, Spotify, Salesforce, Zendesk und Box. Der Begriff Abonnement-Wirtschaft wurde ... geprägt, um diese neue Ära von Unternehmen und Geschäftsmodellen zu beschreiben."[84]

Die Frage ist, wie die positiven Seiten dieser neuen „distributionstechnologischen" Wirtschaft auf den öffentlichen Bereich übertragen und stärker zum Wohl von Gemeinschaften als für einzelne Unternehmen eingesetzt werden könnten. Das würde voraussetzen, dass neue technologische Beziehungsmöglichkeiten in der ökonomischen Welt der Hypertechnologie zu neuen Denkmodellen führen können, wenn nicht gar müssen:

> „Die Fokussierung auf Beziehungen erfordert eine neue Art des Denkens. Anstatt den Schwerpunkt auf das Produkt oder die ‚Transaktion' zu legen, leben und sterben Unternehmen der Abonnement-Wirtschaft von ihrer Fähigkeit, sich auf den Kunden zu konzentrieren ... Als Unternehmen ... müssen Sie sich also darauf konzentrieren, bestehende Abonnenten zu halten, die Nutzung zu überwachen, wiederkehrende Einnahmen zu verbuchen und neue Wege zu finden, Ihren Kunden einen kontinuierlichen Mehrwert zu bieten, der eine langfristige Loyalität schafft ... Um es kurz zu machen: Die Abonnementwirtschaft ist eine neue Ära mit einer neuen Notwendigkeit für alle Unternehmen: Machen Sie Ihre Kunden zu Abonnenten. Auf diese Weise wird eine für alle Beteiligten vorteilhafte Beziehung geschaffen."[85]

Stellen wir uns vor, dass die zunehmenden Möglichkeiten der Digitalisierung in Südtirol mittel- und langfristig dafür genützt würden, einer so gemeinten Abonnement-Wirtschaft auch im öffentlichen Leben der Bürger zu Vorteilen zu verhelfen. Zumindest theoretisch könnten sich damit von der Mobilität bis zu Dienstleistungen und letztlich auch Aspekten möglichen (und vorteilhaften!) Besitzverzichts neue, flexiblere und nachhaltigere Möglichkeiten eröffnen. Kombiniert mit den neu zur Verfügung stehenden Technologien der Dezentralisierung wie Blockchain und privatem Dateneigentum wäre das einen mittel- bis langfristig, systematisch und territorial angelegten Versuch wert.

Die Zusammenführung von Mittel-Technologie, Sinnökonomie und Abonnement-Wirtschaft mit sozialen Ökosystemen schafft Vertrauen in Technologie-Zukünfte

Zur Zusammenführung und Umsetzung von Technologie-Anwendungen wie Mittel-Technologie, Sinnökonomie und Abonnement-Wirtschaft für die sozialen Ökosysteme in Südtirol gilt es in erster Linie, die verschiedenen Sozialpartner und Stakeholder einzubeziehen. Damit kann Vertrauen in die neue Ära der Mensch-Maschine-Zusammenarbeit entwickelt werden.

Dieses Vertrauen ist die Voraussetzung für eigenständige Schwerpunktbildungen „in der Mitte" der Gesellschaft. Es ist auch unerlässlich für die Akzeptanz neuer Technologieentwicklungen unter den Bürgern. Denn diese sind längst dabei, Vor- und Nachteile neuer Technologien für ihre eigenen sozialen Ökosysteme zu reflektieren. Diesen Prozess gilt es in den kommenden Jahren konstruktiv aufzugreifen, zu verstärken und mit Plattformen für die ständige Neuformierung sozialer Mitten im Technologiebereich zu versehen.[86] Denn das ist die Basis für die Erneuerung allgemeinen sozialen Vertrauens unter Hochtechnologiebedingungen[87] – eines Vertrauens, das für den weiteren Zusammenhalt offener Gesellschaft sowie die Aufrechterhaltung von Solidarität entscheidend sein wird. Gelehrte wie Dewey Murdick drücken diese Anforderungen, die sowohl Herausforderungen an die öffentliche Hand wie die Zivilgesellschaft sind, am Beispiel der Zukunftstechnologie Künstliche Intelligenz (KI) so aus:

> „Angesichts der raschen Integration von KI in unser tägliches Leben müssen wir alle lernen, wann und ob wir dieser Technologie vertrauen, ihre Fähigkeiten und Grenzen verstehen und anpassen, wenn sich diese Systeme – und unsere funktionalen Beziehungen zu ihnen – weiterentwickeln …"[88]

Im Einzelnen betont Murdick, dass

> „Vertrauen der Schlüssel zu einer erfolgreichen Partnerschaft zwischen Mensch und KI ist. Vertrauen wird im Lauf der Zeit durch Ausbildung und frühere Erfahrungen aufgebaut. Das Maß an Vertrauen, das wir in KI setzen, sollte sorgfältig gemessen und bewertet werden … Es lohnt sich, darüber nachzudenken, wie wir Aspekte der rigorosen Prüfung neuer Medikamente auf die Entwicklung und Nutzung von KI-Systemen übertragen können. Wir müssen einen sorgfältigeren, systematischeren Ansatz für die Bewertung der Zusammenarbeit von KI und Menschen wählen und dabei sowohl die unmittelbaren als auch die langfristigen Auswirkungen auf die menschliche Entscheidungsfindung berücksichtigen. Die Leistung von KI-Systemen variiert oft dramatisch zwischen verschiedenen Anwendungsfällen und sozialen Umgebungen. Es ist wichtig, dass die Nutzer verstehen, wann KI-Systeme wahrscheinlich gut oder schlecht abschneiden, und dass sie ihre Interaktion anpassen können … Es ist von entscheidender Bedeutung, dass Tests nicht nur das KI-System bewerten, sondern auch die Vertrauensbeziehung zwischen Mensch und Maschine unter die Lupe nehmen, da ihr gemeinsamer Erfolg in realen Szenarien von größter Bedeutung ist."[89]

Und das wiederum hat mit der Einbettung von Künstlicher Intelligenz – und anderer Zukunftstechnologien – in konkrete soziale Ökosysteme vor Ort zu tun. Deshalb schlägt Murdick als Fragen für das Design von Mensch-Technologie-Beziehungen in Ökosystemen vor:

„Wir sollten Dinge fragen wie:

– Haben die Menschen das Gefühl, dass sie sich darauf verlassen können, dass die KI tut, was sie tun soll? [...]
– Liefert die KI Erklärungen und Unsicherheitsabschätzungen, die Menschen effektiv nutzen können?
– Hat das KI-System seine beabsichtigte Funktion als Teil des Mensch-Maschine-Teams erfüllt?

Permanentes Feedback ist entscheidend, um zu verstehen, wie gut ein KI-System bei realen Aufgaben mit wechselnden Umständen und Herausforderungen integriert wird, und ob es die Produktivität und Arbeitsqualität von Menschen wirklich steigert. Letztendlich können diese Arten von Fragen zu Messgrößen und Metriken werden, als Teil des Designs von hybriden Intelligenzsystemen."[90]

Der Schluss aus alledem ist für Murdick klar – wobei die KI-Mensch-Beziehung hier nur stellvertretend für die Anforderungen an die Beziehung zwischen Zukunftstechnologien und sozialen Ökosystemen an sich steht:

„Mit Blick auf die Zukunft hat der Design- und Evaluierungsansatz, der Vertrauen und Leistungsmetriken miteinander verknüpft, Auswirkungen, die über den unmittelbaren Bereich hinausgehen und auch den Weg für neue technische und nichttechnische Fortschritte ebnen könnten. Wir werden feststellen, dass dieser Ansatz der Zusammenarbeit von Mensch und Maschine dazu beitragen wird, dass Menschen sowohl jetzt als auch in der Zukunft effektiv mit [Zukunftstechnologien] zusammenarbeiten können."[91]

3. Wissensökologien

Wissensökologie schließlich ist der dritte Baustein für eine ausgewogene Strategie. Zukunftstechnologie, ihre Einbettung in soziale Ökosysteme und, aus beiden hervorgehend, ihre Umfeld-Einpassung mittels einer „neuen Wissensökologie" gehen Hand in Hand. Die neuere Forschung spricht davon, dass das Feld der „Neuen Wissensökologie" und die Politiken des technologischen Wandels in den kommenden Jahren nicht mehr voneinander zu trennen sein werden – und deshalb Teil jeder ausgewogenen und integrativen Technologiestrategie sein sollten. So schreiben Wissenschaftler:

> „Die ‚Wissensökologie' ist ein interdisziplinäres Feld, das ökologische Prinzipien auf Prozesse und Strukturen der Schaffung und Verbreitung von [technologischem] Wissen anwendet. [Sie] untersucht die Wechselbeziehung zwischen … Bildungsinnovationen und dem politischen Diskurs im Kontext der vierten industriellen Revolution. [Im Kern stehen] … Fragen der systemischen Beziehung, die eng mit technologischen Veränderungen, Umweltauswirkungen und Wissensproduktion verbunden sind […]"[92]

Im Zentrum der neuen Wissensökologie steht

> „die Entstehung der vierten industriellen Revolution aus mega-technologischem Wandel und … Spannungen zwischen zeitgenössischer technologischer Innovation und politisch-umweltpolitischer Nachhaltigkeit."[93]

Mit der „neuen Wissensökologie" ist demnach von Anfang an auch ein umfassender ethischer Aspekt verbunden. Die menschliche Reflexionsfähigkeit braucht Zeit, um Eindrücke zu verarbeiten und Substanz anzunehmen. Doch viele Menschen kommen mit der exponentiell zunehmenden Geschwindigkeit technologischer Verarbeitungs- und Kreationskapazitäten, aber auch mit der kritischen Reflexion und Aneignung der in Bildern und Medien vorgeführten neuen technologischen Praktiken nicht mit. Denn Menschen sind menschlich – nicht auf Chips gebaut und „übermenschlich". Die fundamentale Diskrepanz zwischen technologischer Realität und kritischem Reflexionsvermögen ist umso bedenkenswerter in einer Zeit, in der zum Beispiel Künstliche Intelligenz selbst – wenn auch bislang noch mit Hilfe von Menschen – zu ihrer eigenen Ethik Stellung zu nehmen beginnt[94]; und in der Wissenschaftler zugleich intensiv daran arbeiten, dass Künstliche Intelligenz menschliche Gedanken und Erinnerungen mittels Computersimulationen visualisieren kann.[95] Das wirft die Frage auf, wer hier wen „durchschaut" und ethisch beurteilt.

Technologiewandelpolitiken, auch regionale, müssen diese „Umkehrung aller Dinge" in den kommenden Jahren verstärkt berücksichtigen. Denn wenn sich Wissensökologien verändern, verändern sich auch gesellschaftliche Parameter. Ethische Fragen betreffen in den kommenden Jahren ganz praktisch viele neue technologische Möglichkeiten – wie etwa die Ablesung der verbleibenden Lebenszeit mittels Augenscans.[96] Wie gehen wir damit um, wenn neue Technologien uns ermöglichen, zu wissen, wann wir sterben werden? Wollen wir das wissen? Und: Werden wir dadurch ethischer oder unethischer werden? Welche gesellschaftlichen Auswirkungen werden solche neuen Optionen mittel- bis langfristig haben?

Die Kernanforderung an eine integrierte Technik-Strategie: Die drei Bausteine verbinden

Mit diesen und ähnlichen Fragen sind grundlegende humanistische Herausforderungen verbunden. Sie eröffnen – gemeinsam mit der „transhumanistischen Revolution"[97]: also dem von verschiedenen Akteuren vorangetriebenen Trend zur immer direkteren Konvergenz von Mensch, Computer und Maschine – eine neue Anforderungsebene an das Vorausdenken. Zukunft wird damit für alle Akteure des Multi-Ebenen-Regierens wichtiger. Das erfordert sowohl für die Politik wie auch für die Technik- und Wissensproduktion selbst ein ethisches Reflexionssystem auf der Höhe der neuen Möglichkeiten. Es bedeutet zusammengenommen, dass ethisch-reflexive Methoden wie UNESCO-Zukunftsbildung *(Futures Literacy, FL)* und der Ansatz des „Vorwegnehmenden Innovationsregierens" *(Anticipatory Innovation Governance, AIG)* auch für Südtirols technologische und wissenschaftliche Ausrichtung wichtig werden. Es geht darum, das Ganze und die Teile des technischen Fortschritts im Sinn eines lebendigen Zirkels miteinander zu verbinden und ständig neu kritisch zu reflektieren.

Insgesamt gilt: Wer die drei Bausteine

- Zukunftstechnologie,
- soziale Ökosysteme und
- Wissensökologie

umfeld-, gemeinschafts- und menschenorientiert zusammenführt, schafft die Grundlage für Technologie als nachhaltige Gesellschaftskraft für Südtirol. Ihr volles Potential wird erst in den kommenden Jahren zum Tragen kommen. Die Herausforderung liegt in erster Linie in der umfeldadäquaten Integration der drei Bausteine. Wir sind gut beraten, sie und ihre Wechselwirkung an das Land anzupassen.

Was bringen die kommenden Jahre?

Zukunftstechnologie kann für unser Land eine Kraft sein, die im Hintergrund dauerhaft an Fortschritt arbeitet und dabei breiten, kapillaren Fortschritt für alle Bereiche erzeugt – vor allem aber Erleichterungen und Gewinne für das tägliche Leben der Bürger:innen. Südtirols Politik hat bereits in der Vergangenheit rechtzeitig Weichen gestellt. Deshalb stehen die Aussichten gut, die bevorstehenden Entwicklungen aufzugreifen und breit für das Land fruchtbar zu machen.

1 Stanford Center for Democracy, Development and the Rule of Law, Freeman Spogli Institute: Program on Liberation Technology (2009ff.), https://cddrl.fsi.stanford.edu/research/libtech.

2 Siehe zum Beispiel Gideon Lichfield: Inside the Race to build the best Quantum Computer on Earth. In: MIT Technology Review, February 26, 2020, https://www.technologyreview.com/2020/02/26/916744/quantum-computer-race-ibm-google/.

3 Vgl. Teseo la Marca: Künstliche Intelligenz in der Politik: Utopie oder Albtraum? Gespräch mit Roland Benedikter. In: relevant.news, 26.07.2023, https://www.relevant.news/ki-politik/.

4 Amtsblatt der Europäischen Union: Verordnung (EU) 2016/679 des Europäischen Parlaments und des Rates vom 27. April 2016 zum Schutz natürlicher Personen bei der Verarbeitung personenbezogener Daten, zum freien Datenverkehr und zur Aufhebung der Richtlinie 95/46/EG (Datenschutz-Grundverordnung), 4.5.2016, https://eur-lex.europa.eu/legal-content/DE/TXT/PDF/?uri=CELEX:32016R0679&from=DE. Siehe dazu auch: Europäische Kommission: Datenschutz in der EU. Datenschutz in der EU: Datenschutzgrundverordnung (DSGVO), Richtlinie über den Datenschutz bei der Strafverfolgung und sonstige Vorschriften zum Schutz personenbezogener Daten, o.J., https://commission.europa.eu/law/law-topic/data-protection/data-protection-eu_de; sowie: Deutsches Bundesministerium für Wirtschaft und Klimaschutz: Europäische Datenschutz-Grundverordnung, 16.02.2018, https://www.bmwk.de/Redaktion/DE/Artikel/Digitale-Welt/europaeische-datenschutzgrundverordnung.html.

5 EU Monitor: COM(2020)66 – European Strategy for Data, https://www.eumonitor.eu/9353000/1/j9vvik7m1c3gyxp/vl6bhq5mueyy.

6 Europäische Kommission: Vorschlag für eine Verordnung des Europäische Parlaments und des Rates über europäische Daten-Governance (Daten-Governance-Gesetz), 25.11.2020, https://eur-lex.europa.eu/legal-content/DE/TXT/PDF/?uri=CELEX:52020PC0767&from=BG.

7 Amtsblatt der Europäischen Union: Charta der Grundrechte der Europäischen Union, 2012/C326/02, 26.10.2012, https://eur-lex.europa.eu/legal-content/DE/TXT/HTML/?uri=CELEX:12012P/TXT.

8 Siehe Deutsches Bundesministerium für Bildung und Forschung (BMBF): Studie: Die Zukunft von Wertvorstellungen der Menschen in unserem Land. Berlin, August 2020, https://www.vorausschau.de/SharedDocs/Downloads/vorausschau/de/BMBF_Foresight_Wertestudie_Langfassung.pdf?__blob=publicationFile&v=3.

9 Siehe z. B. Roland Benedikter: What Is Intercommunicative Techno-Democracy? Transforming the Social Imaginary by Futures Literacy. Book chapter. In: Andreas Metzner-Szigeth (ed.): On the Interplay of Images, Imaginaries and Imagination in Science Communication. Florence, Casa Editrice Leo S. Olschki 2022, book series: SCIENTIA atque USUS, Volume 3, pp. 269-285, https://www.olschki.it/libro/9788822268716.

10 Deutsches Bundesministerium für Bildung und Forschung (BMBF): Foresight: Vorausschau – Orientierung für die Welt von morgen, o. J., https://www.vorausschau.de/vorausschau/de/home/home_node.html. Siehe auch BMBF: Foresight als Methode der Strategischen Vorausschau im BMBF, o. J., https://www.bmbf.de/bmbf/de/forschung/soziale-innovationen-und-zukunftsanalyse/foresight/foresight-als-methode-der-strategischen-vorausschau-im-bmbf/foresight-als-methode-der-strategischen-vorausschau-im-bmbf_node.html.

11 European Strategy and Policy Analysis System (ESPAS): https://www.espas.eu/.

12 Council of the European Union / Analysis and Research Team (ART): EU Forward Look 2023, Brüssel, Januar 2023, https://www.consilium.europa.eu/media/61563/forward-look-2023-external_final.pdf?utm_source=twitter.com&utm_medium=social&utm_campaign=20230125-art-research-papers-forward-look&utm_content=visual-card.

13 Kuniko Urashima: An Overview of the 11th Foresight Survey in Japan. In: Innovation and Development Policy 3 (2021), S. 79-90, https://doi.org/10.3724/SP.J.2096-5141.2021.0005 und http://idp-journal.casisd.cn/browse/la/202203/P020220331604843759820.pdf. Siehe auch The European Foresight Monitoring Network: Japanese S + T Foresight 2035. Foresight Brief No. 035, http://www.foresight-platform.eu/wp-content/uploads/2011/04/EFMN-Brief-No.-35-Japanese-S+T-Foresight-2035.pdf.

14 Riel Miller: The Futures Literacy of UNESCO. In: Skopia – Studi di Futuro, 9 Giugno 2021, https://www.skopia-anticipation.it/blog/the-futures-literacy-of-unesco-versione-in-lingua-originale/.

15 Anticipatory Action Task Force (AATS): https://www.anticipation-hub.org/exchange/networks-and-forums/anticipatory-action-task-force-aatf. Siehe auch Officer of the High Commissioner on Human Rights / Michelle Bachelet: United Nations High-Level Humanitarian Event on Anticipatory Action: A Commitment to Act Before Crises. In: United Nations Human Rights Office, 09 September 2021, https://www.ohchr.org/en/2021/09/united-nations-high-level-humanitarian-event-anticipatory-action-commitment-act-crises.

16 United Nations Department on Economic and Social Affairs: Strategic planning and foresight, February 2021, https://unpan.un.org/sites/unpan.un.org/files/Strategy%20note%20%20strategic%20foresight%20Mar%202021_1.pdf.

17 Olivier Woeffray and Paulo Carvalho: The future isn't what it used to be: Here's how strategic foresight can help. In: World Economic Forum Better Business, February 6, 2023, https://www.weforum.org/agenda/2023/02/strategic-intelligence-why-foresight-key-future-readiness/. Siehe auch World Economic Forum: Global Risk Report 2023, 11 January 2023, https://www.weforum.org/reports/global-risks-report-2023/digest/.

18 World Bank Group / IEG (Independent Evaluation Group): A Bridge to the Future: Learning from the Past Through Evaluation. IEG Annual Report 2021, https://ieg.worldbankgroup.org/

ieg-annual-report-2021. Siehe auch International Monetary Funds (IMF): How to Implement Strategic Foresight (and Why), January 20, 2022, https://www.imf.org/-/media/Files/Publications/analytical-notes/2021/English/HTNEA2021010-S001.ashx.

19 OECD Strategic Foresight Unit: Foresight and Anticipatory Governance: Lessons in effective foresight institutionalization. OECD Paris 2021, https://www.oecd.org/strategic-foresight/ourwork/Foresight_and_Anticipatory_Governance.pdf.

20 Siehe dazu die Inhalte der Vorlesungsreihe „The World in 2050" des UNESCO-Lehrstuhls am Center for Advanced Studies von Eurac Research: https://www.eurac.edu/en/institutes-centers/center-for-advanced-studies/research-group/unesco-chair/news-events/the-world-in-2050-lecture-series; sowie dazu im Detail Roland Benedikter: The World in 2050: An Introduction. In: Youtube, March 28, 2023, https://www.youtube.com/watch?v=FRw6st6rPYQ&embeds_referring_euri=https%3A%2F%2Fwww.eurac.edu%2F&feature=emb_imp_woyt.

21 Margret Hucko: VW-Zukunftsforscher: „Jedes Fahrzeug wird eine rollende Internetadresse." Das Auto der Zukunft kann Gedanken lesen und verrät den Passagieren aktuelle Supermarkt-Angebote. Science Fiction? Nein, das Ergebnis wissenschaftlicher Arbeit aus dem VW-Konzern. In: Der Spiegel, 08.01.2018, https://www.spiegel.de/auto/aktuell/vw-zukunftsforscher-jedes-fahrzeug-wird-eine-rollende-internet-adresse-a-1179600.html.

22 Siehe dazu ausführlich Roland Benedikter: Sustainability and Resilience. Springer International, Cham et. al 2024 (im Druck).

23 Ein Beispiel privater Forschungs-, Weiterbildungs- und Disseminationsexzellenz im Überschneidungsbereich Technologie-Gesellschaft ist der Studiengang Certificate of Advanced Studies (CAS) „Digitale Transformation" des Instituts für Kommunikation und Führung Ikf in Luzern: https://www.ikf.ch/de/kurse/cas-digitale-transformation.

24 Markku Wilenius: Patterns of the Future: Understanding the Next Wave of Global Change. World Scientific Publishers 2017. Siehe dazu auch Markku Wilenius and Sofi Kurki: Surfing the sixth wave. Exploring the next 40 years of global change. Finland Futures Research Centre book 10/2012, University of Turku 2012.

25 Siehe Markku Wilenius: Futures Literacy Skills for this Century. In: Eurac Research Center for Advanced Studies, UNESCO Chair Lecture Series: The World in 2050, June 19, 2023, https://www.youtube.com/watch?v=Mvr45V2GZ0k&t=1s.

26 Yuk Hui: Why Cybernetics Now? In: Yuk Hui (ed.): Cybernetics for the 21st Century, Volume 1: Epistemological Reconstruction, Philosophy, Art and Technology Series, Hanart Press 2024, pp. 11-22, https://hanart.press/wp-content/uploads/2024/02/cybernetics-vol1.pdf.

27 Australian National University (ANU): School of Cybernetics, https://cybernetics.anu.edu.au/.

28 Yuk Hui: Why Cybernetics Now?, a.a.O.

29 Ebda.

30 Autonome Provinz Bozen-Südtirol: Everyday for future, Bozen 2021ff., https://news.provinz.bz.it/de/everyday-for-future.

31 Siehe zum Beispiel Random Face Generation: Diese Person existiert nicht, o. J., https://this-person-does-not-exist.com/de.

32 Jennifer Caprarella: Studie: Fast 50 Nachrichten-Webseiten sind „KI-generiert" – und wie man sie erkennt. In: T3N Digital Pioneers, 08.05.2023, https://t3n.de/news/studie-ki-generiert-news-1551045/.

33 Siehe Homepage Georges T. Roos: https://www.kultinno.ch/.

34 Roberto Poli: "Smart Cities" o "Happy Cities"? In: Ministero Italiano dell'Istruzione e del Merito, Dipartimento per il Sistema Educativo, di Istruzione e Formazione e UNESCO Associated Schools Network: Scuola Estiva: La pratica filosofica per lo sviluppo sostenibile – Edizione VI A.S. 2022/23, tema generale: Città Future, 28-30 agosto 2023 (online), https://www.miur.gov.it/documents/20182/7414469/Programma+Scuola+estiva+28-29-30+agosto+2023.pdf/31174930-ddce-64da-132e-88de77e2ec5a?version=1.0&t=1691161622537.

35 Siehe zum Beispiel die Arbeit des Südtiroler UNO-Experten für die Rechte der Natur, Alex Putzer: United Nations Harmony with Nature Program, http://www.harmonywithnatureun.org/profile/9!VUf6GBXMgRkyOsJ9sNLI7aIs9Usud5JqGagD4OSI4PJNhBSel3OUBxil5alrvxnZ-hS7D2pJW4kfnPuQVMwIA==. Vgl. dazu genauer Alex Putzer, Tineke Lambooy et al.: Putting the rights of nature on the map. A quantitative analysis of rights of nature initiatives across the world. In: Journal of Maps 18/2022, Issue 1, https://www.tandfonline.com/doi/full/10.1080/17445647.2022.2079432; sowie Alex Putzer: The Rights of Nature between Theory and Activism. Eurac Center for Advanced Studies Public Lecture. In: Youtube, July 4, 2023, https://www.youtube.com/watch?v=x6q57lRojnI.

36 Siehe zum Beispiel: Ministero Italiano dell'Istruzione e del Merito, Dipartimento per il Sistema Educativo, di Istruzione e Formazione e UNESCO Associated Schools Network: Scuola Estiva: La pratica filosofica per lo sviluppo sostenibile – Edizione VI A.S. 2022-23. Tema generale: Città Future, 28-30 agosto 2023 (online), https://www.miur.gov.it/web/guest/-/scuola-estiva-la-pratica-filosofica-per-lo-sviluppo-sostenibile-citta-future-a-s-2022-2023 und https://www.miur.gov.it/documents/20182/7414469/Programma+Scuola+estiva+28-29-30+agosto+2023.pdf/31174930-ddce-64da-132e-88de77e2ec5a?version=1.0&t=1691161622537.

37 Hochschule Luzern HSLU: Die digitale Transformation kann gelingen! 9. Luzerner Management-Forum für die öffentliche Verwaltung, 24. November 2022, https://sgvw.ch/wp-content/uploads/2022/10/2022-LMF-Flyer.pdf.

38 Stadt Bozen: Bozen zur UNESCO-Kreativstadt ernannt, 31. Oktober 2023, https://opencity.gemeinde.bozen.it/Aktuelles/Pressemitteilungen/Bozen-zur-UNESCO-Creative-City-of-MUSIC-ernannt.

39 UNESCO: Futures Literacy – An essential competency for the 21st century, o. J., https://en.unesco.org/futuresliteracy/about.

40 Sociocracy.info: What is Sociocracy and Why Does Democracy Need It?, 2022/08/06, https://www.sociocracy.info/what-is-sociocracy/. Siehe auch Harri Kaloudis: A very brief introduction to sociocracy. In: Medium, April 12, 2108, https://medium.com/@Harri_Kaloudis/a-brief-introduction-to-sociocracy-a0770f220937; sowie Roland Benedikter und Karim Fathi: The Coronavirus Crisis and Its Teachings: Steps Towards Multi-Resilience. With a foreword by Professor PhD Jan Nederveen Pieterse, University of California at Santa Barbara and a Postscript by Professor PhD Manfred Steger, University of Hawaii at Manoa. Book series: Studies in Critical Sociology Series (SCSS), Volume 204, edited by Professor David Fasenfest, BRILL publishers 2021, https://brill.com/view/title/60830?language=en.

41 Ivy Wigmore: Definition Holocracy. In: Techtarget, May 2015, https://www.techtarget.com/whatis/definition/holacracy. Siehe auch: MasterClass: Holocracy: Pros and Cons of the Organizational Structure, February 1, 2023, https://www.masterclass.com/articles/holacracy#1nK2xcyDJAlfbLLmp2FCqg.

42 Aaron Lawrence: What is a Hackathon? A Newbie's Guide to Collaborative Coding. In: Rasmussen University, 02/22/2016, https://www.rasmussen.edu/degrees/technology/blog/what-is-a-hackathon/.

43 LerNetz AG: Frauenpower verstärkt das Team, December 19, 2022, https://blog.lernetz.ch/frauenpower-verst%C3%A4rkt-das-team-5691f7dce18f.

44 Paddle: Why subscription economy growth is about people, not products, o. J., https://www.paddle.com/resources/subscription-economy.

45 Kim Bastian: The Subscription Economy: What It Is and How It's Changing The Way People Buy. In: Forcemanagement, o. J., https://www.forcemanagement.com/blog/the-subscription-economy-what-it-is-and-how-its-changing-the-way-people-buy.

46 Zuora: Leading the subscription economy, o. J., https://www.zuora.com/vision/subscription-economy/.

47 Fabrick: How payment orchestration can help subscription economy's growth, 31 May 2023, https://www.fabrick.com/en-gb/insights/blog/subscription-economy-and-payment-orchestration/.

48 Europäische Kommission: Europäische digitale Rechte und Grundsätze, 19. Juni 2023, https://digital-strategy.ec.europa.eu/de/policies/digital-principles.

49 Siehe zum Beispiel Marco Vitale: "Così la blockchain salverà il Made in Italy." In: TechCompany 360, 01 Luglio 2020, https://www.techcompany360.it/imprenditori-tech-si-raccontano/marco-vitale-cosi-la-blockchain-puo-tutelare-il-made-in-italy/.

50 Lisa Maria Gasser: „Theoretisch 10.000 Euro im Jahr." Wer unsere Daten nutzen will, soll uns dafür bezahlen, sagt Elena Pasquali. Mit ihrem Start-up weist sie den Weg in eine neue Datenwirtschaft. Doch es brauche mehr Druck. In: Salto.bz, 09.02.2022, https://www.salto.bz/de/article/08022022/pasquali-ecosteer-datenwirtschaft.

51 Siehe dazu Roland Benedikter: Navigating the Future: How to Envision a Resilient World in 2050? In: Eurac Research Lecture Series: The World in 2050. Perspectives on Justice, Equality, Democratization, and Education, 08.02.2024, https://www.eurac.edu/en/institutes-centers/center-for-advanced-studies/research-group/unesco-chair/news-events/the-world-in-2050-lecture-series-2024.

52 Deutsches Bundesministerium für Bildung und Forschung: Studie: Auf dem Weg in ein hybrides Zeitalter? Die wechselseitige Entgrenzung von Technologie und Biologie. Berlin, April 2022, https://www.vorausschau.de/SharedDocs/Downloads/vorausschau/de/Foresight-Entgrenzungsstudie_Lang.pdf?__blob=publicationFile&v=2.

53 Siehe dazu ausführlich Roland Benedikter: Artificial Intelligence, New Human Technologies and the Future of Mankind. In: Challenge. The Magazine of Economic Affairs. Edited by Jeffrey Madrick and Nobel Laureates Kenneth J. Arrow, Robert M. Solow, Joseph E. Stiglitz, Paul R. Krugman et al., Volume 66, 2023, Issue 3-4, Routledge / Taylor and Francis, New York and London, online first publication: 20 June 2023, DOI: 10.1080/05775132.2023.2223061, link: https://doi.org/10.1080/05775132.2023.2223061, http://dx.doi.org/10.1080/05775132.2023.2223061.

54 Roland Benedikter: Künstliche Intelligenz und Neurowissenschaften. Futuristische Entwicklungen: Brain-Brain-Interfaces. Konrad Adenauer Stiftung Berlin, Reihe: Analysen und Argumente: Digitale Gesellschaft, Nr. 378 / Dezember 2019, St. Augustin und Berlin 2019, https://www.kas.de/web/auslandsinformationen/analysen-und-argumente/detail/-/content/kuenstliche-intelligenz-und-neurowissenschaften und https://www.kas.de/documents/252038/4521287/K%C3%BCnstliche+Intelligenz+und+Neurowissenschaften.pdf/63fcf974-2757-565f-dd48-8273fcced23c?version=1.0&t=1575898258780.

55 Roland Benedikter and Karim Fathi: The Future of the Human Mind: Techno-Anthropological Hybridization? In: Challenge. The Magazine of Economic Affairs. Edited by Jeffrey Madrick and Nobel Laureates Kenneth J. Arrow, Robert M. Solow, Joseph E. Stiglitz, Paul R. Krugman et. al. Volume 62, 2019, Issue 1, January-March 2019, pp. 77-95, Taylor and Francis / Routledge, New York and London, March 2019. Published online first: 25 March 2019, https://www.tandfonline.com/eprint/eKGb29iI5hP2CH99Frkw/full?target=10.1080/05775132.2018.1560943 (Vollversion), https://www.tandfonline.com/doi/full/10.1080/05775132.2018.1560943 und https://www.tandfonline.com/doi/full/10.1080/05775132.2018.1560943.

56 Inner Development Goals (IDGs): https://www.innerdevelopmentgoals.org/.

57 Ebda.

58 Future Skills Navigator: https://futureskillsnavigator.com/de/.

59 Vgl. Thomas Nowotny: Wird die künftige weltpolitische Ordnung eine demokratische sein? Gedanken zu Herfried Münklers Die Zukunft der Demokratie (2022). In: Die Zukunft. Die Diskussionszeitschrift für Politik, Gesellschaft und Kultur, 22. März 2023, https://diezukunft.at/wird-die-kuenftige-weltpolitische-ordnung-eine-demokratische-sein-gedanken-zu-herfried-muenklers-die-zukunft-der-demokratie-2022-von-thomas-nowotny/.

60 Council of the European Union: EU Forward Look 2023, Brüssel, Januar 2023, S. 14, https://www.espas.eu/files/EU-Council-Forward-Look-Jan-2023-external_final.pdf.

61 Sven Smit, Magnus Tyreman u. a.: Report: Securing Europe's competitiveness: Addressing its technology gap. In: McKinsey & Company Global Institute, September 22, 2022, https://www.mckinsey.com/capabilities/strategy-and-corporate-finance/our-insights/securing-europes-competitiveness-addressing-its-technology-gap.

62 Council of the European Union: EU Forward Look 2023, a.a.O.

63 Siehe Roland Benedikter: Europe's Tech Conundrum. In: Global Policy Journal, 26 January 2021, https://www.globalpolicyjournal.com/blog/26/01/2021/europes-tech-conundrum.

64 Sven Smit, Magnus Tyreman u. a.: Report: Securing Europe's competitiveness: Addressing its technology gap, a.a.O.

65 Ebda.

66 Ebda.

67 Ebda.

68 Ebda.

69 Jathan Sadowski: When data is capital: Datafication, accumulation, and extraction. In: Big Data & Society, 6(1), https://journals.sagepub.com/doi/full/10.1177/2053951718820549. Vgl. Shoshana Zuboff: The Age of Surveillance Capitalism, Faber and Faber 2019.

70 CNET: Watch Crypto expert explain Blockchain to Congress. In: Youtube, December 8, 2021, https://www.youtube.com/watch?v=pSTNhBlfV_s.

71 Vasilis Kostakis, Alex Pazaitis et al.: Beyond high-tech versus low-tech: A tentative framework for sustainable urban data governance. In: Big Data & Society, 10(1), https://doi.org/10.1177/20539517231180583 und https://journals.sagepub.com/doi/10.1177/20539517231180583. Siehe dazu auch Vasilis Kostakis, Vasilis Niaros & Chris Giotitsas: Beyond global versus local: illuminating a cosmolocal framework for convivial technology development. In: Sustainability Science 2023, https://doi.org/10.1007/s11625-023-01378-1 und https://link.springer.com/article/10.1007/s11625-023-01378-1.

72 Vasilis Kostakis, Alex Pazaitis et al.: Beyond high-tech versus low-tech: A tentative framework for sustainable urban data governance. In: Big Data & Society, 10(1), https://doi.org/10.1177/20539517231180583 und https://journals.sagepub.com/doi/10.1177/20539517231180583.

73 Ebda.

74 Ebda.

75 Ebda.

76 Ebda.

77 Deutsches Bundesministerium für Bildung und Forschung (BMBF): Neues Leitbild „Purpose Economy"? Essay. Berlin, November 2022, https://www.vorausschau.de/SharedDocs/Downloads/vorausschau/de/Foresight_PurposeEconomy_Kurzfassung.pdf?__blob=publicationFile&v=2.

78 Ebda.

79 Paolo Vargiu: Narratives of Globalization and the Pitfalls of Neutrality: A Brief Critique of Six Faces of Globalization. In: Journal of International Economic Law, 22 May 2023, https://academic.oup.com/jiel/advance-article-abstract/doi/10.1093/jiel/jgad018/7175911?redirectedFrom=fulltext.

80 Paddle: Why subscription economy growth is about people, not products, o. J., https://www.paddle.com/resources/subscription-economy.

81 Siehe Manfred Steger, Roland Benedikter, Harald Pechlaner and Ingrid Kofler (ed.): Globalization – Past, Present, Future, University of California Press 2023 (December), https://www.ucpress.edu/book/9780520395756/globalization.

82 Ebda.

83 Ebda.

84 Zuora: Leading the subscription economy, o. J., https://www.zuora.com/vision/subscription-economy/.

85 Ebda. Siehe dazu auch Kim Bastian: The Subscription Economy: What It Is and How It's Changing The Way People Buy. In: Forcemanagement, o. J., https://www.forcemanagement.com/blog/the-subscription-economy-what-it-is-and-how-its-changing-the-way-people-buy.

86 Siehe dazu Roland Benedikter: Die Erneuerung der politischen Mitte. Das Auseinanderbrechen der Gesellschaft, das Format Volkspartei und die Zukunft der Demokratie. Open access Buch (gratis), Nomos Verlag, Baden-Baden 2022, https://www.nomos-shop.de/nomos/titel/die-erneuerung-der-politischen-mitte-id-110405/, https://www.nomos-elibrary.de/10.5771/9783748936084/die-erneuerung-der-politischen-mitte?page=1 und https://www.nomos-elibrary.de/10.5771/9783748936084.pdf (Vollfassung).

87 Deutsches Bundesministerium für Bildung und Forschung (BMBF): Studie: Die Zukunft des Vertrauens in digitalen Welten. Berlin, August 2022, https://www.vorausschau.de/SharedDocs/Downloads/vorausschau/de/Foresight_Vertraueensstudie_Langfassung.pdf?__blob=publicationFile&v=1.

88 Dewey Murdick: Building Trust in AI: A New Era of Human-Machine Teaming. In: Georgetown University, Center for Security and Emerging Technology (CSET), July 19, 2023, https://cset.georgetown.edu/article/building-trust-in-ai-a-new-era-of-human-machine-teaming/.

89 Ebda.

90 Ebda.

91 Ebda.

92 Tamara Savelyeva, José Baltazar Salgueirinho Osório de Andrade Guerra, and Gabrielli do Livramento Gonçalves: New Knowledge Ecology and Politics of Tecnological Change. In: Michael A. Peters and Richard Heraud (eds.): Encyclopedia of Educational Innovation, Springer 2022, pp. 1-7, https://link.springer.com/referenceworkentry/10.1007%2F978-981-13-2262-4_259-1.

93 Ebda.

94 Alex Connock and Andrew Stephen: We invited an AI to debate its own ethics in the Oxford Union – what it said was startling. In: The Conversation, December 10, 2021, https://theconversation.com/we-invited-an-ai-to-debate-its-own-ethics-in-the-oxford-union-what-it-said-was-startling-173607.

95 Innovation that matters: Japanese scientists have created AI that can visualize our thought. In: Youtube, January 10, 2022, https://www.youtube.com/watch?v=zmxmTcHi5U4.

96 Moritz Piehler: Was das Auge über die Lebenserwartung des Menschen verrät. In: Yahoo.de, 21. Januar 2022, https://de.nachrichten.yahoo.com/verrat-das-auge-wann-ein-mensch-sterben-wird-101601170.html.

97 Nick Bostrom: What is Transhumanism? In: Nick Bostrom Homepage, 2001, https://nickbostrom.com/old/transhumanism. Vgl. ders.: Transhumanist values. In: Nick Bostrom Homepage, 2003, https://nickbostrom.com/ethics/values; sowie Roland Benedikter und Katja Siepmann: „Transhumanism": A New Global Political Trend? In: Challenge. The Magazine of Economic Affairs. Edited by Jeffrey Madrick and Nobel Laureates Kenneth J. Arrow, Robert M. Solow, Joseph E. Stiglitz, Paul R. Krugman et.al., Volume 59, Issue 1, 2016, January-February 2016, pp. 47-59, Taylor and Francis / Routledge, New York and London 2016, http://www.tandfonline.com/doi/full/10.1080/05775132.2015.1123574 (online publication: 28 January 2016).

KAPITEL 3

Smart City – Smart Home – Smart Mobility

Wolfgang Müller-Pietralla

Ehemaliger Direktor Zukunftsforschung und Trendtransfer, Volkswagen AG, und Zukunftskreis des Deutschen Bundesministeriums für Bildung und Forschung (BMBF) für die deutsche Bundesregierung 2019–2023

Wohin geht unsere Gesellschaft im Zeichen der Zukunftstechnologien? Oder genauer: Wohin „bewegt" sie sich?

Die Mobilitätssysteme des 21. Jahrhunderts *(21st Century Mobility Systems)* verändern sich rasch und grundlegend. Sie erfordern eine ganzheitliche Mobilitätsgestaltung mittels intelligenter Fahrzeuge, urbaner Smart-City-Strategien und einer neuen, multimodalen Mobilitätsvision.

Die Mobilitätslandschaft des 20. Jahrhunderts, deren alte Infrastruktur noch einen Großteil unseres heutigen Alltagslebens bestimmt, wurde unter völlig anderen Bedingungen entworfen und konzipiert. Sie wurde im Dienst anderer Ziele als der heutigen verwirklicht. Im 21. Jahrhundert wird die Art und Weise neugestaltet, wie sich Menschen, Materialien und Produkte bewegen – und zwar unter Berücksichtigung neuer technologischer Möglichkeiten, sozialer Werte, wirtschaftlicher Bedürfnisse sowie politischer Rahmenbedingungen. Wie sieht die Zukunft der Mobilität im urbanen Umfeld aus? Werden Mobilitäts- und Transportdienstleistungen (MaaS + TaaS) den Besitz eines Fahrzeugs in großem Umfang ersetzen können? Wie werden wir Dienstleistungen, autonome Fahrzeuge, intelligente Häuser und Wohnungen und Mikromobilität mit personalisierten Assistenztechnologien verbinden und in hocheffiziente und intelligente Gemeinschafts-Plattformen integrieren?

Das elektrische, autonome und vernetzte Auto, das intelligente Haus, Quadrocopter und Lieferdrohnen sowie *„Mobility Hubs"* stellen bereits heute konvergente Formen der Mobilität dar, die sich an ganzheitlichen Stadtentwicklungskonzepten orientieren. In den Metropolen der Zukunft sind Agilität, Anpassungsfähigkeit und Nachhaltigkeit gefragt. Autonome Smart-City-Systeme, die das Internet der Dinge (IoT) und sichere drahtlose Verbindungen nutzen, können auf Echtzeitumstände reagieren: von der Verfügbarkeit von Parkplätzen bis hin zum Wetter. So können sie für schlankere, effizientere Stadtzentren sorgen, Staus und Umweltverschmutzung eindämmen.

Was würde geschehen, wenn sich diese Innovationen schnell ausbreiten und zu festen Bestandteilen einer zunehmend mobilen Gesellschaft werden? Wie sieht ein wirklich intelligentes und integriertes städtisches Mobilitätssystem aus? Und welche Chancen bietet diese Aussicht?

Tatsache ist, dass neue Mobilitätsangebote und Infrastrukturen massive Auswirkungen auf unser Leben und unsere Lebensstile, auf städtische und ländliche Gemeinschaften und auf globale Lieferketten haben werden. Die prägenden Themen für die Zukunft der Mobilität im 21. Jahrhundert können dem Schnittpunkt der sogenannten STEEP-Kategorien: Gesellschaft, Technologie, Umwelt, Wirtschaft und Politik (Society, Technology, Environment, Economy und Politics) zugeordnet werden. Bis 2030 gehen wir dabei von einem umkämpften und angespannten Basisszenario aus. Der U.S. National Intelligence Council formulierte es 2021 so:

> „In den kommenden Jahren und Jahrzehnten wird die Welt noch intensiveren und vielfältiger hereinbrechenden globalen Herausforderungen gegenüberstehen. Diese reichen von Krankheiten über den Klimawandel bis zu den Brüchen durch neue Technologien und Finanzkrisen."

Die STEEP-Treiber in diesem ambivalenten Grundszenario beschleunigen den Wandel zu einer zunehmend smarten Mobilitätsform. Beispielhafte Faktoren spielen in allen Einzelbereichen eine wichtige Rolle für die Transformation der Mobilität. Darunter sind:

Gesellschaft/Society: Demographie and menschliche Entwicklung, Werte, Entropic Mindsets, Automatisierungsakzeptanz, Remote Work, Gesellschaftsfolgen von Künstlicher Intelligenz, Responsible Technology, …

Technologie/Technology: Autonomous Everything, Neuroscience Goes Business, Advanced Solar Technologies, AI Computing Hyper-Progress Technology, Digital Transformation of Materials Science Technology, Next-Gen Lidar Tech Development, Next-Generation Mobile Network Deployment, Quantumtechnologien, Personal Biosensing, Road Vehicle Remote Operation Tech, …

Umwelt und Ökologie/Environment and Ecology: Global Warming Impacts Severity, Expandable Scales, EV Policies and Incentives Environmental,

EV Charging Infrastructure Development, Synthetic Biology Automation, die Wasserstoffökonomie, Urban Mobility Alternatives, …

Wirtschaft/Economy: „Ecolonomy", Extent of Globalization, Masterminded Innovation Systems, Disruptive Distribution Models, Road Vehicle Automation, Breakthrough Tech Developments, Supply-Chain Disruptions, Dignified Economy, …

Politik/Politics: Super Responsibilities, Green Recovery Plans, Regierungsinvestitionen in Künstliche Intelligenz, Artificial Governance, Misinformation Spread, Neue Politische Macht der Städte Bewegung/Political Power of Cities Movement, Talentmangel, Home Telepresence, Urban-Suburban Transmigration, Digitale Resilienz, …

Diese Kräfte interagieren auf komplexe Weise miteinander. Sie führen zu neuen Lösungen, bei denen unterschiedliche Mobilitätsszenarien möglich werden. Deren erfolgreiche Realisierung hängt von unseren zukünftigen Entscheidungen ab. Es geht mehr denn je um den Transfer des Wissens in Konzepte für eine bessere Welt. Der Beispiele dafür sind viele. Darunter sind: Cybernetik Urbanism oder Autonome Fahrzeugflotten.

Effiziente Mobilität ist jedenfalls eine zentrale Herausforderung für die Städte der Zukunft. Traditionelle Autohersteller erfinden sich neu, indem sie beispielsweise autonome Mitfahrgelegenheiten schaffen. Robotaxi-Dienste könnten mit autonomer Logistik, automatisiertem Nahverkehr, Mikromobilität und konventionellen Verkehrssystemen integriert und Teil eines smarten Verkehrssystems werden, das in einem gesamten geografischen Gebiet funktioniert.

Ein weiteres Beispiel ist der neue Sektor „Automatische Logistik". Autonome Langstrecken-Lkw könnten dazu beitragen, vollautomatische Logistikketten zu ermöglichen, die die Kosten für die Warenlieferung drastisch senken, vorausgesetzt, die Entwickler können die KI-Beschränkungen überwinden. Aufkommende Robotertechnologien machen es zudem für Gebäudeeigentümer bereits plausibel, integrierte Liefersysteme anzubieten, die Pakete von (möglicherweise autonomen) Lieferfahrzeugen entgegennehmen und dann automatisch an Schließfächer auf einzelnen Etagen oder sogar an Büros oder Wohnungen weiterleiten können.

Damit sich solche Dienste durchsetzen können, müssen Stadtverwaltungen zukünftig enger mit Technologieunternehmen zusammenarbeiten. Das gilt zum Beispiel im Bereich „Resiliente Häuser". Die globale Erwärmung führt dazu, dass extreme Wetterereignisse immer häufiger auftreten, was den Bedarf an widerstandsfähigen, autarken und intelligenten Häusern erhöht. Wenn solche Häuser beliebter werden, könnte die Nachfrage nach verwandten Technologien, wie z. B. Solarbatterielösungen für den Hausgebrauch und Ladegeräte für Elektrofahrzeuge viel billiger und beliebter werden. „Resiliente Häuser" verfügen über Merkmale, die das Haus nachhaltiger machen und es besser gegen die Auswirkungen extremer Wetterereignisse wappnen. In das Internet der Dinge und in neue Mobilitätsformen integriert, eröffnen sie neue Möglichkeiten für den Nexus *Smart City – Smart Home – Smart Mobility.*

KAPITEL 4

Künstliche Intelligenz I

Giuseppe Stefano Quintarelli

Nettuno Università Telematica Internazionale, Parlament der Republik Italien, und Beratergremium der Vereinten Nationen/CEFACT

In dem Augenblick, in dem ein Prozess digitalisiert wird, ändert sich nicht nur sein Verfahren, sondern es ändert sich sein Wesen. Denn Maschinen sind in der Lage, mit einer Geschwindigkeit (und folglich in einem Ausmaß) zu arbeiten, die enorm über der des Menschen liegt. Die Informatik tritt nun in eine Ära ein, in der die Künstliche Intelligenz (KI) zur Entwicklung neuartiger Anwendungen genutzt werden kann, die in der Lage sind, Wahrnehmungs-, Klassifizierungs- und Vorhersagetätigkeiten zu automatisieren, die bis vor Kurzem ausschließlich menschliche Eigenschaften waren. Jede Handlung hat Auswirkungen, von denen einige als positiv, andere als negativ angesehen werden. Aber sind unsere Institutionen bereit, sich dieser Herausforderung zu stellen?

Bislang sind sie noch wenig auf den anstehenden „tiefen Wandel" vorbereitet. Denn sie wurden in einer analogen Welt entwickelt und sind daher von Natur aus langsamer und in anderem Maßstab konzipiert. Was ist zu fördern und was zu regeln, um den Nutzen für die Gesellschaft zu maximieren und gleichzeitig die negativen Folgen zu minimieren? Das ist die exquisit politische Frage.

Künstliche Intelligenz ist nicht deterministisch, wie es z.B. ein Tempo-Blitzer sein könnte: Wenn Sie mit Ihrem Auto das Tempolimit überschreiten, wird dies von der Kamera erkannt und Sie erhalten ein Bußgeld. Sie können Einspruch gegen den Bußgeldbescheid einlegen. Aber der Fahrer ist schuldig, bis seine Unschuld bewiesen ist, weil ein voll funktionsfähiges deterministisches System (ordnungsgemäß konfiguriert, zertifiziert und überprüft) „entscheidet", dass er schuldig ist. Ein voll funktionsfähiges Künstliche-Intelligenz-System ist jedoch eine statistische Maschine und produziert zwangsläufig probabilistische Ergebnisse; ihre Entscheidung könnte daher in 98 Prozent der Fälle richtig und in den restlichen 2 Prozent der Fälle falsch sein (und es wäre unangemessen, falsche Entscheidungen als „Fehler" zu bezeichnen). Das würde bedeuten, dass eine Person in 2 Prozent der Fälle für schuldig befunden wird, auch wenn sie es nicht ist. Für die betreffende Person kann eine falsche KI-Entscheidung Folgen haben, die weit über die eigentliche Entscheidung hinausgehen: verpasste Chancen, soziale Schuldzuweisungen, negatives Online-Feedback und andere Auswirkungen, die sich leicht im Internet verbreiten und nicht mehr rückgängig gemacht werden können.

In manchen Fällen gibt es vielleicht gar kein Rechtsbehelfsverfahren gegen eine KI-Entscheidung, oder wenn doch, dann ist es unwirksam oder zu kostspielig, nicht für alle zugänglich oder es dauert zu lange und kann die durch den Fehler verursachten Folgen nicht beheben.

Die Politik braucht deshalb einen Überblick über die Funktionsweise von Künstlicher Intelligenz aus technischer Sicht, um die ihr innewohnenden Möglichkeiten und Grenzen zu untersuchen. Darauf aufbauend können einige Konsequenzen mit potenziellen rechtlichen Auswirkungen dargelegt werden, die sich aus der Digitalisierung von Tätigkeiten ergeben, die zuvor von Menschen ausgeführt wurden, sowie aus dem statistischen Charakter der neuen KI-Technologie. Abschließend werden einige politische Optionen vorgestellt, um die positiven Auswirkungen der KI-Einführung zu maximieren und die negativen zu minimieren.

KAPITEL 5

Künstliche Intelligenz II

Federico Giudiceandrea

Microtec, Akademie für Künstliche Intelligenz Brixen
und Südtiroler Wirtschaftsring (SWR)

Die Anwendungen und Perspektiven der Künstlichen Intelligenz in den Unternehmen des innovativen Bildverarbeitungs-Clusters in Brixen sind ein Beispiel für die Umsetzung von Spitzentechnologien in einem spezifischen territorialen Kontext.

Innovative industrielle Aktivitäten in Brixen reichen bis in die Zwischenkriegszeit zurück, als 1929 die Durst Phototechnik gegründet wurde. In den 1980er Jahren veranlasste die Krise der analogen Fotografie das Unternehmen, sich mit der Entwicklung der digitalen Fototechnik zu befassen, was zur Gründung von Start-ups wie Barbieri, Microtec und Viptronic führte. Später kamen „Zwillings"-Unternehmen wie TTControl, Microgate und MPD hinzu.

Diese Unternehmen mit ihrer starken Tradition und Erfahrung im Bereich der Optoelektronik haben sich von Brixen aus auf den internationalen Märkten etabliert und bilden einen echten Industriecluster im Bereich der digitalen Bildverarbeitung. Einige von ihnen haben sich auf Computer Vision, die Anwendung von Künstlicher Intelligenz auf die Bilderkennung, spezialisiert und setzen bereits seit deren Aufkommen maschinelle Lerntechniken ein. Die Entwicklung der Künstlichen Intelligenz, die auf die Computer Vision angewandt wird, hat inzwischen zahlreiche Anwendungen in allen Bereichen, von Verbraucherprodukten bis hin zu Industrie- und Automobilanwendungen. Sie erfordert kontinuierliche Forschung und Entwicklung (FuE, englisch: R&D). Die Unternehmen des Clusters sahen die Notwendigkeit, ihre Kräfte zu bündeln, ihr Wissen und ihre Netzwerke zusammenzuführen. Sie gründeten CoVisionLab, ein Forschungszentrum für künstliches Sehen, das auf dem Konzept der offenen Innovation basiert. CoVisionLab entwickelt nicht nur Künstliche-Intelligenz-basierte Anwendungen für seine Mitgliedsunternehmen, sondern stellt sein Know-how auch anderen Unternehmen in diesem Bereich zur Verfügung. Dank der Exzellenz des Clusters und eines wissenschaftlichen Exzellenzberatungsgremiums hat das CoVisionLab junge Talente von außerhalb der Region angezogen und bereits bewiesen, dass es mit ähnlichen Einrichtungen auf hohem internationalem Niveau konkurrieren kann.

Der Erfolg von CoVisionLab hat TTTech, ein österreichisches Unternehmen, das im Bereich des autonomen Fahrens tätig ist und Partner von TTControl ist, davon überzeugt, in ein Zentrum für die Entwicklung des autonomen Fahrens für Spezialfahrzeuge zu investieren. Das Zentrum wird auf einem 12.000 m^2 großen Campus im Industriegebiet von Brixen errichtet. Der Campus wird auch eine KI-Akademie/Akademie für Künstliche Intelligenz Brixen umfassen, die mit Unterstützung der pädagogischen Fakultät der Uni Bozen Inhalte und Erfahrungspfade entwickeln wird, die Schülern der Primar- und Sekundarstufe angeboten werden. Auf dem Campus werden KI-Anwendungen entwickelt, die mit Südtirol in Verbindung stehen. Neue Talente werden gefördert und ausgebildet, um das technologische Ökosystem zu nähren und zu fördern, das seine Wurzeln in der industriellen Tradition des Brixner Beckens hat.

KAPITEL 6

Blockchain

Marco Vitale

Quadrans Foundation CH/I, Foodchain.it und Blockchain-Strategie-Initiative des Italienischen Ministeriums für Wirtschaftsentwicklung

In jüngsten Jahren haben die komplex zusammenwirkenden globalen Herausforderungen, mit denen Gesellschaften konfrontiert sind, eine neue Suche nach innovativen Lösungen ausgelöst. Technologische Innovation spielt dabei die Schlüsselrolle, da die zunehmende Verbreitung von Technologien die Art und Weise, wie wir arbeiten, leben und miteinander interagieren, mit am stärksten verändert. Aufstrebende Technologien sind zum wichtigsten Motor einer neuen digitalen Revolution geworden. Insbesondere die Blockchain-Technologie gehört zu jenen Innovationen, die den „Paradigmenwechsel" von zentralisierten zu dezentralisierten Systemen ermöglichen.

Als Experten wissen wir, dass dezentralisierte digitale Infrastrukturen einen großen Einfluss auf die Gesellschaft haben können. Die Mission der Quadrans Foundation besteht darin, diesen heiklen Prozess zu unterstützen. Die Quadrans Foundation wurde 2018 gegründet, um die neue digitale Revolution durch die Bereitstellung einer globalen dezentralen Infrastruktur für Unternehmen, Organisationen und Einzelpersonen zu unterstützen. Quadrans Blockchain ist das Ergebnis umfassender Forschungs-, Entwicklungs- und Verbreitungsanstrengungen, die unternommen wurden, um den Nutzergemeinschaften auf der ganzen Welt eine Open-Source-Technologie zur Verfügung zu stellen, die aktuelle und künftige Herausforderungen in Bezug auf Sicherheit, Skalierbarkeit und Governance angeht.

Heute wird die Blockchain-Technologie bereits in Anwendungen für die Transparenz und Rückverfolgbarkeit von Lieferketten, für selbstverwaltete Identitäten (SSI), für die Überprüfung von Berechtigungen (VC), für die Tokenisierung von Vermögenswerten, für Finanzaufzeichnungen, für das Energiemanagement, für medizinische Zertifikate, für das Bildungswesen, für die Beschaffung öffentlicher

Dienstleistungen, für die Integration von IoT-Geräten (Geräten, die im Internet der Dinge miteinander kommunizieren) und für viele andere Zwecke eingesetzt.

Wir bei der Quadrans Foundation sind uns bewusst, dass Regierungen nach einem Konsens streben. Im digitalen Zeitalter bedeutet dies, das Vertrauen in Daten durch eine geeignete digitale Struktur zu vermitteln. Bei Blockchain-basierten Systemen besteht keine Notwendigkeit, Vermittlern zu vertrauen, da die Sicherheit durch kryptografische Mechanismen gegeben ist. Das Element des Vertrauens wird also von der Technologie selbst bereitgestellt, indem sie für die Sichtbarkeit der Transaktionen sorgt, die allgemein transparent und überprüfbar werden.

In der Zwischenzeit sind die politischen Entscheidungsträger aufgerufen, gemeinsam mit Technologieexperten an den bürokratischen Aspekten zu arbeiten und die digitalen Merkmale für die Schaffung globaler Strategien und standardisierter lokaler Rechtsrahmen zu definieren, um die Verantwortlichkeiten und Rechenschaftspflichten dezentraler Organisationen in bestimmten Territorien zu regeln.

Was bedeutet das?

Wenn komplexe Bürokratie in Codes übersetzt wird, kann die Prozessautomatisierung mit Hilfe digitaler Befähiger wie Smart Contracts vertrauensvoll angewandt werden, indem kollaborative Ansätze zur Wertschöpfung genutzt werden. Dadurch wird die Produktivität in vielen Berufen gesteigert, und die Rolle von Regierungen bei der Vermittlung von Beziehungen zu Einzelpersonen und Organisationen wird erleichtert. Die Quadrans Foundation stellt sich eine demokratische Zukunft unter digital vorangetriebenen Nationen und Territorien vor. Sie unterstützt das Wachstum von Institutionen, Unternehmen und Regierungen durch Blockchain-Innovation, die im Sinne nachhaltiger Entwicklung angewandt wird.

KAPITEL 7

Data ownership / data trading / privacy

Elena Pasquali

Ecosteer/NOI-Technologiepark Bozen

Datenwirtschaft oder Datenschutz?

Der Konflikt wird nicht lösbar sein, solange die Kontrolle über den Zugang zu Verbraucherdaten in den Händen einiger weniger großer Technologieunternehmen liegt. Um Datensparsamkeit und Datenschutz miteinander in Einklang zu bringen, müssen wir diese Kontrolle dezentralisieren und sie wieder in die Hände der Bürger legen. Nur so wird es möglich sein, eine neue Datenwirtschaft aufzubauen – verteilt, dezentralisiert und auf der Grundlage derjenigen ethischen Prinzipien, die in der Europäischen Datenschutzverordnung festgelegt sind.

Mit seiner *Data Ownership Platform* (DOP) hat das Bozner Start-up EcoSteer das Potential, den derzeitigen zentralisierten und monopolistischen Datenmarkt aufzubrechen und die technischen Grundlagen für eine neue dezentralisierte und verteilte Datenwirtschaft zu schaffen. EcoSteer mit Sitz in Bozen im NOI-Technologiepark ist ein Internet of Things (IoT) und Blockchain Software Start-up für Dateneigentum und Monetarisierung. Die von uns international patentierte *Data Ownership Platform* (US 10,771,243, CAN 3,100,810, KOR 2,312,857) ermöglicht eine dezentrale Zugangskontrolle zu IoT-Daten und implementiert einen Token-basierten Mechanismus zur Kompensation gemeinsamer Datennutzung. Die EcoSteer *Data Ownership Platform* (DOP) ist eine Kontrollmethode für die gemeinsame Nutzung von Daten, die das GDPR-Prinzip (*General Data Protection Regulation*/Regulation der EU 2016/679) des Dateneigentums umsetzt. Indem es die Kontrolle über den Datenzugriff dezentralisiert und an die rechtmäßigen Dateneigentümer zurückgibt, unterstützt das DOP dezentrale, GDPR-konforme Marktplätze für den Datenfluss in Unternehmen und Institutionen. Das ermöglicht es Unternehmen und Institutionen, ausgewählte Partner zum Zugriff auf IoT-Kundendaten unter Einhaltung der EU-Datenschutzgesetze einzuladen, damit neue Einnahmen zu generieren und Kunden in die Datenwertschöpfungskette einzubinden.

Im Wesentlichen dezentralisiert EcoSteer DOP die Datenzugangskontrolle durch sein patentiertes Ende-zu-Ende-Multicast-Verschlüsselungsverfahren und Blockchain-*Smart Contracts* („Intelligente Verträge"). Die Daten werden dort verschlüsselt, wo sie erzeugt werden: auf einem IoT-Gerät oder einem Informationssystem. Sie durchlaufen dann die Datenverteilungsplattform – d. h. einen Datenbroker – immer noch verschlüsselt, und sie können nur nach ausdrücklicher Zustimmung des Dateneigentümers am Ort der Verwendung – der Anwendung des Datennutzers – entschlüsselt werden. Durch die vollständige Dezentralisierung der Kontrolle über das Dateneigentum ermöglicht die Smart Contract Blockchain dem Dateneigentümer, ausgewählten Nutzern Zugang zu den Daten zu gewähren und diesen jederzeit einseitig zu widerrufen. Darüber hinaus legt der Smart Contract den Wert der Daten in Token und die Bedingungen für deren Verwendung fest.

EcoSteer hat die Technologie der *Data Ownership Platform* (DOP) vollständig selbst entwickelt, inzwischen die ersten Kunden – Alperia, BPER, A2A, Egea – gewonnen und kommerzielle Partnerschaften mit Systemintegratoren (z. B. NTT Data, Intellera) geschlossen.

Die Grundidee ist einfach und klar. Sie bietet auch Diskussionspunkte für die EU-Kommission zu neuen Datenströmen. In der Tat geht es darum, Datenschutz und Dateneigentum miteinander zu verbinden. Hier ist viel zu tun.

Das Konzept des Datenschutzes geht auf die Zeit vor dem Internet zurück, als personenbezogene Daten eine Reihe *statischer* Informationen waren: Name, Adresse, Autokennzeichen, Personalausweis usw. Diese Daten würden für eine begrenzte Anzahl von Diensten und von einer begrenzten Anzahl von Parteien verwendet: Arbeitgeber, Banken, öffentliche Dienste, Ärzte. Ziel der Verordnungen war es, diese Datensätze vor dem Zugriff unbefugter Dritter zu schützen – vor allem, indem sichergestellt wurde, dass statische Datenspeicher nicht durch externe Angriffe verwundbar sind.

Mit dem Internet verbundene Geräte – Smartphones, Kfz-Telematik, intelligente Energiezähler, Wearables – machen demgegenüber heute jeden von uns zu einer Quelle *dynamischer und kontinuierlicher* Datenströme, die unseren Zustand und unser Verhalten genau beschreiben. Die Verfügbarkeit dieser noch nie dagewesenen Menge an Informationen kann es verschiedenen Parteien ermöglichen, uns innovative Dienste anzubieten – z. B. Überwachung von Gesundheits- und Sicherheitsrisiken, Bereitstellung nutzungsbasierter Dienste, autonomes Fahren usw. Natürlich müssen wir in der Lage sein, zu entscheiden, welche dieser Parteien Zugang zu den von unseren Geräten erzeugten Datenströmen haben sollen. Und wir sollten in der Lage sein, unsere Meinung jederzeit zu ändern und einigen Parteien den Zugang zu gewähren und anderen zu entziehen.

Infolge der weit verbreiteten Einführung vernetzter Geräte, die kontinuierliche Datenströme erzeugen, sollte sich unser Schwerpunkt vom Datenschutz an der *Erfassungsstelle* – d. h. der Datenbank mit den Datensätzen – auf den Datenschutz an der *Erzeugungsstelle* verlagern, d. h. auf das Gerät, das den Datenstrom erzeugt. Dies bedeutet eine Verlagerung vom Konzept des Datenschutzes – dem Schutz von Datensätzen vor dem Zugriff Unbefugter – zum Konzept des Dateneigentums, d. h. der freien Gewährung und dem Widerruf des Zugriffs auf Datenströme für legitime Parteien. Wir sind der Meinung, dass dieses Konzept im Mittelpunkt der dynamischen Datenübertragbarkeit stehen sollte, wie sie in der Europäischen Datenstrategie (KOM/2020 66 endg., Seiten 10 und 11) beschrieben wird:

> „Neue dezentralisierte digitale Technologien wie Blockchain bieten eine Möglichkeit für Einzelpersonen und Unternehmen, den Datenfluss und die Datennutzung auf der Grundlage freier Wahl und individueller Selbstbestimmung zu verwalten. Solche Technologien werden die dynamische Übertragbarkeit von Daten in Echtzeit für Einzelpersonen und Unternehmen sowie verschiedene Vergütungsmodelle ermöglichen."

Die Förderung der Entwicklung eines quelloffenen europäischen Mobilfunk-Betriebssystems kann auf dieser Grundlage Realität werden. Wie bereits erörtert, muss das Dateneigentum an der Stelle liegen, an der die Datenströme erzeugt werden, d. h. an dem angeschlossenen Gerät des Nutzers. Um dieses Ziel zu erreichen, ist eine Dezentralisierung unerlässlich. Dies bedeutet, dass eine zentrale Datendrehscheibe, die Daten von angeschlossenen Geräten empfängt, nur die Rolle eines „blinden Maklers" spielen sollte, d. h. eines Instruments, das nur für die Verteilung der verschlüsselten Daten zuständig ist, ohne sie einsehen oder sammeln zu können. Diese „blinden Makler" sind in Wirklichkeit die „Datenmakler", die im Europäischen Datenschutzgesetz (Verordnung KOM/2020 767 endg., Erwägungsgrund 22) beschrieben werden:

„Datenmakler sollten nur Anbieter von Datenaustauschdiensten umfassen:

- die sowohl von den Dateneigentümern als auch von den Datennutzern unabhängig sind;
- die in erster Linie darauf abzielen, eine geschäftliche, rechtliche und möglicherweise auch technische Beziehung zwischen den Dateninhabern, einschließlich der betroffenen Personen, einerseits und den potenziellen Nutzern andererseits herzustellen und beide Parteien bei der Durchführung von Datentransaktionen zwischen den beiden zu unterstützen;
- die auf die Vermittlung zwischen einer unbestimmten Anzahl von Dateneigentümern und -nutzern abzielen, mit Ausnahme von Diensten zur gemeinsamen Nutzung von Daten, die für eine geschlossene Gruppe von Dateneigentümern und -nutzern bestimmt sind."

Dies ist bei den aktuellen Betriebssystemen für Mobiltelefone nicht der Fall. Sie ermöglichen es ihren Eigentümern – unter anderem den globalen Großfirmen Alphabet und Apple –, alle von den Sensoren in unseren Smartphones erzeugten Daten vollständig zu kontrollieren.

Wir glauben, dass die EU die Pflicht hat, die Entwicklung einer dezentralisierten, quelloffenen und fairen Alternative zu den derzeitigen mobilen Betriebssystemen zu fördern, die auf europäischen Werten und Vorschriften basiert. Außerdem müssen wir unsere Politik zur Monetarisierung von Daten aktualisieren. Die Monetarisierung von Gerätedaten ist derzeit das Monopol einiger US-amerikanischer und chinesischer Tech-Giganten. Um den Unternehmen in der EU die Möglichkeit zu geben, auf diesem Markt fair zu konkurrieren, sollte die EU ihre Politik aktualisieren, indem sie die Rechte zur Datenmonetarisierung dezentralisiert und es den Bürgern ermöglicht, ihre Daten gegen Dienstleistungen oder Cashback einzutauschen, wenn sie dies wünschen.

EU-Unternehmen könnten dann ihre eigenen Datenaustauschzentren einrichten, in denen ihre Geschäfts- oder Einzelhandelskunden Datenströme, die von angeschlossenen Geräten erzeugt werden, im Austausch gegen Dienstleistungen – oder Geld – frei mit den Geschäftspartnern des Unternehmens austauschen könnten. Große Unternehmen würden durch den Betrieb dieser Datenaustauschknotenpunkte Einnahmen erzielen und so den Wert ihrer IoT-Investitionen, z. B. in intelligente Zähler oder Kfz-Telematik, vervielfachen, während kleine und mittlere Unternehmen (KMU) einen beispiellosen Zugang zu wertvollen Echtzeit-Datenströmen erhalten würden. Bei diesen Datenaustauschzentren würde es sich um die von der Europäischen Kommission beschriebenen „nativ interoperablen Datenpools" handeln. Darüber hinaus würde die Umsetzung des Ausgleichsmechanismus für die gemeinsame Nutzung von Daten Anreize für den „Datenaltruismus" schaffen, wie er in der EU-Datenschutz-Governance-Verordnung beschrieben wird.

KAPITEL 8

Neue Technologien und die Zukunft des Alterns

Nicola Palmarini

Direktor des UK National Innovation Centre for Ageing NICA, Regierung Großbritanniens und Newcastle University

Warum ist die Frage eines langen Lebens so wichtig – und heute eine der größten technologischen Herausforderungen für die Zukunft der Menschheit?

Wenn wir alle Daten gesammelt und geordnet haben, die Ursachen und Auswirkungen ermittelt und die Beteiligten und uns selbst davon überzeugt haben, dass es einen besseren Weg nach vorn gibt, müssten wir nur noch den Schalter drücken und den Prozess des Fortschritts in Gang setzen. Leider gibt es aber keinen solchen Schalter. Es gibt keine schnelle Lösung für ein System, sondern nur einen fortschreitenden, progressiven Ansatz. Die Arbeit an einem langen Leben ist weit mehr als „einfache" Forschung über die Biologie von Männern und Frauen. Es ist ein Werk über die tiefgreifende Interpretation der Beziehungen zwischen den Natursystemen auf diesem Planeten. Aus diesem Grund ist es vielleicht tatsächlich die „Forschung der Forschungen."

Welches sind die Hauptforschungsbereiche, die wir im britischen National Innovation Centre for Ageing (NICA) dazu verfolgen?

Bei NICA nehmen wir das Wort „Innovation" sehr ernst. Es ist unsere tägliche Aufgabe und Tätigkeit, die Hebel der „Innovation" im Bereich des langen guten Lebens und des Alterns zu erforschen. Dazu binden wir die Menschen in einen idealerweise nie endenden Dialog über Lebensfragen ein, und zwar betreffend die Trends, die zu radikalen Veränderungen unserer Gewohnheiten und Gebräuche führen können. Wir wollen sie im Voraus erkennen, ihre Dynamik und ihren Verlauf verstehen, um unseren Kunden und jenen Organisationen, die mit uns zusammenarbeiten, die Instrumente an die Hand zu geben, um sowohl Sinn als auch Chancen einzufangen.

Außerdem gibt es in unserer Arbeit einen Makrostrang, der alle unsere Aktivitäten vereint: Wir versuchen, einen Großteil der Forschung zu demokratisieren, die in den Labors auf der ganzen Welt stattfindet, die entscheidende Fortschritte macht, aber wegen zunehmender Komplexität zunehmend auf Konferenzen, Debatten zwischen Experten und geschlossene Kreise beschränkt bleibt. Zu diesem Zweck haben wir auf der globalen Konferenz der „Longevity Leaders" im Mai 2021 in London eine neue Initiative mit dem Namen „Longevity as a Service™" ins Leben gerufen, wobei „Service" oder „Dienst" das Schlüsselwort ist. Worum geht es?

In Anlehnung an die dezentrale Verteilung von Software bauen wir einen Prozess der Suche und Auswahl von mehr oder weniger artikulierten und vertikalen Dienstleistungen zur Unterstützung der Langlebigkeit auf – von der Analyse und Messung von Biomarkern über spezifische Nahrungsergänzungsmittel bis hin zu Wellness-Programmen. Diese Dienste haben alle die gleiche Besonderheit: Sie sind digitalisiert und können online und ohne Vermittlung direkt mit den Verbrauchern zusammenarbeiten. Sie beruhen alle auf Daten und wissenschaftlichen Erkenntnissen und zielen darauf ab, einen spezifischen Nutzen für den Einzelnen als solchen zu erbringen, wobei seine Vielfalt und Einzigartigkeit respektiert wird.

Daneben besteht unsere Aufgabe darin, die Bündelung dieser Dienste anzuregen und zu leiten, so dass ein ideales dynamisches Portfolio von Diensten entsteht, die dem Markt zur Verfügung stehen und alle aufeinander abgestimmt sind. Als Organisatoren dieses Prozesses haben wir den Ehrgeiz, den Zugang zu einem Angebot zu demokratisieren, das derzeit nur einer sehr gut informierten und gebildeten Öffentlichkeit zur Verfügung steht, die über einen bestimmten sozioökonomischen Status verfügt.

Das Thema der Langlebigkeit ist vielschichtig und komplex: Würde man ein beliebiges Labor und dessen Forschungsleiter nach der Bedeutung seiner Arbeit fragen, würde er höchstwahrscheinlich antworten, dass die Arbeit seiner Gruppe der „Dreh- und Angelpunkt der Langlebigkeit" ist. Der entscheidende Schritt besteht darin, die ganzheitliche Dimension des Konzepts der Langlebigkeit zu verstehen und zur Einsicht zu kommen, dass es sich um eine Kombination von Faktoren handelt: dass ein langes gutes Leben wenig mit dem Alter, aber viel mit dem Leben als Ganzes zu tun hat, und dass es alle Phasen des Lebens und seine täglichen Dimensionen, einschließlich der Arbeit, betrifft.

In diesem Zusammenhang möchte ich auf zwei weitere Programme hinweisen, die wir in Angriff genommen haben. Die erste heißt *City of Longevity* („Stadt der Langlebigkeit"). Es besteht aus einer Reihe von Instrumenten, die es den

Städten – mit besonderem Schwerpunkt auf mittelgroßen Städten gemäß der Definition der Weltbank – ermöglichen sollen, Maßnahmen zur Förderung eines gesünderen Lebensstils mittels bestehender Infrastrukturen wie Restaurants, Museen und Geschäfte zu entwickeln. Das zweite Projekt trägt den Titel *Internet of Caring Things* („Internet der Sorgenden/Pflegenden Dinge"). Es soll eine neue Dimension von Objekten und kognitiven Systemen erforschen, um älteren Menschen und ihren Interessensvertretern zu helfen, sich um Dinge zu kümmern, die für ihr Wohlbefinden von Bedeutung sind. Wir glauben, dass dies ein viel kohärentes und zeitgemäßes Modell ist, um anhand von Daten zu verstehen, was sich auf unser Wohlbefinden auswirkt und wie indirekte Faktoren des Wohlbefindens wie unsere Haustiere, die Pflege eines Gartens oder die Sorge um die Umwelt zu unserer Gesundheit beitragen.

Wir erforschen diese ganzheitlichen Dimensionen, die ich erwähnt habe, in insgesamt acht Industriesektoren – vom Verkehr bis zum Lebensstil –, wie sie miteinander zusammenhängen und wie sie schnell und umfassend auf den Markt gebracht werden können. Dazu entwickeln wir ein Konzept, das heute objektiv gesehen erst in den Kinderschuhen steckt. Hier wird die „Arbeit an der Erzählung" (Narrativ) nicht als Marketing-Gag verstanden, sondern als konkrete Anwendung von Lösungen, indem die Menschen direkt am Anfang des Prozesses einbezogen werden und nicht am Ende als Ergebnis von etwas, das von jemand anderem erfunden wurde. Wir haben eine Methode definiert, die wir *Ageing Intelligence*® nennen, und wir haben sie als Markenzeichen geschützt, weil wir glauben, dass heute ein Ansatz fehlt, der versucht, eine gemeinsame Intelligenz zu nutzen und zu entwickeln, die die Intelligenz der Menschen, die Intelligenz der Forschung und die Intelligenz der Daten kombiniert, um das, was wir bereits wissen über Auswirkungen auf den Verlauf unseres Lebens, in eine koordinierte und miteinander verbundene Dimension zu verwandeln.

Dazu gibt es verschiedene Schritte. Auf ganzheitlicher Ebene ist es vielleicht am wichtigsten zu verstehen, warum wir altern und welche Mechanismen uns ein längeres, aber gesünderes Leben ermöglichen. Und: Wie kann Künstliche Intelligenz (KI) dabei helfen?

Eine der interessantesten Theorien im Zusammenhang mit unserem Alterungsprozess ist das sogenannte Wild'sche Exposom. Vereinfacht kann man sagen, dass das Exposom das Umweltäquivalent des menschlichen Genoms ist. Es steht für die komplexen Belastungen, denen wir im Laufe unseres Lebens ausgesetzt sind, einschließlich unserer Ernährung, Lebensstilfaktoren und sozialer

Einflüsse. Dabei wird auch berücksichtigt, wie unser Körper auf diese Herausforderungen reagiert. Das Exposom besteht aus drei sich überschneidenden Bereichen: 1) ein allgemeines äußeres Umfeld (u. a. städtisches Umfeld, Bildung, klimatische Faktoren, soziales Kapital, Stress); 2) ein spezifisches äußeres Umfeld mit spezifischen Schadstoffen (z. B. Strahlung, Infektionen, Lebensstilfaktoren) und 3) ein internes Umfeld mit biologischen Faktoren (z. B. Stoffwechselfaktoren, Hormone, Darmmikroflora, Entzündung, oxidativer Stress). Schon aus der oberflächlichen Auflistung dieser Marker lässt sich sowohl ihre Bedeutung, die noch weitgehend unerforscht ist, als auch die Komplexität ihrer Interpretationen leicht nachvollziehen.

Dazu könnte man noch einen der vielen anderen Forschungsbereiche hinzufügen, an dem sich die bisherigen Faktoren überschneiden, wie z. B. die polygenen Risikoscores von Plomin – Metriken, die Informationen aus Dutzenden, Hunderten, Tausenden oder sogar Millionen unserer genetischen Varianten sammeln und diese Informationen zu einem Score verdichten, der unsere genetische Veranlagung für bestimmte Krankheiten oder komplexe Merkmale wie Depression, Schizophrenie und Schulleistungen misst. Als Alternative, die in ihrer Komplexität diametral entgegengesetzt ist, könnten wir all die laufenden Genomforschungen oder die Verfügbarkeit von DNA-Testkits vergessen – und einfach messen, wie schnell wir im Alter von 45 Jahren gehen. Die Ergebnisse einer der längsten, ergiebigsten und umfangreichsten Studien vom Vorschulalter bis ins hohe Alter haben gezeigt, dass diejenigen, die im Alter von 45 Jahren langsamer gehen, früher altern und ihre Lungen, Zähne und ihr Immunsystem in einem schlechteren Zustand sind als diejenigen, die ein schnelleres Tempo anschlagen. All dies bei Menschen im Alter von 45 Jahren, nicht bei geriatrischen Patienten, die normalerweise nach diesen Parametern beurteilt werden.

Das wahre Potential der Künstlichen Intelligenz liegt also darin, uns zu helfen, die Beziehung zwischen diesen sehr verschiedenen Messmethoden und ihren Merkmalen zu beobachten und die spezifischen Gründe zu verstehen, warum jeder Mensch anders altert. Mit anderen Worten, Künstliche Intelligenz ist für alles nützlich, aber auch für nichts, wenn wir nicht die menschliche Intuition, die richtig konzipierten kognitiven Rechenschichten und dann die immense Rechenleistung neuartiger Technologie hinzufügen, über die wir allmählich verfügen. Ihre exponentielle Steigerung wird kaum je erwähnt, ist aber einer der Gründe, warum wir heute überhaupt von „Künstlicher Intelligenz" sprechen können.

Was also ist die aktuellste und vielversprechendste Forschung im Bereich der neuen Lebenswissenschaften? Und wie kann Künstliche Intelligenz eingesetzt werden, um die Länge und Qualität des Lebens zu verbessern?

Ich möchte vier Punkte nennen, die meiner Meinung nach eine „Beschleunigung" – das ist ein Schlüsselbegriff in unserem Diskurs über Langlebigkeit – ermöglichen können, um vom derzeitigen Zustand der so genannten *Narrow Artificial Intelligence* („Enge Künstliche Intelligenz") zur nächsten Phase, der *Broad Artificial Intelligence* („Breite Künstlichen Intelligenz"), überzugehen. Dies ist ein äußerst komplexer Übergang, der keineswegs offensichtlich ist und wenig mit dem Konzept der „Allgemeinen Künstlichen Intelligenz" *(General Artificial Intelligence)* zu tun hat, das die Seiten der Nachrichten füllt. Computer, die grundsätzlich in der Lage sind, autonom zu denken und zu entscheiden – das ist eine Option, die sich an einem Horizont abzeichnet, der zwar theoretisch möglich ist, aber – meiner Meinung nach – zeitlich weit entfernt und vielleicht anders, als wir es uns bisher vorgestellt haben. In Anlehnung an die mögliche Realität und die harte Arbeit, die Dutzende von Teams in verschiedenen Forschungszentren leisten, glaube ich, dass das „Multimodale Lernen", d. h. die Fähigkeit, gleichzeitig aus verschiedenen Inputs zu lernen, indem komplexe Kontexte entschlüsselt werden, die Bilder, Handlungen und Töne umfassen, ein entscheidender Fortschritt ist. Dieses Lernen ermöglicht eine kontextbezogene Nutzung von Daten und gleichzeitig eine bessere Nutzung dieser Daten in Bezug auf den Kontext.

Diese Erweiterung der Lernfähigkeit wird schrittweise durch die „Neurosymbolische Künstliche Intelligenz" verstärkt. Das ist eine Technik, die unserer (außerordentlich komplizierten) Fähigkeit zur Interpretation der Realität sehr ähnlich ist. Durch die Kombination neuronaler Netze, die in der Lage sind, statistische Strukturen aus Rohdaten zu extrahieren – zum Beispiel aus einem Kontext von Bildern und Tönen –, wird diese Technik es uns ermöglichen, die Situationen, mit denen wir konfrontiert sind, zu erkennen und symbolisch in Form von Problemen und Logik darzustellen.

Dies ist auch der Kontext für das, was wir „Kausalschluss" nennen. Gibt es einen Zusammenhang zwischen der Musik, die wir hören, und dem, was wir essen? Es ist die Fähigkeit, logische Sprünge zwischen Handlungen oder Zuständen, die scheinbar in der Nähe liegen (Korrelation), und Handlungen, die sich tatsächlich gegenseitig beeinflussen (Kausalität), zu vollziehen. Es ist beinahe überflüssig, die Bedeutung dieser logischen Fähigkeit im Zusammenhang mit den bereits erwähnten ganzheitlichen Dimensionen der Langlebigkeit zu betonen, wenn wir Millionen von Daten in Bezug auf unser Wohlbefinden auswerten und miteinander in Beziehung setzen.

Schließlich gibt es „Zeitreihen", d. h. Reihen von Informationen, die heterogene Daten enthalten, die im Laufe der Zeit kontinuierlich aktualisiert werden: Finanzdaten oder Gesundheitsdaten. Oder, um in unserem Kontext zu bleiben, die kontinuierliche Echtzeit-Aktualisierung unseres Gesundheitszustands, unseres Wohlbefindens, unseres Glücks auf der Grundlage unseres Verhaltens. Wir alle wollen unsere künftige Leistung genauer vorhersagen und gleichzeitig durch die Entwicklung der Daten verstehen, welche Faktoren dieser Leistung zugrunde liegen und wie sie sich auf „mich" als Individuum oder „uns" als soziales Gefüge beziehen, um dann Verhaltensänderungen vorzuschlagen, und zwar wiederum in Echtzeit, um die Leistung zu beeinflussen.

Ein erstes Element für die Zukunft ist daher der Versuch, eine Antwort auf diese Herausforderung zu finden: Langlebigkeit hat nicht unbedingt etwas mit dem Alter zu tun, sondern mit der Selbsterkenntnis, was uns guttut. Das zweite Element ist, wie ich bereits sagte, der Mut, eine horizontale, ganzheitliche Sichtweise zu unterstützen, die Silos der Betrachtung zu durchbrechen und uns zu verstehen zu geben, dass die Evidenz der Daten und ein wissenschaftlicher Ansatz auf alle Kontexte anwendbar ist. Es gibt dabei keine „A"- und „B"- oder „C"-Wissenschaften. Wenn wir zeigen können, dass Freiwilligenarbeit oder Yoga – die ich nicht zufällig erwähne, weil es sich um zwei Dimensionen handelt, an denen wir intensiv arbeiten – es ermöglichen, einen Gewinn an Langlebigkeit zu messen, dann halte ich sie für gleichwertig mit der Erforschung von Glykanen oder des Coenzyms NAD+, an denen wir ebenso intensiv arbeiten. Ein drittes Element ist der Markt. Wenn wir diese artikulierte Idee von Langlebigkeit nicht in ein Angebot für den Markt umsetzen, verpassen wir die Chance, eine bessere Zukunft für den Planeten und die Menschen, die auf ihm leben, zu beschleunigen. Eines der Probleme ist in der Tat die soziale Ungerechtigkeit, die wir in allen persönlichen und sozialen Dimensionen um den Einzelnen herum sehen. Es handelt sich um eine Ungerechtigkeit, die wir in dramatischer Weise im Zusammenhang mit der Gesundheit sehen, wo die Folge der Verlust des Lebens selbst ist. Wir brauchen also den Markt, um die Unternehmen einzubinden, die Kosten zu senken und die Langlebigkeit zu einer allgemein erschwinglichen Ware zu machen, nicht nur zu einem (zusätzlichen) Vorteil für die Wohlhabenden.

Und folglich geht es bei der Ethik auch um den Zugang, nicht nur um die Sicherheit. Cybersicherheit ist für die Langlebigkeit das, was das Mikroskop für die Forschung ist. Es zählt aber nicht nur die „Privatsphäre", sondern auch die Ethik der Interpretation. In einer Welt, die zunehmend durch Algorithmen verarbeitet wird, werden deren Verständlichkeit, Erklärbarkeit und Umkehrbarkeit zu entscheidenden Faktoren, um faire Entscheidungen zu ermöglichen, die nicht auf Stereotypen in Bezug auf Geschlecht, Rasse und Alter beruhen, wie es tagtäglich geschieht. Wenn die Gewährung einer Hypothek an meinen Gesundheitszustand geknüpft wäre, würde ich wollen, dass diese Bewertung mit meinem tatsächlichen individuellen Gesundheitszustand übereinstimmt – und nicht mit einem angeblichen Parameter, der auf allgemeinen Faktoren beruht, die aus wer weiß welcher Tabelle stammen, die von irgendeinem Beamten im Jahr 1975 zusammengestellt wurde. Die Daten, die wir bis heute in die Systeme eingeben, sind alt. Die Vektoren, die die Sprache verarbeiten, sind mit Vorurteilen von vor Jahrzehnten verknüpft und werden selten oder kaum aktualisiert. Dies zu verändern ist nicht nur gut und richtig. Es ist meiner Meinung nach auch der Dreh- und Angelpunkt, um den sich der Erfolg von Unternehmen in den kommenden Jahren drehen wird. Es heißt, dass es keine Künstliche Intelligenz ohne Daten gibt. Ich möchte hinzufügen, dass es kein Geschäft mit Künstlicher Intelligenz ohne Ethik gibt.

Zukunftstechnologien im Gesundheitswesen / New Health Technologies: Präzisionsmedizin / Gendermedizin

Katharina Crepaz

Eurac Research Bozen und Technische Universität München

Fragen nach dem Umgang mit Diversität gewinnen heute in unterschiedlichen Gesellschaftsbereichen an Relevanz. Sie bewegen sich dabei im Spannungsfeld zwischen Kohäsion und Differenzierung. Das spiegelt sich auch im Gesundheitsbereich wider. Präzisionsmedizin ermöglicht individuelle Behandlungsmöglichkeiten für Patient:innen. Der gesundheitswissenschaftliche Blick auf Gendermedizin als Präzisionsmedizinisches Forschungsfeld muss in Verbindung mit den durch New Health Technologies gebotenen Entwicklungsmöglichkeiten erfolgen. Der technologische Fortschritt ermöglicht sowohl präzisere und individualisiertere Herangehensweisen aus medizinischer Sicht, als auch ein größeres Maß an Partizipation und Repräsentation für Patient:innen.

Zunächst muss der Begriff der *Präzisionsmedizin* erklärt werden. Die Präzisionsmedizin zielt darauf ab, mittels neuer Technologien wie Künstlicher Intelligenz, data learning und Datenintegration möglichst individuelle Behandlungsmöglichkeiten zu finden, und so die bestmöglich angepasste medizinische Versorgung gewährleisten zu können. Menschen sind auch als Patient:innen verschieden. Sie verfügen über eine einmalige, individuelle Gen-Sequenz. Die in derselben gespeicherten Informationen tragen wir einerseits von Geburt an mit uns. Andererseits unterliegt unsere DNA im Lauf des Lebens Veränderungen, die durch exogene Faktoren, oder durch den Lebensstil bedingte Einflüsse hervorgerufen werden. Patient:innen haben somit unterschiedliche Dispositionen für Krankheiten, die traditionell ausgerichtete Ansätze im öffentlichen Gesundheitsbereich nicht in ihrer Vielfalt erfassen können. Zentral ist dabei, dass die Präzisionsmedizin sich nicht nur auf die individuelle Ebene konzentriert, sondern einen systemischen Ansatz verfolgt – vom individuellen bis zum gesamtgesellschaftlichen Niveau. Neben einer individuellen Analyse der genetischen Charakteristika von Patient:innen kommt auch dem Umfeld, den sogenannten sozialen Determinanten von Gesundheit, eine zentrale Rolle zu.

Die Präzisionsmedizin wird durch die „4Ps" charakterisiert: *prädiktiv, präventiv, personalisiert, partizipativ. Prädiktiv* bedeutet, durch genetische Analysen und Prädispositionen vorhersagen zu können, für welche Erkrankungen jemand besonders anfällig sein könnte. *Präventiv* bedeutet, bereits frühzeitig Gegenmaßnahmen zur Krankheitsprävention zu setzen, und so möglichst zu verhindern, dass es überhaupt zu einer Erkrankung kommt. *Personalisiert* bezieht sich auf die oben schon erwähnten individuellen Gesundheitsfaktoren, aber auch auf ein Verhältnis auf Augenhöhe zwischen Ärzt:innen und Patient:innen. *Partizipativ* stellt die Teilhabe der Patient:innen in den Mittelpunkt, die nicht mehr nur passiv Behandlung erfahren, sondern als Expert:innen in eigener Sache – u. a. durch die Nutzung neuer Technologien wie Handy-Apps – eine zentrale Rolle in der Bewahrung und Wiederherstellung der eigenen Gesundheit einnehmen können. Laut Leroy Hood, der das 4-P-Konzept geprägt hat, ist eine sozialwissenschaftlich-interdisziplinäre Perspektive auf Gesundheit unerlässlich; diese folgt auch aus der WHO-Definition, die Gesundheit als „ein[en] Zustand vollständigen körperlichen, seelischen und sozialen Wohlbefindens und nicht nur als das Freisein von Krankheit oder Gebrechen" betrachtet.

Die *Gendermedizin* kann exemplarisch als ein Feld technologisch weit entwickelter präzisionsmedizinischer Trends angesehen werden. Die Gendermedizin beschäftigt sich mit allen Bereichen der Gesundheit, in denen das Geschlecht (sowohl biologisch als auch sozial) eine Rolle spielt, bzw. wo geschlechtsspezifische Unterschiede auftreten. Auch hier sind der systemische Ansatz und die Einbettung in umfeldorientierte Vorgehensweisen von großer Bedeutung. In der Medizin gilt, etwa was die Erprobung der Wirksamkeit von Medikamenten und die Kategorisierung typischer Symptomatiken für Erkrankungen betrifft, weiterhin der Mann als „Normalfall". Studien zum Einfluss von Wirkstoffen auf Frauen fehlen häufig. Dieser „Gender Data Gap" hat zur Folge, dass bei Frauen anders ausfallende Krankheitssymptome häufig nicht richtig zugeordnet werden können bzw. dass es zu Fehldosierungen kommt. Da Künstliche Intelligenz aus bestehenden Datensätzen lernt, besteht die Gefahr, dass sich dieser Datenmangel bzw. eine gewisse Vorurteilsstruktur auch in der digitalen Medizin fortschreibt. Künstliche Intelligenz wird u. a. dazu benutzt, um Röntgenbilder automatisch auf Auffälligkeiten oder krankhafte Veränderungen zu untersuchen; ein möglichst inklusives Training von Algorithmen ist daher zentral, um deren Funktionsweise für alle Bürger:innen zu gewährleisten. Neben biologischen Unterschieden bestehen auch im Bereich des sozialen Geschlechts erhebliche Unterschiede. Bei gleicher Angabe von Schmerzintensitäten werden die Schmerzen von Frauen weniger ernst genommen als jene von Männern; und Krankheiten wie Multiple Sklerose, an denen mehrheitlich Frauen leiden, erleben häufiger eine falsche Klassifizierung als psychische Krankheiten. Männer nehmen weniger häufig Präventionsangebote wahr als Frauen – hier könnten niedrigschwellige digitale Angebote Abhilfe schaffen.

Lehrstühle für Gendermedizin bzw. Gesundheit und Geschlecht nehmen diese Problematiken in den Blick. Diese Felder sind stark technologisch geprägt und werden heute zu Kernkompetenzen für die Ausbildung von Mediziner:innen. Die Gendermedizin als präzisionsmedizinisches Forschungsfeld könnte somit auch für eine Südtiroler Medizinfakultät ein zukunftsweisendes Thema sein. Im Rahmen der 2023 gegründeten School of Medicine and Health der Technischen Universität München etwa stehen Interdisziplinarität, Präzisionsmedizin, Diversität, Soziale Determinanten von Gesundheit und Health Literacy im Mittelpunkt, verknüpft mit Telemedizin und neuen Entwicklungen im Bereich digitaler Gesundheitsvorsorge.

In einem systembasierten Ansatz zum Thema Gesundheit dürfen zu guter Letzt auch jene Rahmenbedingungen nicht fehlen, die über die Diversitätsdimension Gender hinausgehen. Zu den sogenannten sozialen Determinanten von Gesundheit zählen u. a. das soziale Umfeld, der sozioökonomische Status, das Bestehen eines Migrationshintergrunds, die familiären Verhältnisse, der Bildungsgrad, der Wohn- und Lebensraum und der Zugang zu gesundheitlichen Leistungen. Besonderes Augenmerk liegt in Zeiten des Klimawandels auf dem Zugang zu intakten Ökosystemen und Natur als soziale Determinante von Gesundheit. Die sozialen Determinanten von Gesundheit begleiten die Präzisionsmedizin als gesamtgesellschaftlicher Rahmen. Individuelle medizinische Ansätze sind nicht ohne eine Rückbeziehung auf das jeweilige persönliche Umfeld zu denken. Den Patient:innen wird durch den technologisch unterstützten ganzheitlichen Ansatz mehr Aufmerksamkeit als aktive Akteur:innen in den eigenen Präventions- und Behandlungsmöglichkeiten zuteil. Neue Gesundheitstechnologien *New Health Technologies* ermöglichen eine solche Einbindung durch den umfassenden Einsatz von Informationstechnologie. Dazu zählen Apps, die ein

Selbstmonitoring ermöglichen, so etwa durch Erinnerungsfunktionen bei der Einnahme von Medikamenten, oder die Eingabe bzw. Übertragung von Werten bei Diabetes-Patient:innen. Neue Informationstechnologien sind auch wichtig für *Health Literacy*, also das Wissen über gesundheitsförderliches und gesundheitsschädigendes Verhalten, und für die Schaffung von maßgeschneiderten Präventionsangeboten für besonders schwierig zu erreichende Gruppen.

Neue Gesundheitsechnologien/New Health Technologies erleichtern damit nicht nur den Austausch zwischen Ärzt:innen und Patient:innen, sondern ermöglichen auch eine Befähigung der Patient:innen selbst. Die Bürger:innen können künftig im Sinne eines partizipativen Ansatzes und als Expert:innen in eigener Sache einen wichtigen Beitrag zur Erhaltung oder Wiederherstellung der eigenen Gesundheit leisten.

In Deutschland können Apps seit Einführung des Digitale-Versorgung-Gesetzes im Jahr 2019 als Gesundheitsprodukte verschrieben werden. Sie werden dafür vorab vom Bundesinstitut für Arzneimittel und Medizinprodukte auf ihre Funktionstauglichkeit, Qualität, Datensicherheit und Datenschutz geprüft. Somit erfolgt eine Qualitätskontrolle, und Nutzer:innen und Mediziner:innen wissen, welche Apps aus dem vielfältigen Online-Angebot auch hinsichtlich Datenschutzbedenken genutzt werden können und welche nicht. In Südtirol hat man mit der elektronischen Gesundheitsakte bereits wichtige Vorarbeit hin zu einer Digitalisierung des Gesundheitswesens geleistet. Die vermehrte Nutzung und Zertifizierung von Apps (z. B. zum Monitoring von Diabetes und Bluthochdruck) könnte eine Möglichkeit darstellen, medizinische Angebote insbesondere in den ländlichen Gebieten außerhalb der Städte niedrigschwellig zu gestalten. Zentral ist auch hier die Zusammenarbeit zwischen Mediziner:innen, Sozialwissenschaftler:innen und IT-Expert:innen, um eine bestmögliche Adaptierung der digitalen Angebote zu gewährleisten.

KAPITEL 10

Mensch-Maschine-Konvergenz. Ethische Überlegungen zur Notwendigkeit techno-humaner Multi-Resilienz

Karim Fathi

Zukunftskreis des Deutschen Bundesministeriums für Bildung und Forschung (BMBF) für die deutsche Bundesregierung 2019–2023

Im Zeitalter des Anthropozäns wird der Mensch zum wichtigsten Einflussfaktor praktisch aller Prozesse auf der Erde. Einige Beobachter, wie z. B. James Lovelock, vermuten jedoch bereits die Ablösung des Anthropozäns durch das Novozän: ein Zeitalter der technologischen Hyperintelligenz, welche aus der Künstlichen Intelligenz erwachsen könnte. Die mit dem „Transhumanismus" einhergehenden Entwicklungen zunehmender Mensch-Maschine-Konvergenz – also eines direkten Zusammenwachsens von Mensch und Maschine – dürften sich für dieses unser Zeitalter als besonders prägend erweisen.

Die Perspektive dieser Entwicklungen ist ethisch ambivalent und aus dem Gesichtspunkt gesellschaftlicher Multi-Resilienz ungewiss. Ohne Anspruch auf letztgültige Antworten und Vollständigkeit benötigt die Politik einen Überblick sowie Fragestellungen und Ansatzpunkte als Grundlage für politische Richtungsentscheidungen. Im Kontext sich abzeichnender Mensch-Maschine-Konvergenz lassen sich aktuelle Entwicklungen im Wesentlichen drei miteinander verschränkten Dimensionen zuordnen: der Verbindung

1. des Körpers mit Prothesen und Orthesen;
2. des Gehirns mit Computern und Maschinen (Gehirn-Computer- und Gehirn-Maschine-Schnittstellen) und
3. des Bewusstseins mit Künstlicher Intelligenz (KI).

Ad 1) Aktuelle Entwicklungen in der hybriden, humantechnologischen Prothesen- und Orthesentechnologie umfassen unter anderem lernende, robotische Gliedmaßenstützen, die wie ein Exoskelett Menschen mit schweren Mobilitätseinbußen unterstützen. Neueste Entwicklungen, wie z. B. von Würth Elektronik, umfassen weiche, aus dem Soft Robotics Bereich inspirierte Orthesen zum „Anziehen", die die eigene Körperkraft steigern und auch außerhalb des medizinischen Sektors eingesetzt werden sollen. Auch im Bereich der Prothesen existieren erste Prototypen, die weiche, biegsame Materialien verwenden. Denkbar ist hierbei, dass Prothesen schon in absehbarer Zeit leistungsfähiger als die natürlichen Körperteile sein könnten.

Ad 2) Die Verbindung des Gehirns mit Computern und Maschinen umfasst so genannte „intrusive" (d. h. in das Selbst eindringende) Technologien (Roland Benedikter), unter anderem in Form von Gehirn-Computer- und Gehirn-Maschine-Schnittstellen (sogenannten *Brain-Computer-Interfaces*, kurz: *BCIs* und *Brain-Machine-Interfaces*, *BMIs*). Die Durchbrüche der letzten Jahre ermöglichen das Entwickeln von Machine-Learning-Systemen, die in der Lage sind, Zahlen, Wörter und Sätze wiederzugeben, welche Proband:innen im Gehirnzentrum verarbeiten. Zwar ist die genaue Wirkungsweise im Gehirn bislang unbekannt, doch ist es möglich, Stimmung und Verhalten durch so genannte „tiefe Hirnstimulation" zu beeinflussen. Prinzipiell ist auch nicht auszuschließen, dass in Zukunft durch „tiefe Hirnstimulation" auch Leistungsverbesserungen des menschlichen Gehirns erreicht werden könnten (sogenanntes *Neuro-Enhancement*), was diese Technologie zum Gegenstand ethischer Diskussionen macht. Das prominenteste Produkt ist Neuralink, eine implantierbare Gehirnelektrode, die vom gleichnamigen Unternehmen Elon Musks entwickelt wird. Mit der zu entwickelnden Technik *(neural lace technology)* verbindet Musk die Erwartung, sie könne das Gedächtnis verbessern oder Menschen mit zusätzlicher Künstlicher Intelligenz ausstatten. Demgegenüber ist nicht zu unterschätzen, dass es auch die so genannte eBCI-Technologie, also externe, nicht-invasive Systeme gibt, die wie eine Haube, eine Mütze oder ein Stirnreif getragen werden können. Mittlerweile gibt es Rollstühle und Prothesen, die von gelähmten Personen mit dieser Technik gesteuert werden können, und es ist denkbar, sie in verschiedene Gefährte einzubauen. Nicht-medizinische Anwendungen könnten unter anderem die Steuerung von Drohnen, Gaming-Schnittstellen und audiovisuelles, direkt ins Gehirn eingespeistes Streaming umfassen. Diese Schnittstellentechnologie hat das Potential, vor einem breiteren Marktdurchbruch zu stehen.

Ad 3) Künstliche Intelligenz (KI) ist seit einigen Jahren eines der zentralen Forschungsgebiete weltweit und feierte mehrere Durchbrüche. Neben immer leistungsfähigeren Anwendungen des Maschinenlernens schreitet die Entwicklung so genannter Gehirnemulationen – also der Nachbildung und Simulation des menschlichen Gehirns im Digitalen – immer weiter voran. Gehirnemulationen dürften sich für den Kontext von Mensch-Maschine-Konvergenz als besonders bedeutsam erweisen. Während Orthesen/Prothesen und BCIs darauf hinauslaufen, den Menschen zu einer Maschine werden zu lassen (Cyborgisierung), zielen Gehirnemulationen darauf ab, KI menschenähnlicher werden zu lassen. Insgesamt ist kaum eine andere Technologie mit einem ähnlichen Heilsversprechen verbunden. So genannte Singularitaner wie Googles Technikdirektor Ray Kurzweil gehen davon aus, dass die – durchaus beobachtbare – Verdopplung der Rechenleistung und damit auch der Intelligenz von Computern ca. alle zwei Jahre zu einem exponentiellen Wachstum und damit zu einer Intelligenzexplosion führen müsste (Moore'sches Gesetz). Ein Computer, der eine Allgemeinintelligenz hätte, die der eines durchschnittlichen Menschen ebenbürtig wäre, hätte das Niveau einer so genannten „Superintelligenz". Diese könnte neue, noch intelligentere Computer entwerfen, die wiederum in immer schnellerer Folge noch intelligentere Nachfolger hervorbringen. An diesem irreversiblen Punkt wäre die so genannte „technologische Singularität" erreicht. Was nach dieser Intelligenz-Explosion passieren würde, ist unvorhersehbar und bleibt umstritten.

Zuletzt sei angemerkt, dass als nächste Stufe der „Human-Computer-Interaction" die so genannte „Human-Computer-Integration" gehandelt wird. Gemeint ist damit, dass sich über bloße Interaktion hinaus eine partnerschaftliche Zusammenarbeit von Mensch und Maschine abzeichnet. Menschen gleichen hierbei Unzulänglichkeiten der KI aus und arbeiten als *Human Backup* in intelligenten Systemen. Sie arbeiten durch diese getaktet und werden ein stückweit zu „Dienern der Künstlichen Intelligenz". Ein aktuelles Beispiel stellt UBER dar. Das System nutzt die vorhandenen Privat-PKWs samt Fahrer und integriert sie in das KI-gestützte System. Im Grunde würde UBER die Fahrer gar nicht brauchen, wenn die Autos intelligent genug wären und selbst fahren könnten. Die UBER-Fahrer helfen dem digitalen System UBER nur dabei, die Dienstleistung anzubieten. Sobald Autos selbst fahren können, müssen UBER-Fahrer nicht mehr fahren, um Geld zu verdienen. Es genügt dann, ihr privates Fahrzeug für die UBER-Nutzung „freizugeben".

Die Folgen dieser Entwicklungen sind weitreichend. Dies zeigen unter anderem die Neugründung ganzer Unternehmenssparten und Wirtschaftszweige sowie der sich intensivierende internationale Entwicklungswettlauf an der Mensch-Maschine-Schnittstelle. Insbesondere im Kontext des sich abzeichnenden Weges zum „Homo Deus" (Juval Harari) stellen sich für die Zukunft Fragen nach dem Selbstverständnis des Menschen. Dies erfordert eine intensivere und langfristiger ausgerichtete Auseinandersetzung auch der Politik mit der hinter den aktuellen Entwicklungen dominierenden Technik-Mensch-Philosophie des Transhumanismus und dazugehöriger Initiativen.

„Transhumanismus" ist eine global ausgreifende Ideologie, bei der es darum geht, die Endlichkeit des Menschen zu überwinden und damit einen neuen Typus von Mensch – einen „posthumen Zustand" (Max More) zu erzeugen. Der Transhumanismus teilt viele Aspekte mit dem Humanismus, einschließlich eines Respekts vor Vernunft und Wissenschaft, einer Verpflichtung zum Fortschritt und der Anerkennung des Wertes des menschlichen (oder transhumanen) Bestehens in diesem Leben. Das Kernziel des Transhumanismus besteht vor allem darin, die geistigen, körperlichen und emotionalen Fähigkeiten des Menschen mithilfe von Wissenschaft und Technologie umfassend auszudehnen und biologisch bedingte Begrenzungen zu überwinden.

Im Zentrum vieler Diskussionen steht die Auseinandersetzung mit der „technologischen Singularität", die für die Mitte des Jahrhunderts erwartet und im Rahmen des Transhumanismus eher optimistisch bewertet wird. Weitgehend geteilt wird dabei die Einschätzung, dass sich der Fortschritt nicht aufhalten lasse. Die Zukunft des Menschen – selbst wenn sich Künstliche Intelligenz zunehmend aus ihren eigenen Mechanismen heraus gegen den Menschen wenden sollte – wird aus dieser Sicht nur in einer immer weiter gehenden Verbindung mit ihm entfaltet. Der Mensch wird damit zu einem techno-biologischen Mischwesen. Beispielhaft seien diesbezüglich zwei Initiativen vorgestellt, die optimistisch inspirierte Mensch-Maschine-Konvergenz auf Basis transhumanistischer Ideen fördern wollen.

Bereits 2008 gründete Ray Kurzweil die so genannte Singularity Education Group (auch *Singularity University* genannt) – ein US-amerikanisches Unternehmen, das Bildungsprogramme, ein Gründerzentrum und Innovationsberatung anbietet, um Führungskräfte auszubilden, zu befähigen und zu inspirieren, exponentielle Technologien (Künstliche Intelligenz, Robotik, Nano- oder Biotechnologie) zu nutzen, um die großen Herausforderungen der Menschheit zu bestehen.

Im Jahre 2013 richtete ein von Dmitry Itskov initiierter Zusammenschluss führender Transhumanisten mit dem Namen *Global Future Congress 2045* an den damaligen UN-Generalsekretär Ban Ki-Moon die Aufforderung zur Durchsetzung einer radikalen Technikstrategie auf allen Ebenen. Diese wurde als zentraler Schritt der Weiterentwicklung zu einer global geeinten Menschheit dargestellt, welche sich endlich den globalen Herausforderungen der hypertechnologischen Zivilisation stellt und auf das Verwirklichen einer neuen futuristischen Realität hinarbeitet, die auf fünf Prinzipien gründet: hohe Spiritualität, hohe Kultur, hohe Ethik, hohe Wissenschaft und hohe Technologien.

In kritischer Auseinandersetzung mit diesen ambivalenten und ungewissen Entwicklungen „transhumaner" Bemühungen, den bisherigen Menschen technologisch zu überwinden und mittels Verschmelzung mit Technologie auf- und umzubauen, und den zugrundeliegenden Philosophien leiten sich Implikationen und Fragen ab, die sowohl ethisch-philosophischer Natur sind wie sie die gesellschaftliche Multi-Resilienz betreffen.

Aus ethisch-philosophischer Perspektive stellt sich die Frage, wie sich die weitere Mensch-Maschine-Konvergenz auf das Selbstbild des Menschen und das Menschsein als solches auswirken wird. Die Entwicklungen bieten Chancen, die tiefsten Fragen nach dem Ich, der Individualität, dem Menschen und dem Sein neu zu stellen. So schickt sich die Technik an, den Menschen umzuformen, obgleich vielfache grundsatzphilosophische und -psychologische Fragen ungeklärt sind: Was ist das „Ich" des Menschen überhaupt und wie funktioniert Bewusstsein? Was bestimmt das „Mensch-sein"? Was fundiert seine Würde – könnte seine Würde z. B. nicht gerade durch seine Sterblichkeit und Begrenztheit bestimmt sein? Was begründet sein Glück – erfüllt das dem Transhumanismus immanente Prinzip der Selbstoptimierung und „Körperüberwindung" überhaupt den tieferliegenden Zweck, den Menschen glücklicher, verwirklichter und erfüllter zu machen? Was ist die Stellung des Menschen im Kosmos, und was kann sie im Vergleich zur Technik sein? Auch stellt sich, wie z. B. von Charles Eisenstein aufgeworfen, die grundsätzliche Frage, ob es dem Menschen überhaupt gelingen kann, sich die Erde untertan zu machen. Denn er ist ja selbst Teil der Natur und bleibt den Gesetzen der Natur ausgeliefert. Sämtliche technologischen Eingriffe in die Natur, die nicht auf einen Einklang mit der Natur abzielen, würden unweigerlich zu ungewollten Nebenwirkungen bis hin zu ausgewachsenen Krisen führen.

Aus der Perspektive gesellschaftlicher Multi-Resilienz und Nachhaltigkeit sind ebendiese ungewollten Risiken zu berücksichtigen, die mit fortschreitender Mensch-Maschine-Konvergenz und dem Einsatz disruptiver Technologien einhergehen. Viele Transhumanisten, wie z. B. Elon Musk oder Steve Wozniak, haben durchaus die Gefahr von Techno-Krisen erkannt, doch liegt ihre Aufmerksamkeit fast ausschließlich auf der Gefahr einer hochentwickelten, außer Kontrolle geratenen Künstlichen Intelligenz. Vom Vorschlag eines „Digitalen Verhaltenskodex" (Brad Smith) bis hin zur Einrichtung eines KI-Observatoriums sowie Überlegungen, Künstliche Intelligenz von vorneherein zu beschränken oder „Werte" einzuprogrammieren (was sich heute noch als eine zentrale Herausforderung in der Mensch-Maschine-Kommunikation erweist, die sich in Zukunft vielleicht mit maschinenlesbaren Struktursprachen wie FORMWELT lösen lässt), existiert eine große Bandbreite an Ideen und teilweise umgesetzten Initiativen. Im Kontext gesellschaftlicher Resilienz sind all diese Überlegungen wichtig, greifen jedoch aufgrund ihrer Einseitigkeit zu kurz. Es bedarf einer „Multi"-Perspektive. Gesellschaftliche Multi-Resilienz trägt einerseits dem Umstand Rechnung, dass Gesellschaften vielfältigen globalen Herausforderungen, die gleichzeitig auftreten, ausgesetzt sind. Andererseits betrifft sie das so genannte „Resilienzparadoxon", wonach Innovationen und Problemlösungen in *einem* Bereich zu unerwarteten neuen Problemen und Verwundbarkeiten in *anderen* Bereichen führen kann. Wesentliches Ziel zum Fördern gesellschaftlicher Multi-Resilienz ist es, die kollektive Intelligenz und Weisheit von Gesellschaften als Ganze zu fördern, um auf „Krisenbündel" und „Bündelkrisen" schneller und angemessener reagieren zu können. Kollektive Intelligenz zeigt sich in verbesserter Innovations- und Problemlösungsfähigkeit. Kollektive Weisheit hingegen hinterfragt den tieferen Sinn und Zweck eingeschlagener bzw. bevorstehender Entwicklungspfade und ist hilfreich, unerwartete Entwicklungen zu antizipieren. Aus systemischer Sicht basieren kollektive Intelligenz und Weisheit vor allem auf Maßnahmen verbesserter Kollaboration und Wissensintegration von Vertreter:innen unterschiedlicher Fachdisziplinen und Gesellschaftssektoren. Analog zu global ausgerichteten Initiativen, wie z. B. dem transhumanistischen *Global Future Congress 2045*, sollten Multi-Resilienz und Nachhaltigkeit ebenfalls nicht nur national, sondern auch global gedacht werden. Existenzielle menschenverursachte Risiken, einschließlich Techno-Krisen, können nicht national gelöst werden – sie setzen vielmehr globale Kooperation voraus.

Erst im Spannungsfeld zwischen dem gesellschaftlichen Anspruch, sich technologisch zu entwickeln und zugleich – aus der Perspektive gesellschaftlicher Multi-Resilienz und Nachhaltigkeit – unerwünschten Nebenwirkungen bis hin zu existenziellen Risiken vorzubeugen, lassen sich Orientierungspunkte für politische Entscheidungen ableiten. Diese Empfehlungen beinhalten unter anderem das systematische Fördern kollektiver Intelligenz und Weisheit auf der Grundlage transdisziplinärer, transnationaler und gesellschaftssektorenübergreifender Kooperation in der Technologieentwicklung und -implementierung.

Dazu gibt es inzwischen einige beispielhafte Ansatzpunkte. Als eine wichtige Institution, die sich dezidiert dem Antizipieren menschenverursachter existenzieller Risiken – wie z. B. eines Grey Goo-Szenarios oder einer unkontrollierbaren superintelligenten Künstlichen Intelligenz – widmet, kann das Future of Humanity Institute (FHI) gewertet werden. Das FHI ist ein interdisziplinäres Forschungszentrum an der Universität Oxford unter der Leitung von Nick Bostrom. Dessen Ansatz sollte wesentlich weitergedacht werden. Denkbar wäre das Schaffen weiterer, auf interdisziplinärer Risikoantizipation und ethisch-philosophischer Reflexion spezialisierter, politikberatender Institute, Think Tanks und Foren, die heterogen mit Vertreter:innen aus Wissenschaft und Zivilgesellschaft sowie Politik und Privatwirtschaft besetzt sein und auf globale Vernetzung bauen sollten.

Auch strategische Risikoantizipationsdialoge mit bestehenden transhumanistischen Initiativen, wie dem *Global Future Congress 2045*, dürften eher mit Vor- als mit Nachteilen einhergehen. Das Thema globaler Risikoantizipation und kollaborativer Maßnahmenentwicklung zum Erhöhen globaler Nachhaltigkeit und Multi-Resilienz könnte sich ebenfalls als Leitmotiv zum Fördern inter- und transstaatlicher Kollaboration, d. h. bilateral, EU- und UN-weit eignen – möglicherweise auch als ein wichtiger Ansatzpunkt für Europa, um im aktuell von China dominierten Diskurs um das Gestalten der Globalisierung 2.0 Akzente zu setzen.

KAPITEL 11

Futures literacy (einschließlich Tech literacy)

Riel Miller

Ehemaliger Direktor Zukunftsforschung und Zukunftsbildung, UNESCO Paris
und Norwegian University of Science and Technology NTNU

Als „Futurist" werde ich oft gebeten, über Technologie zu sprechen. Die Menschen sind fasziniert von ihren Werkzeugen. Zum Teil deshalb, weil diese Produkte unserer Vorstellungskraft und unseres Einfallsreichtums eine so offensichtliche Flugbahn haben: erfunden und angewandt, ist es leicht, einen Weg in die Zukunft zu projizieren. Schnellere Autos, „intelligentere" Telefone, bessere Impfstoffe, effizientere Fließbänder, schnellere Roboter, besseres Management, usw. Und dann ist da natürlich noch das Frankenstein-Syndrom. Es besteht hierin: Teils paranoid, teils größenwahnsinnig, stellen wir uns vor, die Rolle eines „Gottes" zu spielen und (technoides) Leben zu erschaffen, das sich dann gegen uns wendet, indem es die „Eltern" entweder tötet oder übertrifft.

Schon seit langem bin ich frustriert darüber, wie sehr diese Extrapolation von Werkzeugen unsere Zukunftsvorstellungen beherrscht. Ein „Zauberlehrling", der zunächst eine Lösung für ein Problem bietet und dann zum Fluch wird. Soziale Medien zerstören die sozialen Beziehungen. Autos zerstören die Umwelt. Ja, aber wo fängt das an? Liegt es daran, dass wir unsere (technischen) Werkzeuge missbrauchen? Liegt es daran, dass unsere (technischen) Werkzeuge uns missbrauchen? Liegt es daran, dass wir süchtig werden, abhängig, unfähig, uns etwas anderes vorzustellen? Warum werden unsere Fähigkeiten zur Herstellung von Werkzeugen auf eine enge Reihe von „Lösungen" kanalisiert?

All diese Fragen können als Teil desselben grundlegenden Rahmens gesehen werden: eines geistigen Rahmens, der die Welt als einen Ort von Problemen und Lösungen ansieht; eine Welt, in der die Herausforderung für den Menschen hauptsächlich darin besteht, seine Vorstellungskraft so zu nutzen, dass wir alles instrumentalisieren können, um unsere Ziele zu erreichen.

Es gäbe sicherlich viel über die Ursprünge dieser Art zu leben zu sagen: warum sie entstanden ist und was sie immer weiter aufrechterhält. Hier interessiere ich mich nur für einen Teil des Puzzles: nämlich für das Zielstreben, das jede mögliche Zukunft auf das reduziert, was man für „erreichbar" hält. Meine Pointe, die im Folgenden als mäandernde Lernreise durch drei Jahrzehnte dargestellt wird, ist, dass die Neuformulierung unserer Beziehung zur Welt um uns herum – vom bewussten und getriebenen Ausbeuter zum reflexiven Symbionten – die Kultivierung einer Fähigkeit erfordert, die allen Menschen zugänglich ist: die (stets imaginäre) Zukunft aus unterschiedlichen Gründen, auf unterschiedliche Weise und in unterschiedlichen Kontexten *zu nutzen*. Diese Fähigkeit, die man als *Zukunftskompetenz* bezeichnen kann, umfasst die vertrauten Planungsgründe und -methoden für die Nutzung der Zukunft. Sie umgreift aber auch etwas, das so ungewohnt ist, dass es kaum nachvollziehbar ist: die *Nutzung von Zukunftsbildern* (d.h. von Bildern des „Nicht-Jetzt, Nicht-Vergangenen" und daher notwendigerweise „Später-als-Jetzt"), *um mit der Gegenwart zu spielen*.

Worum geht es?

Wie viele heute betonen (siehe z. B. die Arbeit von Bayo Akomolafe), geht es, um voranzukommen, zunächst darum, unsere Wahrnehmung von allem, auch von uns selbst, zu „verfremden". Es geht darum, auf einer tiefen, reflexiven Ebene zu lernen, dass die antizipatorischen Systeme und Prozesse, die am deutlichsten zu erkennen sind und ausgeübt werden, wenn wir Kinder sind und mit den Notwendigkeiten des grundlegenden Überlebens zurechtkommen müssen, in einem Universum, das unausweichlich kreativ, voller Neuerungen und Unterschiede ist, in Wirklichkeit unzureichend sind. Wir werden unsere Beziehung zu unseren technologischen Werkzeugen erst dann ändern können, wenn wir unsere Art, in diesem Universum zu leben, ändern. Hören wir auf damit, die Rolle von „Göttern" oder Kontrolleuren der Zukunft spielen zu wollen, und begreifen wir das Wunder und das Mysterium des Wandels, der Geburt und des Todes, des Anfangs und des Endes, der Kontinuität und des Unterschieds, von dem wir nur ein Teil sind, nicht allem anderen überlegen, nicht unverwechselbar, nicht einmal fremd. Wir sind unsere Werkzeuge; und unsere Werkzeuge sind wir.

Die folgenden Auszüge aus Texten, an denen ich gearbeitet habe, der erste bei der OECD in den späten 1990er Jahren und der zweite für eine Publikation über „Medienkompetenz" etwa zwanzig Jahre später (um 2019), weisen auf die Schwierigkeit hin, die Menschheit aus den lange Zeit vorherrschenden Sichtweisen auf Technologiezukünfte herauszulösen. Ich hoffe, dass meine

Reise dem Leser die oben genannten Punkte veranschaulicht – und umgekehrt vielleicht mich dazu inspiriert, zu erkunden, was es bedeutet, unsere Fähigkeit zu erweitern, uns die Zukunft jenseits der extrapolativen Imperative der Bemühungen um die Kolonisierung der Zukunft vorzustellen. In diesem Sinne glaube ich folgendes.

1. Bewahrung versus Dynamik, Inkrementalismus versus Radikalismus sind die polaren Extreme, die – wenig überraschend – viele Debatten über die Zukunft des Jahrtausends beherrschen. Die Aussichten auf wirtschaftlichen, sozialen und ökologischen Wohlstand in den nächsten Jahren werden jedoch davon abhängen, ob wir *aktiv* Veränderungen fördern, die über die des 20. Jahrhunderts hinausgehen. Insbesondere die volle Ausschöpfung des Potentials der Technologien von morgen, zum menschlichen Wohlergehen beizutragen, hängt in hohem Maße von der Fähigkeit ab, den *dynamischen Wandel* zu bewältigen. Die Vorteile einer soziotechnischen Dynamik anstelle des Bewahrens des Bisherigen unterstreichen die Dringlichkeit, über inkrementelle und reaktive Ad-hoc-Ansätze hinauszugehen, um stärker transformative und integrierte wirtschaftliche, soziale und technologische Handlungsoptionen zu entwickeln und umzusetzen.

Die Vorstellung möglicher Technologieanwendungen im Jahr 2030 erfordert daher ein besseres Verständnis der Art und Weise, wie Leistungstrends mit der Bereitschaft der Gesellschaft, sich auf Veränderungen einzulassen, zusammenwirken. Bedeutende Fortschritte sind in einem breiten Spektrum von Technologien zu erwarten: Computertechnik, Gehirntechnologien, neue Werkstoffe (insbesondere Miniaturisierung und intelligente Verbundwerkstoffe), Energie, Verkehr sowie Umweltinstrumente und -systeme. Die technische Grundlage (im Unterschied zur wirtschaftlichen und sozialen) für diese anhaltende Innovationswelle wird zum großen Teil aus leistungsstarken Entwicklungen in den Bereichen der digitalen und genetischen Information entstehen. Die Erforschung und Manipulation dieser beiden Bausteine – der eine aus der Rechenkapazität von Maschinen hervorgehend, der andere aus der Natur – dürfte sowohl für die Erbauer als auch für die Nutzer von Werkzeugen enorme Schätze bergen. In der Tat scheint es einen starken positiven Kreislauf zwischen besseren Informationen und leistungsfähigeren Werkzeugen zu geben, da jede Erkenntnis, die durch digitale Berechnungen gewonnen wird, dazu beiträgt, neue Ideen für die Entwicklung und den Einsatz von Technologien voranzutreiben.

Diese Komplementarität ist im digitalen Bereich besonders ausgeprägt. Verbesserungen bei der Quantität und Qualität der Informationen, die in Nullen und Einsen umgewandelt werden, ermöglichen rasche Fortschritte in vielen anderen Bereichen der Wissenschaft und Technik. Schneller, billiger, kleiner sind mehr als nur Schlagworte für den hart umkämpften Sektor der Informationstechnologie. In der Entwicklungspipeline befinden sich eine Reihe von Verbesserungen, die das ohnehin rasante Tempo der Kosten-/Leistungsverbesserung noch beschleunigen könnten. So stehen die Chancen gut, dass gemischte Optik-/Silizium-Computer auf breiter Front zum Einsatz kommen werden. Dies wird es ermöglichen, Daten mit Laserstrahlen innerhalb eines Computerchips zu übertragen und damit einige der Engpässe – wie z. B. übermäßige Hitze – zu überwinden, die durch die Miniaturisierung von Schaltkreisen auf Halbleitern entstehen. Entwicklungen im Bereich der Tieftemperatur-Supraleitung und neue Kühlmethoden werden ebenfalls eine Verbesserung der Verarbeitungsleistung ermöglichen. Auch die Quantenmechanik scheint am Horizont aufzutauchen und verspricht potenziell große Fortschritte bei den Rechengeschwindigkeiten. Alles in allem sind die Aussichten für die Schlüsselkomponenten der Rechentechnik vielversprechend.

Auch die Netzwerktechnologie wird sich weiter auf einem Weg entwickeln, der sowohl eine größere Vielfalt als auch eine wesentlich höhere Bandbreite bietet. Hochleistungsübertragungssysteme werden sich auf immer schnellere Glasfasersysteme stützen, während die mobile Kommunikation von einer Vielzahl von Satelliten in niedriger und hoher Umlaufbahn abgedeckt wird. Ein größerer Teil des verfügbaren Frequenzspektrums wird durch digitale Übertragungen und Komprimierungsverfahren besser genutzt werden, die es ermöglichen, dass Datenströme mit hoher Dichte eine Vielzahl von Orten und Geräten erreichen. Für die Nutzer werden die Kommunikationsdienste vielleicht nicht ganz zum Nulltarif zu haben sein, aber bis zum Ende des dritten Jahrzehnts dieses Jahrhunderts werden sie sich dem annähern.

Bei der Verbesserung der Schnittstelle zwischen Mensch und Computer werden wahrscheinlich beträchtliche Fortschritte erzielt werden, vor allem weil die Sprach- und Gestenerkennung perfektioniert wird. Auch die Echtzeit-Sofortübersetzung könnte bis 2025 nahezu voll funktionsfähig sein. Die meisten aktuellen Fragen im Zusammenhang mit der Sicherheit, dem Datenschutz und der Interoperabilität von Computern werden gelöst werden können, so dass das gleiche Maß an Vertrauen (manchmal sogar mehr, nämlich mittels sofortiger Verifizierung) möglich sein wird, wie es heute bei Transaktionen und Kommunikation von Angesicht zu Angesicht gegeben ist. Halbleiterbasierte Sensoren, einige auf molekularer oder atomarer Ebene und integriert mit der menschlichen DNS, werden in der Lage sein, kostengünstig große Mengen hochpräziser Umwelt- und biologischer Informationen zu sammeln und neue Perspektiven für die direkte Verbindung zwischen Mensch und Maschine zu eröffnen.

Eine mögliche Bremse für Leistungssteigerungen im Bereich der Informationstechnologie (IT) könnte jedoch die Software sein. Viele Analysten sehen für die nächsten Jahrzehnte nur bescheidene Fortschritte im Bereich der „Künstlichen Intelligenz". Die Suche nach Software, die in der Lage ist, eigenständig zu denken und mit Schlussfolgerungen und Kreativität auf menschliche Konversationen zu reagieren, wird wahrscheinlich bis weit in die Mitte des Jahrhunderts andauern. Intelligente Agenten, die in der Lage sind, Daten über den Geschmack und die Verhaltensmuster einer Person zu sammeln, werden jedoch wahrscheinlich auf den Markt kommen. Beträchtliche Fortschritte werden auch bei der Entwicklung von VRML *(Virtual Reality Markup Language)* erwartet, einer dreidimensionalen Version der textbasierten HTML *(HyperText Markup Language)*. Über die Beschleunigung des Wandels oder die Senkung der Kosten vieler derzeitiger Tätigkeiten hinaus eröffnet der Einsatz dieser leistungsfähigen digitalen Werkzeuge die Möglichkeit tiefgreifender Veränderungen.

So bestehen gute Chancen, dass die fortschrittliche Rechenleistung dazu genutzt wird, den Menschen dabei zu helfen, in neuen Arten von Gemeinschaften – sowohl virtuellen als auch realen – zu verweilen oder diese neu zu schaffen. In einigen Teilen der Welt könnte dies eine Rückkehr zu Dörfern und weniger städtischen Umgebungen bedeuten. In anderen Regionen, wo es vielleicht eine bessere Infrastruktur oder andere Attraktionen gibt, werden die Menschen in ihrer „Silicon Alley" bleiben. Die durch physische Entfernung bedingten Einschränkungen werden sich in der vernetzten Welt von 2030 ändern. Physische Isolation muss nicht mehr so große wirtschaftliche oder soziale Nachteile mit sich bringen.

Der Einsatz von Computern wird die Möglichkeiten in den Bereichen Produktion, Transport, Energie, Handel, Bildung und Gesundheit erheblich verbessern. So werden Industrieroboter höchstwahrscheinlich allgegenwärtig werden, da sie dank besserer Soft- und Hardware in der Lage sind, beschwerliche, gefährliche, hochpräzise oder miniaturisierte Aufgaben in vielen Wirtschaftszweigen zu übernehmen. Sie werden auch in der Tiefsee und im Weltraum zum Einsatz kommen. Computer werden sich wahrscheinlich auf die Umweltkosten des Verkehrs auswirken, indem sie sowohl die Fahrzeugkonstruktion (Hybridautos, Wasserstoff-Brennstoffzellenmotoren usw.) als auch das Verkehrsmanagement verbessern. Im Bereich der Energieerzeugung und -einsparung werden sich völlig neue Horizonte eröffnen, da Computer und Netze die Kosten und Risiken der Kraft-Wärme-Kopplung verringern und die Verbreitung der lokalen Verwaltung von Energieerzeugung und -nutzung ermöglichen. Leistungsstarke Computer werden es leichter machen, Produkte zu entwickeln, die umweltverträglicher sind, weil der Produktionsprozess weniger verschwenderisch ist und das Endprodukt recycelt, wiederverwendet oder wiederaufbereitet werden kann.

Auf einer noch breiteren Ebene wird die computergestützte Entwicklung des elektronischen Geschäftsverkehrs die derzeitigen Geschäftsabläufe wahrscheinlich tiefgreifend verändern. Infolgedessen dürften neue Produkte und Dienstleistungen sowie neue Märkte entstehen. Die traditionelle Rolle des Zwischenhändlers könnte verschwinden, und es werden wahrscheinlich mehr direkte Beziehungen zwischen Unternehmen und Verbrauchern entstehen. Der Prozess des Erfindens und Verkaufens von Produkten könnte sogar auf den Kopf gestellt werden, da die Verbraucher die von ihnen gewünschten Spezifikationen erstellen und dann kompetente Hersteller und sogar andere Käufer dafür suchen.

Was die für das Lernen und die wissenschaftliche Grundlagenforschung unabdingbaren Untersuchungen und die Zusammenarbeit betrifft, so werden die Informationstechnologien von morgen neue Möglichkeiten eröffnen, indem sie die Kommunikations- und Simulationsfähigkeit radikal verbessern. Die Fähigkeit der virtuellen Realität, historische und physische Situationen nachzubilden, könnte bedeuten, dass „learning by doing", also gemeinsame experimentelle Forschung und Bewegung im eigenen Tempo für jeden „verkabelten" Menschen in greifbare Nähe rücken. Wenn man sich erst einmal von einigen der Kosten-, Zeit- und Raumbeschränkungen der traditionellen Bildung befreit hat, könnte es sogar möglich sein, über die Sozialisierungsmethoden der Schulbildung des Industriezeitalters hinauszugehen und ein System zu schaffen, das die individuelle Kreativität fördert.

Um in dieser heute bereits entstehenden Welt nicht in einem Ozean von Informationen zu ertrinken, werden die Menschen wahrscheinlich „Knowbots" (Wissensroboter) einsetzen, um effektiv zu navigieren. Virtuelle Roboter mit recht eng definierten Aufgaben, eine Art Expertensoftware, werden in der Lage sein, viele menschliche Bedürfnisse zu verfolgen und darauf zu reagieren, von der banalen Fähigkeit eines vernetzten Toasters, Benutzer zu identifizieren und ihre Vorlieben abzurufen, bis hin zu den fortgeschritteneren Funktionen des E-Mail-Screenings, des Einkaufsvergleichs und der Zusammenstellung/Verfolgung der individuellen Lern-„Abenteuer" einer Person. Und im Gesundheitswesen könnten eigenständige tragbare Sensor- und Diagnosegeräte, die mit ferngesteuerten Expertensystemen verbunden sind, die Mobilität der Patienten und die Effizienz der Krankenhausressourcen erheblich verbessern.

Bei all diesen techno-wissenschaftlichen Versprechungen gibt es jedoch unzählige Risiken, die durch technologische Innovationen von morgen hervorgerufen oder verschlimmert werden könnten. Wie schon immer, seit Technologien nicht nur für das Überleben, sondern auch für Konflikte eingesetzt werden, haben Technik-Werkzeuge oft eine Kehrseite. Technologische Fortschritte an sich lassen keine Rückschlüsse darauf zu, wie sie eingesetzt werden. Betrachtet man sie lediglich unter dem Gesichtspunkt der technischen Machbarkeit – also ohne Berücksichtigung der wirtschaftlichen und sozialen Garantien, die wahrscheinlich Voraussetzung für die rasche Entwicklung dieser technologischen Durchbrüche von morgen sind –, so lassen sich durchaus Gefahren erkennen.

Wenn diese Risiken beherrscht werden können, ist es plausibel, dass in den nächsten Jahren eine ganze Reihe von technologischen Fortschritten das menschliche Wohlergehen erheblich verbessern und dazu beitragen werden, die Entwicklung der Welt auf einen nachhaltigeren Kurs zu bringen. Wie die Geschichte jedoch zeigt, ist die Verfügbarkeit einer bestimmten wissenschaftlichen Entdeckung oder innovativen Technologie keine Garantie dafür, dass ihr Potential in nützliche Anwendungen umgewandelt wird, oder dass sie weit verbreitet wird oder diejenigen erreicht, die sie am produktivsten nutzen könnten. Die Nutzung der Vorteile und die Verringerung der Gefahren des technologischen Fortschritts hängen von einer komplexen Wechselwirkung mit den zugrunde liegenden wirtschaftlichen, sozialen und politischen Bedingungen eines Territoriums ab. Um die Früchte der soziotechnischen Dynamik zu ernten, müssen zwei Aspekte sorgfältig berücksichtigt werden: erstens, wie verschiedene sozioökonomische Umfelder zu Unterschieden im Tempo und in der Richtung der technologischen Innovation und Verbreitung führen; und zweitens, welche Auswirkungen die Nutzung und Verbreitung neuer Technologien auf Wirtschaft und Gesellschaft eines bestimmten Gebiets haben.

Viele Menschen begrüßen die Aussicht, dass die technologische Innovation so viele großartige Möglichkeiten bietet. Mit diesem Optimismus geht jedoch auch die tiefe Erkenntnis einher, dass sowohl die Wünschbarkeit als auch die Durchführbarkeit technologischer Entwicklungen in erster Linie von der Einführung und Verbreitung zahlreicher politischer, wirtschaftlicher und sozialer Rahmenbedingungen abhängen. Umgekehrt wird davon ausgegangen, dass die Richtung, das Tempo und die Verbreitung technologischer Innovationen die zugrunde liegenden Wissensstrukturen, wirtschaftlichen Anreize und sozialen Zwänge grundlegend beeinflussen. Die Verwirklichung des technologischen Potentials wird daher nach allgemeiner Auffassung zu einem großen Teil von der Förderung eines komplexen Zusammenspiels sich gegenseitig verstärkender gesellschaftlicher und technologischer Fortschritte abhängen – ein Zusammenspiel, das als *soziotechnische Dynamik* bezeichnet werden kann.

In der vernetzten Wissenswirtschaft von morgen kann dabei Phantasie – ja sogar Kunstfertigkeit – ebenso wichtig werden wie der immer wichtigere Wettbewerbsvorteil, den man dadurch erlangt, dass man mit einem neuen Produkt als Erster auf den Markt kommt. Für Unternehmen und Haushalte bedeutet ein *dynamischer soziotechnischer Weg*, dass sie mit einer Vielzahl von tief verwurzelten Gewohnheiten und Bräuchen brechen müssen, um in allen Bereichen des Handels und des Lebens ein noch nie dagewesenes Maß an proaktiver Innovation und individueller Anpassung zu erreichen. Um eine solche soziotechnische Dynamik in den nächsten Jahrzehnten zu fördern, muss der Schwerpunkt auf *zwei* große Ziele gelegt werden. *Erstens* werden die Entscheidungsträger im öffentlichen und privaten Sektor, einschließlich der Politik, erhebliche Anstrengungen unternehmen müssen, um die individuelle und organisatorische Kreativität zu fördern – die Fähigkeit und Freiheit, Innovationen und Veränderungen in unsere Arbeits- und Lebensweisen einzuführen. Zusätzlich muss im öffentlichen und privaten Bereich der Schwerpunkt auf die Verbesserung der kollektiven Entscheidungsfindung (Kollektive Weisheit) gelegt werden, um sowohl die soziotechnische Dynamik voranzutreiben als auch deren Vorteile zu nutzen und zu teilen. Ein Großteil der Analyse unterstreicht die starke Interdependenz zwischen den kooperativen Bemühungen, die Zugänglichkeit und Zuverlässigkeit von Informationen in der wissensbasierten Wirtschaft zu gewährleisten, und der individuellen Fähigkeit, zu konkurrieren, Risiken zu bewerten und zu lernen.

Die Hervorhebung dieser Ziele für die künftige Politik bedeutet keineswegs eine Abkehr von bekannteren politischen Stoßrichtungen wie der Gewährleistung eines stabilen makroökonomischen Rahmens, der Förderung der Strukturanpassung durch flexible Produkt-, Arbeits- und Kapitalmärkte, der Verbesserung der Lernfähigkeit der Menschen und der Verhinderung sozialer Ausgrenzung. Im Gegenteil, diese wohlbekannten politischen Prioritäten haben nicht an Bedeutung verloren, sondern werden von den meisten Analysten als entscheidend angesehen, um jene Kreativität und Zusammenarbeit zu erreichen, die einen innovativen, anpassungsfähigen wirtschaftlichen und sozialen Kontext für Technologieinnovation untermauern. Eine weitere politische Priorität ist die Anpassung der Lerninfrastruktur an die Erfordernisse einer innovativen wissensbasierten Wirtschaft, wozu auch, aber nicht nur, die Beschäftigung mit dem spezifischen Bildungsangebot des Industriezeitalters gehört.[1]

2. Aber nicht an letzter Stelle, werden *Zukunftskompetenz, Medienkompetenz* und der *Capability Approach to Freedom* entscheidend sein. Überall auf der Welt beschäftigen sich die Menschen derzeit mit der Zukunft. An den Universitäten, in den Vorstandsetagen der Unternehmen, in den Konferenzräumen der Regierungen und in den Medien wird viel über Prognosen und Vorhersagen geredet. Das Bemühen, sich vorzustellen, was geschehen wird, verbraucht emotionale und intellektuelle Energie. Die Erfindung von Bildern der verblüffenden Anwendungen neuer Technologien von morgen steht ebenso im Vordergrund des öffentlichen Diskurses wie die derzeitige Begeisterung für Künstliche Intelligenz. Es überrascht keineswegs, dass Themen, die zum Gegenstand von Gesprächen in den Haushalten werden, auch in die öffentlichen politischen Debatten und Agenden einfließen. Doch diese vielfältigen und oft detaillierten Zukunftsbilder gehören alle nur zu einer Art von Zukunft: der Art von Zukunft, die man sich vorstellt, wenn man versucht, auf die eine oder andere Weise zu beeinflussen, was in der Zukunft geschehen wird. In der Regel handelt es sich bei diesen Bemühungen, die Zukunft zu „nutzen", um zu planen, was geschehen wird, um Techniken, mit denen „glaubwürdige" Vorhersagen erstellt werden sollen – d. h. Beschreibungen der Zukunft, die aus probabilistischen Überlegungen abgeleitet werden. Infolgedessen beschränkt sich die produktive und potenziell befreite menschliche Vorstellungskraft auf Versuche, zukünftige Ereignisse vorherzusagen.

Es gibt jedoch Momente, in denen eine *andere Art von Zukunft* in das Denken der Menschen eintritt, die einen anderen Blickwinkel bietet und die Zwänge der

Projektion der Vergangenheit in die Zukunft abschüttelt und nicht versucht, ein Ziel im Voraus zu definieren. Solche „offenen" Zukünfte sind genauso imaginär wie alle anderen. Der Unterschied besteht darin, dass das, was man sich vorstellt, nicht im Sinne eines „Später-als-Jetzt"-Ziels oder einer instrumentellen Zielsetzung definiert ist.

Die Lockerung des Imperativs, dass die Zukunft dazu dient, intertemporale Ziele zu setzen, bedeutet nicht, dass die Zukunft nicht nützlich ist. Im Gegenteil, wenn man die Teleologie der Nutzung der Zukunft über die Planung zur Beeinflussung des Morgens hinaus ausweitet, eröffnen sich besondere, sonst unzugängliche Perspektiven auf die Gegenwart. Hier ist das Interesse an der Beschreibung imaginärer Zukünfte nicht „für die Zukunft", sondern „für die Gegenwart". Es handelt sich um „Antizipation für die Entstehung" (AfE) im Gegensatz zu „Antizipation für die Zukunft" (AfF). Sowohl AfF als auch AfE machen sich die menschliche Vorstellungskraft zunutze, um die nicht vorhandene Zukunft in die Gegenwart zu holen. Im Falle von AfF besteht das Ziel der Nutzung der Zukunft darin, die Zukunft auf die eine oder andere Weise zu beeinflussen. Im Falle der Antizipation für die Entstehung (oder Emergenz) (AfE) besteht der Zweck der Vorstellung der Zukunft jedoch darin, Elemente der Gegenwart zu entdecken und zu erfinden, die normalerweise nicht wahrgenommen werden können oder keinen Sinn ergeben, wenn nur die „eine" Zukunft das Ziel ist. AfE nutzt die Zukunft, um ansonsten unsichtbare, bisher nicht erkennbare und typischerweise nicht benennbare emergente Phänomene zu enthüllen: Aspekte der Welt, die ihre kreative Komplexität zum Ausdruck bringen und noch nicht zu den extrapolierten oder zuvor gewünschten oder befürchteten Zukünften gehören.[2]

1 Neu bearbeitetes Exzerpt, basierend auf: Riel Miller, Wolfgang Michalski and Berrie Stevens: 21st Century Technologies: Promises and Perils of a Dynamic Future, OECD Paris 1998, pp. 7-32, https://www.oecd-ilibrary.org/economics/21st-century-technologies_9789264163539-en. Vom Autor für diese Publikation zur Verfügung gestellt.

2 Autorisiertes bearbeitetes Exzerpt von Schriften des Autors, basierend auf: Riel Miller: Futures Literacy, Media Literacy and the Capability Based Approach to Freedom. In: Academy of Fine Arts, Slawomir Ratajski (ed.): Media Education as a Challenge, Warsaw, January 2021, S. 47-58, https://www.researchgate.net/publication/348518767_Futures_Literacy_Media_Literacy_and_the_Capability_Based_Approach_to_Freedom. Textteile vom Autor für diese Publikation zur Verfügung gestellt.

KAPITEL 12

Leben und Arbeiten in Südtirol 4.0

Ingrid Kofler

Freie Universität Bozen

Die Gesellschaft und insbesondere die Arbeitswelt stehen durch technologische Veränderungen vor großen Herausforderungen – auch und gerade in kleineren Regionen wie Südtirol. Vor allem die Digitalisierung wird einer der größten Treiber für grundlegende Veränderungen sein und massive soziale, kulturelle und politische Auswirkungen zeitigen. Technologische Innovationen wie Big Data, 3D-Druck, Künstliche Intelligenz und Robotik haben bereits jetzt damit begonnen, einen erheblichen Einfluss auf fast jeden Aspekt unserer Arbeitswelt auszuüben. Neue Technologien können der Südtiroler Gesellschaft große Vorteile bringen, wie z. B. die Erhöhung der Produktionskapazität oder die Erleichterung von körperlich anstrengender oder gefährlicher Arbeit. Sie bringen aber auch politische und nicht zuletzt ethische Herausforderungen mit sich, wie zum Beispiel das Thema Datenschutz zur Nutzung der gesammelten Daten oder Fragen zum steigenden Energieverbrauch durch die digitalen Technologien.

Weitere wichtige Aspekte sind die relativ schwere Vorhersehbarkeit und die uneinige Gesellschaftsdebatte rund um den technologischen Fortschritt. Einerseits gilt, dass die technologische Entwicklung das Wirtschaftswachstum unterstützen wird; andererseits birgt sie die Gefahr einer Zunahme wirtschaftlicher Ungleichheit und Abhängigkeit.

Südtirol hat in den letzten Jahren im Technologiebereich sehr viel aufgeholt, zum Beispiel durch den NOI-Technologiepark oder das Automotive Zentrum in Bruneck. Allerdings hinken wir politikstrategisch den Nachbarregionen immer noch hinterher, wenn wir Zukunftstechnologie als Alltagsfaktor von Leben und Arbeiten in Südtirol 4.0 betrachten. So machten die Investitionen im Bereich Forschung und Entwicklung (F&E) in der Provinz Bozen im Jahr 2019 nur 0,75 Prozent des BIP aus, während es im Trentino 1,58 Prozent waren und in Nord-Tirol 2,82 Prozent.[1] Allerdings kann Südtirol auch auf Spitzenleistungen unter anderem im Bereich des Automotive Sektors zählen. So wissen wir, dass weltweit jedes dritte Auto[2] Komponenten enthält, die in Südtirol (mit) produziert wurden. Technologisch zentrierte Großunternehmen wie GKN sind bereits sehr innovative Branchen in Südtirol. Den vielen Klein- und Kleinstunternehmen in Südtirol wird die Digitalisierungsnotwendigkeit aber ohne bessere Unterstützung weiter zu schaffen machen. Fast 97 Prozent der Unternehmen in Südtirol sind Mikro- oder Kleinunternehmen, wobei 74 Prozent weniger als neun Beschäftigte haben.[3] Sie sind mit großen Herausforderungen im Bereich der Kosten und des Aufwands der Digitalisierung des Arbeitsalltags konfrontiert.

Laut McKinsey[4] hängt der technologische Wandel in Unternehmen von fünf Faktoren ab: technische Machbarkeit, Kosten der Implementierung, Veränderungen auf dem Arbeitsmarkt, wirtschaftlicher Nutzen, sowie rechtliche und soziale Akzeptanz. Traditionelle Sektoren wie das Südtiroler Handwerk werden sich sehr verändern bzw. an die Veränderung anpassen müssen. Auch werden viele Unternehmen die Unterstützung des Landes benötigen, um zu überleben.

Zusammenfassend betreffen Digitalisierung und Technologie nicht nur die Zukunft der Südtiroler Wirtschaft, sondern die gesamte Gesellschaft des Landes. So ist der Alltag ohne Internet für die meisten Menschen nicht mehr vorstellbar: circa 75 Prozent der Bevölkerung in Europa benutzt täglich oder fast täglich das Internet[5], so auch in Südtirol. Die Covid-19 Pandemie hat gezeigt, wie wichtig es ist, eine stabile Internetverbindung zu haben: nicht nur zum Arbeiten, aber auch für den Bereich Bildung und das Erhalten der sozialen Netzwerke. Wenn 2015 in der EU nur 79 Prozent der Haushalte einen Breitbandzugang hatten, so waren es in Südtirol 2020 90 Prozent. Auch hier ist aber wiederum auch die Kehrseite zu sehen: Internet ermöglicht es zwar in kürzester Zeit, weltweit Informationen zu versenden, aber gleichzeitig auch Fehlinformation zu verbreiten, was wiederum zur Polarisierung der Gesellschaft beiträgt – wie zum Beispiel in der aktuellen Impfdebatte. Durch die Covid-19 Pandemie wurden viele technologischen Entwicklungsprozesse beschleunigt; und ebenso wurden Ungleichheiten noch stärker ausgeprägt. Eine repräsentative Studie[6] zeigt auf, wie zum Beispiel jene Personen, die einen höheren Bildungsgrad haben, eher im Homeoffice arbeiten konnten als andere Personen – und somit auch weniger Einkommenseinbußen durch die Covid-19 Pandemie hatten. Ebenso waren Frauen gegenüber Männern eher von einer Mehrfachbelastung betroffen, vor allem was die Vereinbarkeit von Familie (oft verbunden mit Homeschooling) und Beruf (im Homeoffice) betrifft.

Um eine Perspektive „von außen" zu erhalten, ist es in den kommenden Jahren sinnvoll, Südtirol noch besser und dauerhaft mit anderen Regionen zu vergleichen. Ein sogenanntes regionales Benchmarking ermöglicht es, bestimmte Südtirol-spezifische Indikatoren mit anderen, ähnlichen Regionen zu vergleichen. Hierfür eignet sich einerseits der *Regional Competitiveness Index* (RCI)[7], welcher mit über 70 Indikatoren die Fähigkeit einer Region misst, ein attraktives und nachhaltiges Umfeld für Unternehmen und Einwohner zum Leben und Arbeiten anzubieten. Der Index erlaubt es zu sehen, wo eine Region in Bezug auf Governance, Infrastruktur (einschließlich digitaler Netzwerke), Gesundheit, Humankapital, Arbeitsmarkt und Innovation steht. Südtirol steht auf Platz 176 von 268. Der Index wird in drei Dimensionen unterteilt, wobei Südtirol vor allem in der Dimension „Innovation" im Vergleich zum EU-Mittelwert unterdurchschnittlich liegt.

Andererseits bietet der *European Social Progress Index* (EU-SPI)[8] ein Maß für den sozialen Fortschritt, die gesellschaftliche Entwicklung und die Lebensqualität einer Region. Der Index erlaubt es zu sehen, wo eine Region in den einzelnen Dimensionen des Index steht. Südtirol steht auf Platz 147 von 240, wobei unser Land in der Dimension „menschliche Grundbedürfnisse" (notwendige Voraussetzungen für die gesellschaftliche Entwicklung) besser als der EU-Durchschnitt abschneidet, in der Dimension „Grundlagen des Wohlbefindens" (Faktoren des sozialen und ökologischen Fortschritts) im Durchschnitt liegt und in der letzten Dimension „Chancen" (Aspekte einer kohäsiven und toleranten Gesellschaft) unter dem Durchschnitt liegt. Obwohl der einfache Vergleich mit anderen Regionen nicht ausreicht, um das komplexe Phänomen zukünftiger Entwicklungen zu verstehen, liefert eine Analyse der Werte nützliche Erkenntnisse, um zu sehen, wo Südtirol steht. Technologie und Technologieinnovation sind dabei zunehmend wichtige Marker.

1 Siehe dazu Interne FuE-Ausgaben (GERD) nach NUTS-2-Regionen laut EU-Kommission: https://ec.europa.eu/eurostat/databrowser/view/tgs00042/default/table?lang=de.

2 Siehe dazu „Grundsteinlegung für Technologie Park“ vom 25. September 2020. In: Bezirkszeitung „Puschtra“ https://www.puschtra.it/2020/09/25/grundsteinlegung-fuer-technologie-park/.

3 Siehe dazu: Istat, Censimenti permanenti: Report Provincia Autonoma Bolzano/Bozen, 2019, https://www.istat.it/it/files/2021/03/CPUE_BOLZANO.pdf.

4 McKinsey Global Institute; Technology, Jobs, and the Future of Work, 2017, https://www.mckinsey.com/~/media/mckinsey/featured%20insights/digital%20disruption/harnessing%20automation%20for%20a%20future%20that%20works/a-future-that-works-in-brief-mgi-april-2017.pdf.

5 Siehe dazu: „Statistiken zur Internetnutzung in Europa.“ In: Statista.de, https://de.statista.com/themen/3118/internetnutzung-in-europa/#dossierKeyfigures.

6 Siehe dazu: I. Kofler & L. Ghirardello: Die Auswirkungen der COVID-19-Pandemie auf die Familien in Südtirol. Pressekonferenz, Eurac Research Bozen, 30.12.2021, https://webassets.eurac.edu/31538/1640771376-graficspraesentationfamily-study.pdf.

7 Siehe dazu: European Commission: EU Regional Competitiveness Index 2.0 - 2022, https://ec.europa.eu/regional_policy/en/information/maps/regional_competitiveness/#3.

8 Siehe dazu: European Commission: European Social Progress Index 2020, S. 169, https://ec.europa.eu/regional_policy/sources/work/spi2020_scorecards.pdf.

KAPITEL 13

Zusammenfassung: Technologievision 2030. Zukunftstechnologien unter den Rahmenbedingungen der zwei Leitstrategien Südtirols: der Forschungs- und Innovationsstrategie für Intelligente Spezialisierung RIS3 und der Nachhaltigkeitsstrategie

Roland Benedikter

Eurac Research Bozen, Center for Advanced Studies und UNESCO-Lehrstuhl für Interdisziplinäre Zukunftsvorwegnahme und Global-Lokale Transformation, Zukunftskreis des Deutschen Bundesministeriums für Bildung und Forschung (BMBF) für die deutsche Bundesregierung 2019–2023

Auf den vorherigen Seiten wurden von Experten, Sachverständigen und Praktikern Entwicklungen zu Zukunftstechnologien und ihren – existierenden oder entstehenden – Ökosystemen auch in Südtirol dargestellt. Das bildet eine Informations- und Orientierungs-Grundlage für eine Landes-Technologievision und für die weitere Entfaltung von Politikstrategien zur integrierten Technologieentwicklung.

Dazu bestehen in Südtirols Forschungs- und Innovationsstrategie für Intelligente Spezialisierung RIS3 bereits umfassende Ansätze. Zahlreiche Einzelaspekte sind dort bereits umgesetzt, vorgesehen oder in Entwicklung begriffen. Auch die zweite große Landes-Entwicklungsstrategie Südtirols: die 2019 beschlossene und ab 2021 aktive Nachhaltigkeitsstrategie setzt in vielen Aspekten auf Zukunftstechnologien, darunter auf erneuerbare und grüne Technologien, die – in den kommenden Jahren zunehmend – zur Verwirklichung der 17 UN-Nachhaltigkeitsziele *(Sustainable Development Goals)* beitragen können.[1]

Die Voraussetzungen für eine Technologieentwicklung auf der Höhe der Zeit sind für Südtirol also günstig. Durch die Gründung des NOI-Technologieparks in Bozen und Bruneck, der sich in kurzer Zeit zum regionalen und überregionalen

Integrationspunkt, Exzellenz- und Visionsträger entwickelt hat, hat Südtirol die geeignete institutionelle Verankerung, die mit den Landesinitiativen für Innovation und Privaten zusammenwirkt. Das Land hat damit ein fruchtbares Umfeld geschaffen, das sowohl als Anzieher wie als Verstärker und Inspirationsquelle wirkt.

Die gesellschaftspolitische Grundlage: Technologiereflexion und Ethik

Was demgegenüber noch ausbaubar ist, ist die Integration der verschiedenen Ansätze und der einzelnen, hoch spezialisierten Zukunftstechnologien sowie ihrer unterschiedlichen Ökosysteme in eine umfassende, zivilgesellschaftlich abgestimmte Landes-Technologievision auf sozialwissenschaftlicher und philosophischer Grundlage. Es ist nur eine Frage der Zeit: Die Technologiezukunft Südtirols wird diese Zusammenführung in eine Reflexionsinstanz früher oder später erfordern. Eine freie und zugleich institutionell gut eingebundene Reflexionsinstanz zur Zukunftstechnologie würde sich im Kern mit Ethik für die Öffentlichkeit befassen, weil sie soziale und individuelle Urteile vorbereitet und begleitet. Sie wäre kein Ethikrat – und auch keine Konkurrenz zu bestehenden Ethikräten und Institutionen –, sondern eine international vergleichende, vernetzende und vorausschauende Einrichtung. Sie würde am besten dort angesiedelt, wo Technik gemacht wird – als direkter Service und Informationshub für die Spezialisten. Eine solche Reflexionsinstanz könnte, neben bereits begonnenen Initiativen, ein erweiterter Ansatzpunkt für integrative Politikgestaltung sein. Erst wer die Einzelstränge der Technologieentwicklung zusammenschaut und Leerstellen auffüllt sowie vorausschauend mittels Einschätzung und Urteil ausgleicht, erwirbt sich die Möglichkeit, auch genauere Differenzierungsoptionen abzuleiten, einschließlich standortorientierte Diversifizierung. Nicht zuletzt kann vorwegnehmende kritische Reflexion für Vertrauen in der Bevölkerung zu sorgen. Sie sorgt auch für ein gesteigertes Gemeinschaftsbewusstsein. In gewisser Weise ist ein Prozess der Technologiereflexion bereits selbst angewandte Ethik, wenn er sich aktiv als solcher versteht und sich im Dialog zwischen Expert:innen und Bürger:innen umsetzt.

Die kritische EU-Selbstreflexion: „Ungenutzte Möglichkeiten"

Diese Technik-Entwicklungs-Reflexion nehmen die einzelnen Technikumsetzer und -entscheider mehrheitlich täglich vor. Sie tun das aber meist eher privat oder in internen Gruppen. Es gilt, das nun öffentlicher zu vollziehen, weil die Einbindung neuer Technologien für die Zukunft europäischer Regionen wie Südtirol laut der EU entscheidend sein wird und die Bürger:innen dabei aktiv mitreden sollen. Deshalb fordert die EU ihre Regionen aktiv dazu auf, das Thema unter sozialethischem Gesichtspunkt anzugehen – was wiederum sozialökologisches Denken erfordert. So heißt es im EU-Bericht 2021 der Europäischen Kommission und der Europäischen Investitionsbank mit dem Titel „Künstliche Intelligenz, Blockchain und die Zukunft Europas: Wie disruptive Technologien Chancen für eine grüne und digitale Wirtschaft schaffen":

> „Künstliche Intelligenz und Blockchain-Technologien haben das Potential, die Art und Weise zu revolutionieren, wie wir arbeiten, reisen, uns entspannen und unsere Gesellschaft und unser tägliches Leben organisieren. Schon jetzt verbessern sie unsere Welt: Künstliche Intelligenz hat entscheidend dazu beigetragen, die Entwicklung und Produktion von Covid-19-Impfstoffen zu beschleunigen, während Blockchain das Potential hat, uns dabei zu helfen, Treibhausgasemissionen besser zu beobachten, zu registrieren und zu melden, den kommerziellen Transport zu rationalisieren und echten Datenschutz zu verwirklichen. Die Weiterentwicklung beider Technologien: Künstliche Intelligenz und Blockchain – geleitet von ethischen und nachhaltigen Grundsätzen – eröffnet die Möglichkeit, neue Wege für unser Wachstum in Europa zu schaffen und technologische Lösungen voranzutreiben, die unsere europäischen Gesellschaften wirklich digitaler und grüner machen und letztlich den Planeten bewohnbar halten."[2]

Der EU-Bericht warnt jedoch auch, dass Europa dazu „eine Investitionslücke von bis zu 10 Milliarden Euro schließen muss, welche die Entwicklung und den Einsatz von KI- und Blockchain-Technologien in der EU behindert."[3]

Insbesondere Künstliche Intelligenz und Blockchain bieten – neben anderen Zukunftstechnologien wie Quanten- und Bio-Computer und angewandte Robotik, die im Lauf der Zeit allesamt miteinander verschmelzen könnten – nicht nur der Industrie, sondern auch den Klein- und Mittelbetrieben (KMUs) und dem Südtiroler Handwerk in den kommenden Jahren eine Vielzahl von ungenutzten

Möglichkeiten. So wies zum Beispiel Enea, das Nationale Forschungsinstitut für neue Technologien im Energiesektor Italiens, bereits im Juni 2021 darauf hin, dass es mit Hilfe der Blockchain-Technologie möglich wird,

> „eine Plattform zu schaffen, die in der Lage ist, den Verbrauch aller intelligenten Zähler zur Verwaltung von Energiegemeinschaften in Echtzeit zu erfassen. Daraus abgeleitet können wir Maßnahmen gegenüber den Nutzern ergreifen, die diese belohnen, wenn sie versuchen, ihren Verbrauch in bestimmten Zeiten gezielt zu senken. Die Messungen können die Ungleichgewichte des Netzes in Echtzeit erkennen und die Nutzer anweisen, ihre Verbrauchsgewohnheiten zu ändern. Eine dezentrale Blockchain-Zertifizierung ist darüber hinaus auch für die Einspeisung von Energie aus erneuerbaren Quellen in das Netz möglich."[4]

Neue Technologien bringen also, wenn sie partizipativ und effizient eingesetzt werden, unmittelbare Vorteile – in der Logistik des Ressourcenverbrauchs, bei Prozesskontrollen in Echtzeit, bei Autonomie und Selbststeuerung und beim Projektmanagement. All das sind für Südtirol wichtige Parameter. Allerdings orientieren sich viele EU-Regionen derzeit eher an Deutschland und Frankreich als an Italien, wenn es um Investitionen in die Technik-Zukunft geht, sieht man sich nur die nackten Zahlen an. So investierte Deutschland bereits im Zeitraum 2010–2019 1.963 Milliarden Euro in KI- und Blockchain-Technologien, Frankreich 1.269 Milliarden. Das machte zusammen 70 Prozent der EU-Gesamtinvestitionen aus. Die restlichen 30 Prozent verteilten sich auf die anderen EU-Länder, wobei Belgien (238 Milliarden), Schweden (195) und Irland (182) hervorstanden, während Österreich (87) und Italien (38) die Schlusslichter bildeten. Italiens ungenügende Investitionen in Kern-Zukunftstechnologien wirken sich mittel- und langfristig auch auf Südtirol aus. Hier sollte sich das Bild in den kommenden Jahren ausgewogener gestalten. Südtirol kann in Investitionen in die Zukunftstechnologien vorangehen – hat es doch mit dem NOI-Technologiepark und der Landesabteilung für Innovation und Forschung sowie mit Public-private-Partnerschaften in Verbindung zu vielfältigen privaten Netzwerken Exzellenzinstrumente geschaffen, die dabei sind, regionale Maßstäbe zu setzen.

12 Punkte für Südtirols Technologiezukunft

Welche Chancen bieten sich uns für den Rest des Jahrzehnts – und darüber hinaus?

Bis 2030 könnte es in Südtirol hinsichtlich Technologiezukunft, wie in anderen EU-Gebieten, im wesentlichen um *zwölf* Punkte gehen. Diese Liste ist offen und kann – und sollte – im Lauf der Zeit um weitere Punkte ergänzt werden.

1. „Vorausschauende Politikgestaltung" – Predictive policy-making

In allen Bereichen wird heute die „vorausschauende Politikgestaltung" wichtiger, im Original: das *predictive policy-making*. Damit gemeint ist „der Versuch, Prognosewerkzeuge für die Gestaltung zu bauen, die stark datengestützt sind."[5] Digitalisierung hilft der Politik, territoriale gesellschaftliche Entwicklungen sowohl in ihren lokalen und regionalen wie in ihren „glokalen" Zusammenhängen auf der Grundlage von mehr und besseren Daten zu verstehen und vorherzusehen – und damit auch, Politik effizienter zu gestalten.

Dazu kann Politik auf die sich rasch weiterentwickelnden Datenbanken der Südtiroler Wissenschaftseinrichtungen wie Eurac, Universität und anderen Institutionen, Beratungsfirmen und Initiativen zurückgreifen. Genauere landesspezifische Transferformate in konkrete Politikvorausschau wären noch eigens zu entwickeln. Sie könnten sich verstärkt auf Künstliche Intelligenz und elektronische Integration und Vermittlung stützen. Beispiele wie das des Berliner Professors Stephan Breidenbach zeigen, dass inzwischen Gesetzes-Erarbeitungsprozesse und gesetzeswirksame Textentwürfe mittels Künstlicher Intelligenz eine ganze Bandbreite an wissenschaftlichen Daten für die Vorausschau und Zukunftsfähigkeit von gesellschaftlichen Regelungen einbeziehen können. Gesetze, seien es geltende oder in Ausarbeitung begriffene, können mit Umfelddaten des Bezugsbereichs in Realzeit in Verbindung gesetzt und damit während und nach ihrer Ausarbeitung präzisiert werden. Dies vor allem dann, wenn dazu eigene, auf das Umfeld zugeschnittene Instrumente der Vorausschau installiert werden. Und wenn diese in Echtzeit zum Beispiel für alle Parlamentarier entweder mittels Computer oder Handy-Application zugänglich und mittels Chatbot-ähnlichen Funktionen auf Praxisfragen anwendbar sind, wird KI zum unmittelbaren politischen Hilfsmittel – weil politische Lösungsfragen laufend mit den bestehenden Datenproduktionen in Südtirol integriert werden. Breidenbach, einer von heute mehreren Pionieren von *Legal Tech* im gesellschaftspolitischen Bereich, hat die Plattform „Logos" entwickelt.[6] Sie bietet die Vollautomatisierung legaler Prozesse ohne Code und mittels KI-gestützter Visualisierungsprozesse an. Der Einsatz von KI im juridischen und, darüber hinaus, gesetzgeberischen Bereich verspricht einerseits effizientere und besser informierte Politik, andererseits Möglichkeiten einer breiteren Zusammenarbeit zwischen Zivilgesellschaft und Politik bei der Erarbeitung von Vorschlägen für die dynamische Umfeld-Generierung und Umfeld-Anpassung von Gesetzesvorschlägen durch KI. Letzteres kann zum Beispiel durch „Hackathons" geschehen – also durch gemeinsame offene Lösungsfindungstreffen zu bestimmten Problemen im Internet. Wichtige Institutionen praktizieren das zum Beispiel bereits heute beispielhaft betreffs Steuerrecht, so das Zentrum für die Digitalisierung des Steuerrechts der LMU München.[7] Laut Breidenbach ist

> „Legal Tech die digitale Zukunft der juristischen Arbeit. Sie birgt die Chance, das Recht für jedermann zugänglich zu machen, aber auch Algorithmen werden Laien teilweise ersetzen. Das Potential dieses Wandels …: ‚Zugang zum Recht für alle und mehr Ausgewogenheit auf dem juristischen Schlachtfeld'."[8]

2. Ausbau angewandter Instrumente inter- und trans-disziplinärer Risiko-Antizipation

Als weiterer Aspekt vorausschauender Politikgestaltung könnten insbesondere die Ansätze der Risiko-Antizipation zu neuen Technologien ausgebaut werden. Das hängt indirekt auch mit der Aufrechterhaltung einer positiven öffentlichen Wahrnehmung auf die Technologie-Entwicklung zusammen. Wie zum Beispiel die Fraunhofer Gesellschaft ausführt, bestehen tatsächlich

> „die größten Risiken [neuer] Technologien in einem möglichen Kontrollverlust über die Abläufe und Ergebnisse. Die langfristige Robustheit der Prozesse [in einem Territorium] droht dabei verloren zu gehen. Eine mangelnde Standardisierung – zu früh, zu spät oder zu stark – stellt ein Risiko für die Prozessstabilität technischer Lösungen und das vorhandene Innovationspotential dar … Ein möglicher Mangel an Beherrschbarkeit und der damit verbundene Kontrollverlust sind die größten populären Ängste etwa in Bezug auf die Künstliche Intelligenz und, damit verbunden, hinsichtlich autonomen technologischen Systemen im Allgemeinen. Die gesellschaftliche Akzeptanz hängt nicht zuletzt vom Schutz der persönlichen Daten und der Transparenz der Prozesse ab …"

Zur Bearbeitung von Risken auch auf sozialpsychologischem Gebiet ist die Aufrechterhaltung gemeinsamer Kommunikationsstandards von besonderer Bedeutung – vor allem in Zeiten der (vorher erwähnten) technologischen Dezentralisierung:

> „Als weiteres Risiko im Zusammenhang mit dezentral autonomen Systemen in der ... Wertschöpfung wird der Mangel an gemeinsamen Kommunikationsstandards gesehen, der die effektive Zusammenarbeit der Systeme verhindert. Dies betrifft auch die Kommunikation und die interdisziplinäre Zusammenarbeit ... Als Werkzeug zur Kontrolle ist hier die Standardisierung und Regulierung anzuführen. Allgemeingültige Kommunikationsstandards in Bezug auf dezentrale, autonome und selbstoptimierende Systeme müssen als verlässliche Entwicklungsbasis definiert werden."[9]

Damit sind wesentliche Herausforderungen hinsichtlich Technologieregulierung für die Südtiroler Politik definiert.

3. Gesamtgesellschaftlicher Dialog

Für das Südtirol der kommenden Jahre ist zur Gestaltung neuer Technologien, so wie für andere Territorien, ein „gesamtgesellschaftlicher Dialog sinnvoll: Transparenz, Informationszugang und offene Diskussionen sollten die Transformation begleiten."[10] Siegfried Russwurm von der Universität Erlangen-Nürnberg schlug bereits 2019 vor, was für kleinere, überschaubare Territorien wie Südtirol vielleicht sogar erfolgreicher, effizienter und flächendeckender als für größere Gebiete gelten kann:

> „Es [sollte] eine öffentliche Debatte geben, um zu bestimmen, in welche Richtung wir uns als Gesellschaft entwickeln wollen. Welche Autonomiegrade sollen Maschinen haben? Wieviel Kontrolle soll der Mensch behalten? Diese Debatte sollte entscheidend gemeinsam von Technikwissenschaftlern, die ethische Aspekte mit einbringen, und von Sozialwissenschaftlern, die sich um technisches Verständnis bemühen, geprägt werden."[11]

Doch ebenso wichtig wie „Technikwissenschaftler" und „Sozialwissenschaftler" ist die lokale Politik. Auch sie ist eine entscheidende Prägekraft für eine ausgewogene Technologiestrategie. Sie kann dazu, wie auch die anderen Gesprächsteilnehmer, ihre Digitalkompetenz auf so vielen Feldern wie möglich ausbauen.

Im Rahmen des dann möglichen gesamtgesellschaftlichen Dialogs sollten Diskussionen ausgewogen zwischen Zentren und Peripherien geführt werden. Das kann dazu beitragen, Stereotype und eingefahrene Klischees von Lebensformen und Selbstkonzeptionen in einer rasch veränderlichen Welt zu hinterfragen und möglicherweise auch zu berichtigen – vor allem dort, wo sie mehr Schein als Sein bleiben.[12]

Ein zweites wichtiges Element im gesamtgesellschaftlichen Dialog ist die Vertiefung der Diskussion darüber, was Grundlage der Nachhaltigkeit ist – nämlich die Natur selbst. Dazu ist die Frage sinnvoll, „um welche Natur es uns eigentlich geht"[13]? Dabei können gemeinsame begriffliche Grundlagen für die Landesentwicklung geschärft werden, die bislang manchmal offen oder zwischen den Teilnehmern unbestimmt bleiben. Darunter ist der Natur-Begriff selbst, zu dem ein minimaler gemeinsamer Konsens gebildet werden sollte – gerade dann, wenn über mögliche „Rechte der Natur" in der Zukunft gesprochen wird. Mit der Debatte um den Natur-Begriff und gegebenenfalls damit zusammenhängende Rechte, die dann auch mittels neuen Technologien (Sensorik, automatisierte Drohnen, KI) überwacht werden, kann die Nachhaltigkeitsstrategie Südtirols gestärkt werden.

4. Koordination mit den Leitstrategien des Landes

Technologiezukunft kann und sollte, in dieser Stoßrichtung, nicht nur in den großen Linien, sondern auch im Detail mit Südtirols zwei großen zukunftsweisenden Leitstrategien:

- der Nachhaltigkeitsstrategie[14], und
- der RIS3-Strategie[15] – der Forschungs- und Innovations-Strategie für Intelligente Spezialisierung im Rahmen der Wechselseitigkeitsorientierung zwischen den EU-Regionen –

koordiniert werden. Technologiezukunft kann – wie bisher – in beide sowohl als Einzel-Bestandteil einfließen wie auch in Abstimmung mit ihnen produktive systemische Wechselbeziehungen hervorbringen. Technologie, intelligente regionale Spezialisierung und Nachhaltigkeit können sich in der Ausrichtung sowohl im Ganzen wie im Detail gegenseitig verstärken und zu gemeinsamem Fortschritt inspirieren. Das hat die Südtiroler Politik seit längerem erkannt – und die entsprechenden Weichen in den Entwicklungsstrategien gestellt.

Die *Nachhaltigkeitsstrategie* ist das inter- und trans-disziplinäre Dachprojekt für die Landesentwicklung.[16] Es schließt sich an die Nachhaltigkeitsziele der Vereinten Nationen an, insbesondere die 17 Nachhaltigkeitsziele oder *Sustainable*

Development Goals (SDGs) aus dem Jahr 2015. Aufbauend auf der formalen Einsetzung der Nachhaltigkeits-Vision als Südtiroler Gesamtstrategie per Beschluss der Landesregierung vom März 2019 wurde das offizielle Strategiepapier dazu im Juli 2021 veröffentlicht.[17] Technologie spielt hauptsächlich in den Bereichen „Nachhaltige Städte und Siedlungen" sowie „Hochwertige Dienste" eine Rolle. Unter den „ausgewählten Vorhaben" für 2020–2023 sind hinsichtlich Technologie als Nachhaltigkeitsfaktor die Bereiche *Smart Working* und „experimentelle Wasserstofftechnik" besonders hervorzuheben.[18] Dazu wurde als Wissenschaftsbaustein auch die „Allianz der Forschung und Lehre für Nachhaltigkeit in Südtirol" [19] unter dem Motto „Raus aus den Silos!" gegründet.

Als weiterer Baustein wurde im Oktober 2021 – hier mit noch stärkerem und artikulierterem Technologie-Anteil – Südtirols *RIS3-Strategie*, mit vollem Namen: *RIS3 Research and Innovation Smart Specialization Strategy*[20] vorgestellt: „Innovation und Forschung Südtirol 2030." In ihr geht es um „intelligente Spezialisierung für wirksame Innovationspolitik".[21] Im Vorfeld dazu hieß es programmatisch erläuternd:

> „Eines der Schwerpunktthemen der Südtiroler Zukunftsstrategie ist die Weiterentwicklung der intelligenten Spezialisierung. Die sogenannte ‚Research and Innovation Smart Specialisation Strategy' (RIS3) ist Teil der mehrjährigen Innovations- und Forschungsstrategie des Landes Südtirol. Sie zielt darauf ab, in Zusammenarbeit aller Ebenen und insbesondere der ortsansässigen Wirtschaft sowie auf der Grundlage von Alleinstellungsmerkmalen und einzigartigen Vermögenswerten exzellenzorientierte Zukunftsvisionen zu entwickeln. Um fit zu sein für die nächste europäische Programmperiode 2021-27 der EU will das Land [Südtirol] die lokalen Forschungs- und Innovationssysteme in strategischen Sektoren stärken, den Wissenstransferaustausch zwischen Forschungseinrichtungen und Wirtschaft fördern und die Vorteile von Innovation möglichst der gesamten regionalen Wirtschaft zugute kommen lassen. Diese Ausgestaltung einer intelligenten Spezialisierung in Südtirol wird von der EU gefördert."[22]

In mehr als einem Jahr breit gefächerter Diskussionen, Workshops und Veranstaltungen wurden für die RIS3-Strategie des Landes 2021 folgende Technik-Themen mit konkreten Vorschlägen für Vertiefung vorangetragen: Automation, Smart Processing, Agri-Food-Nutrition, Medizinische Forschung, Lebensqualität, Berg-Mensch-Technik, Intelligente Energiesysteme, Energieeffizientes und nachhaltiges Bauen, Kreislaufwirtschaft, Intelligente Stadt und Intelligente

Peripherie. Eurac Research im Bozen hat 10 Diskussionsthemen dazu ausgearbeitet – mit den Schwerpunkten: Lebensqualität, Medizin, Energie, Gebäude. Künstliche Intelligenz und Nanotechnologie spielen seit 2021 in mehreren Programmpunkten der RIS3-Strategie eine zentrale Rolle. Blockchain dagegen ist erst in den Anfangsstadien. Das Prinzip, mittels Blockchain ein sicheres, von der Zivilgesellschaft handhabbares dezentrales „Logbuch" zu kreieren, das „horizontale" Legitimation, Verifizierung und Sicherheit von Daten gewährleisten kann, kann sich in den kommenden Jahren auch im Rahmen von RIS3 als Fortschritt erweisen – so für Verwaltung und Politik und im Hinblick auf soziale Kohärenz und dezentrale Bürgeremanzipation.

Aufbauend auf diese Grundlagen in der RIS3-Strategie war von besonderer, ja wegweisender Bedeutung und ein Meilenstein der Zusammenführung bestehender Landesstrategien auf dem Gebiet der Zukunftstechnologien die Entwicklung einer technologischen Innovations-Spezialisierungsstrategie durch den NOI-Technologiepark in Zusammenarbeit mit der Südtiroler Landesregierung. Diese Spezialisierungsstrategie wurde im März 2023 vorgestellt.[23] In den Kernpunkten beinhaltet sie

> „zwölf Spezialisierungsbereiche, in denen Südtirol bereits heute erfolgreich ist und Forschungskompetenz aufweist … In einem partizipativen Prozess mit Unternehmen, Forschungsinstituten und Stakeholdern hat der NOI-Technologiepark eine sogenannte Spezialisierungsstrategie entwickelt. Diese definiert innerhalb der vier Technologiefelder 1. *Green*, 2. *Food and Health*, 3. *Digital* und 4. *Automotive/Automation* jeweils drei Spezialisierungsbereiche, auf welche die Akteure im NOI-Technologiepark zukünftig setzen werden …: durch Förderungen, gezielte Forschungs- und Entwicklungsprojekte und spezialisierte Beratung … Im Technologiefeld 1. *Green* konzentriert sich NOI zukünftig vorrangig auf Energiesysteme, nachhaltige Gebäude und Stadtviertel sowie auf Wassertechnologien. Bei 2. *Food and Health* sind die treibenden Themen Rohstoffe und Nebenprodukte, optimale Verarbeitung und Fermentation sowie *Omics* [verschiedene biologische Molekülwissenschaften] und *Precision Health* [Präzisionsmedizin, wo mittels Technologie die individuelle Zuschneidung von Behandlungen verbessert wird]. Ernährung und Gesundheit sind zwei Bereiche, die stark miteinander verwoben sind und im NOI, auch mit der Ansiedelung des Instituts für Biomedizin von Eurac Research und der Abteilung Innovation, Forschung und Lehre des Sanitätsbetriebs vermehrt gemeinsam gedacht und vorangetrieben

> werden sollen. Das Technologiefeld 3. *Digital* hat als tragende Säulen die Themen Internet der Dinge (IoT), Open Data Hub [Offene-Daten-Plattform] und Künstliche Intelligenz (AI). Die Spezialisierungsbereiche im Feld 4. *Automotive/Automation* sind Automotive und Mobilität, Manufacturing und Agri-Automation [Automation im Landwirtschaftsbereich]."[24]

Wie NOI-Direktor Ulrich Stofner bei der Vorstellung der Spezialisierungsstrategie erklärte, war es

> „Ziel, präziser zu benennen, was mit grüner oder digitaler Technologie, Lebensmitteltechnologie oder Automation gemeint ist ... Aktiv in den Prozess der Ausarbeitung der Spezialisierungsstrategie involviert waren eine breite Anzahl lokaler Unternehmen und Start-ups, der Unternehmerverband, lvh.apa, hds, der Südtiroler Bauernbund, Rete Economia und CNA. Daneben die Freie Universität Bozen, Eurac Research, das Versuchszentrum Laimburg und Fraunhofer Italia, ebenso wie die Agentur KlimaHaus, die STA [Südtiroler Transportstrukturen AG] und andere wichtige Institutionen und Partner. Gemeinsam wird in den kommenden Jahren der Forschungs- und Entwicklungsschwerpunkt auf die zwölf definierten Spezialisierungsbereiche gelegt werden, um in diesen international relevant und wettbewerbsfähig zu bleiben."[25]

Es besteht kein Zweifel daran, dass mit dieser Spezialisierungsstrategie von 2023 die Grundlagen für eine produktive und gezielte Landesentwicklung im Technologiebereich gelegt wurden. Die partizipative Prozessgestaltung war ebenfalls ein wichtiges Signal und ein richtiger Schritt in Richtung Technologieentwicklungs-Demokratie, wenn auch der Bürgerdialog im weiteren Sinne noch aussteht. Die Herausforderung, in diesem Kernbereich eine erweiterte Vision und ein generatives, verzweigungsfähiges Umfeld zu schaffen, bleibt bestehen und eine Daueraufgabe, die in der Spezialisierungsstrategie eine brauchbare und konkrete Achse aufweist.

5. Stärkung des Schnittpunkts Zukunftstechnologie-Nachhaltigkeit: Künstliche Intelligenz für den Planeten

Vor diesem Hintergrund bleibt der Zukunftsprozess im Technologiebereich in Südtirol hervorragend ausbaubar und, angesichts der besonders hohen Dynamik und „Unterbrechernatur" (Disruptivität) des Bereichs, wo jederzeit viel geschehen kann und sich Dinge überaus schnell weiterentwickeln, seiner Natur nach auch ständig erweiter- und veränderbar. Strategien im Technologiebereich können heute nur mehr mittelfristig angelegt werden, weil sie langfristige Feld- und Umfeldveränderungen sowie interne Technologiedynamiken nur bis zu einem gewissen Grad voraussehen können. Deshalb ist und bleibt *langfristige* Internationalisierung auch bei Regionalstrategien von ausschlaggebender Bedeutung. *Selektive* Internationalisierung ist wesentlich und wird von Firmen und Privaten selbst hervorragend betrieben. *Ganzheitliche* Internationalisierung sollte durch Landesträger sowie durch Wissenschaftseinrichtungen erfolgen, die eine gewisse koordinierende Rolle und ein institutionelles Mandat dafür haben. Das gilt in hervorragender Weise auch für den Technologiebereich.

Dazu bieten sich Südtirol in den kommenden Jahren viele Möglichkeiten. Unter den konkreten Beispielen sind zum Beispiel die Ansätze der Weltbildungs-, -wissenschafts- und kulturorganisation UNESCO, neue Technologien wie Künstliche Intelligenz für die Bewältigung der Klimakrise zu nutzen. Sie sind unter den Initiativen, die denen von Südtirols Technik-Zukunftsprozess ihrem ganzen Ansatz nach: der Verbindung von Nachhaltigkeitsstrategien mit Technologiespezialisierungen nahestehen. Südtirol kann hier einerseits beitragen, andererseits profitieren, und sollte sich deshalb damit aktiv verbinden.

Die wichtigste globale Umwelt-Technik-Intiative ist die 2022 lancierte globale UNESCO- und UNDP-Initiative „Künstliche Intelligenz für den Planeten" *(AI for the Planet)*.[26] Sie nimmt seit ihrer offiziellen Vorstellung im Mai 2022 international Fahrt auf.[27] Die dahinterstehende Allianz – an der neben privaten Firmen auch Zukunftstechnologie-Aktionsplattformen wie die *Coalition for Digital Environmental Sustainability (CODES)*[28], *Climate Change AI (CCAI)*[29] und die *Global Partnership on AI (GPAI)*[30] beteiligt sind, versucht, Künstliche Intelligenz sowohl für die Überwachung der Echtzeitentwicklung des Gesamtsystems Erde wie für die Messbarmachung von Detailemissionen und Zuweisungsprozessen von Umweltverantwortung bereitzustellen. An der „AI for the Planet"-Allianz wirkten zwei Jahre nach dem offiziellen Beginn dutzende Partner mit.[31] Der erste Report: „Wie Künstliche Intelligenz ein starkes Instrument gegen den Klimawandel sein kann" wurde im Juli 2022 veröffentlicht.[32] Die daran teilnehmende *Global Partnership on AI (GPAI)* ist ein Verbund von 28 Nationen und der Europäischen Union, an der sich auch Italien beteiligt. Die *GPAI* hat ihren Hauptsitz bei der OECD in Paris. „AI for the Planet" passt sehr gut zu Südtirols Kombination von Zukunftstechnologien und Nachhaltigkeit. Deshalb ist eine Zusammenarbeit empfehlenswert.

6. Teilhabe an Signalprojekten wie „Zweite Erde" und „Neuer Planet" mittels Technologie-Schwerpunktbeteiligungen

Von der künftig sowohl politik- und regierungsseitigen wie wissenschaftlich-verwaltungstechnischen und diplomatischen Beteiligung an diesen und ähnlichen neuen Programmen am Überschneidungspunkt zwischen Zukunftstechnologie, Nachhaltigkeit und Resilienz könnte Südtirol mittel- bis langfristig profitieren. Ein „Nachhaltigkeits-Planet" sieht im digitalen Zeitalter anders aus als vorher, wozu es mittlerweile genaue Beschreibungen gibt – sowohl zum wünschenswerten Zustand wie zum technologisch unterstützten Weg dahin.[33]

Insbesondere eine auf das Land zugeschnittene Beteiligung am Projekt „Zweite Erde"[34] könnte Sinn ergeben. Das internationale Projekt „Zweite Erde" *(Earth 2)* besteht darin, mittels Künstlicher Intelligenz, die mit den leistungsstärksten Supercomputern und neuen Verbindungsnetzen in weltweiten Verbünden arbeitet, einen „digitalen Zwilling" der Erde im Sinne einer ganzheitlichen Simulation in Echtzeit und Realverhältnissen zu erzeugen. Der digitale Zwilling soll möglichst realistisch mittels holographischer Projektion oder jedenfalls sinnlich anschaubar eine zweite, künstliche Erde abbilden und in ihrer Realzeitentwicklung darstellen.[35] Das Besondere ist, dass hier das dynamische Ganze in konkreter Weise ablesbar und nachverfolgbar wird. Ziel ist dessen Bereitstellung für „Umweltdienste" verschiedenster Art.[36] Eine entsprechend publikumsgerechte Aufbereitung könnte für den NOI-Technologiepark nicht zuletzt auch eine besondere Attraktion darstellen, die tausende Besucher anzieht.

Sowohl im Hinblick auf einen „neuen Planeten" der Nachhaltigkeit wie in Richtung einer „zweiten Erde", die konkret und in Echtzeit als riesiges, sich veränderndes Hologramm besichtigbar sein soll, kann die Zusammenarbeit mit internationalen Organisationen zu zweierlei beitragen: einerseits zu Innovationsschüben in der Anpassung von Spitzentechnologie, andererseits zu Fortschritten in der Resilienz-Agenda, die zur Unterstützung der Nachhaltigkeit immer wichtiger wird. Auch in der Schwerpunktbeteiligung an internationalen Technologie-Programmen zum Planeten wäre die praxisnahe Integration von Nachhaltigkeit und Resilienz möglich, die alle Länder in den kommenden Jahren benötigen.[37] Für die Zusammenarbeit mit globalen Institutionen wie UNESCO, Vereinte Nationen und OECD kann unter anderem der UNESCO-Lehrstuhl am Center for Advanced Studies von Eurac Research, der seit Juli 2022 besteht, als Mittler, Drehscheibe und „Facilitator" dienen[38] – auch in Zusammenarbeit mit der UNESCO-Kreativstadt Bozen.[39]

7. Fähigkeitenstärkung:
Futures Literacy (FL) und allgemeines Zukunftsbildungs-Konzept

Auf diesen Grundlagen aufbauend – und sie soweit als möglich integrierend – kann für Südtirols Politikgestalter Schritt für Schritt ein Zukunftsbildungs-Gesamtkonzept sinnvoll werden. In seinem Zentrum könnte als verbindender und moderierender Knoten-, Vernetzungs- und Katalysatoren-Ansatz UNESCO-*Zukünftebildung (Futures Literacy*[40]*)* stehen. Zukünftebildung ist in Südtirol am UNESCO-Lehrstuhl von Eurac Research in Bozen am Center for Advanced Studies angesiedelt.[41]

Futures Literacy heißt „Alphabetisierung in Zukünften". Damit ist eine praktische Fähigkeit zur Ausbildung von Zukunftskompetenz und des selbstreflexiven Umgangs mit Zukünften gemeint. Futures Literacy wurde von der Weltbildungs- und -wissenschaftsorganisation der Vereinten Nationen, der UNESCO, über mittlerweile zwei Jahrzehnte entwickelt.[42] Der Ansatz gilt heute als ein vielversprechendes Modell, international und doch auf ein bestimmtes Umfeld fokussiert über Zukunft nachzudenken, sich in Zukunft auszubilden und mit Zukunft umzugehen. Oder wie es Riel Miller, der Vater der modernen Zukünftebildung, nennt: „Zukunft für die Gegenwart zu gebrauchen."[43] *Futures Literacy* kann als Verbindungsstelle und Diskussionsplattform verschiedener Technologien dienen. Sie ist ein Ansatz, Bildung und Ausbildung im Sinn der Antizipation entstehender techno-sozialer Optionen als gesamtgesellschaftlichen Ansatz für eine nachhaltige Zukunft zu etablieren – so auch mit besonderem Fokus im Zukunftstechnologiebereich.[44]

Eine solche Zukünftebildung kommt bislang in der RIS3-Strategie Südtirols kaum als eigenes Thema bzw. Programmschwerpunkt vor. Doch die Politik könnte ihre Technologie-Antizipation mittels Futures Literacy weiterentwickeln: Zukunftskompetenz und Zukunftsreflexion nach der UNESCO-Methode könnten ein Bestandteil der Ausrichtung werden. Unter anderem haben bereits Länder wie Finnland, Irland, die Vereinigten Arabischen Emirate, Kolumbien und die französische Region Nevers Zukunftskomitees auf der Grundlage von Futures Literacy eingesetzt.[45] Chile hat sogar die Absicht bekundet, entsprechende Ansätze in seine neue Verfassung aufzunehmen. Südtirol könnte hier geeignete Weisen der Zusammenarbeit erwägen. Ein Zukunftsbildungsansatz könnte auch im NOI-Technologiepark sinnvoll Fuß fassen.

8. Methodenstärkung: Anticipatory Innovation Governance (AIG)

Eine zeitgenössische, praktische Gestaltungsausformung von Zukunftskompetenz spezifisch für die Regierungsebene ist seit 2020 „Vorwegnehmende Innovationsregierung" oder „Vorwegnehmenden Innovationsgestaltung", im Original: *Anticipatory Innovation Governance*, kurz *AIG*.[46] *AIG* gilt heute als einer unter mehreren international inspirierenden Regierungsansätzen, um vorausschauend, vorwegnehmend und möglichst ganzheitlich Innovationspolitik zu betreiben. An diesem Ansatz arbeiten die 38 wirtschaftlich und technologisch entwickeltsten Länder der Erde, die Mitgliedsstaaten der OECD, samt ihrer anwendungsorientierten Unterorganisation OPSI *(Observatory of Public Sector Innovation)* zusammen. Sie entwickeln den Ansatz ständig weiter und tauschen dabei Erfahrungen und beste Praktiken aus.[47] Führend in der Anwendung der „Antizipations-Innovationsgestaltung" sind inzwischen die skandinavischen Länder Finnland und Schweden. Sie haben dazu eigene Aktionsgruppen in ihren Regierungen und Parlamenten eingesetzt – sowohl national wie regional.[48]

Südtirol kann sich hier auch mit innovationsstarken deutschen Bundesländern wie Baden-Württemberg zusammentun. Das Land hat 2022 landes-, sektoren- und disziplinen-umfassende Technologie-Innovationsprogramme gestartet. Im Süden haben Südtiroler Wissenschaftler in jüngsten Jahren zum Beispiel mit akademisch verankerten Exzellenz-Innovationstrusts wie Sapienza Innovazione (SI) zusammengearbeitet, die sich auf Industrie-Zukunftstechnologien spezialisierten. SI ist eine anwendungsorientierte Kooperation der Universität Rom I mit dem zentralitalienischen Industriepool.[49]

Mit beiden Polen im Norden und Süden kann das Land Südtirol auch weiterhin gemeinsam an übergreifenden Technologie-Entwicklungsprogrammen nach dem OECD-System-Ansatz der Anticipatory Innovation Governance (AIG) zusammenarbeiten. Die dabei im Zentrum stehende ganzheitliche und interdisziplinäre Flächen-Innovation kann auch zu regionalen Anregungen führen. Die permanente Adaption von Regulierungen an lokale Anforderungen gehört im AIG-Ansatz zum Standard von Nachhaltigkeit, weil Nachhaltigkeit und Adaption – also Anpassung an sich verändernde Umstände als Daueraufgabe von Flexibilität, situativer Achtsamkeit und umfeldspezifischer Intelligenz – in der neuen Technozivilisation Hand in Hand gehen und aufeinander angewiesen sind.

9. Kompetenzakquisition im Rechtsbereich: Beispiel neues Feld Datengerechtigkeit

Zu einer ganzheitlichen Technologie-Zukunftsvision für das Land gehört auch die Vorbereitung auf die Anpassung der in den kommenden Jahren voraussichtlich immer umfassenderen und genaueren KI-Regulierungen[50] an Südtirols Autonomie im Rahmen der bestehenden Gestaltungsmöglichkeiten. Dazu kommt, dass KI auch selbst zum Faktor und Akteur in der Gesetzgebung werden wird. Im Automatisierungsbereich ist eine der wichtigsten Neuerungen die „KI-fizierung" der Gesetzgebung, einschließlich Regelungen und Normen des Alltags im weitesten Sinne. Es handelt sich um „AI-Legislation", aber im Vorfeld der Entscheidung. Das betrifft nicht nur die Durchführung, sondern vor allem auch die Herstellung, textliche Beschreibung und Ausarbeitung der Normen in Reaktion auf Sozialverhältnisse. Drittens wird KI dazu genutzt werden, überflüssige oder doppelte Gesetze zu identifizieren, aneinander anzupassen, zu korrigieren oder zu beseitigen.

Diese Gesamt-Entwicklung im juridisch-gesetzgeberischen Bereich hat nicht nur staatstragende, sondern auch zivilgesellschaftlich-emanzipative und ethische Implikationen. Führend im deutschen Sprachbereich dazu ist, wie erwähnt, u. a. Prof. Dr. Stephan Breidenbach von der Humboldt und Viadrina Universität, der den Bereich „Legal Tech" in Europa in zivilgesellschaftlich-partizipativer Stoßrichtung mitbegründet hat.

Die Kompetenzanforderungen im Rechtsbereich reichen künftig in viele Detailbereiche hinein. Nur ein Beispiel unter vielen kommt bereits heute aus Spanien:

> „Das [spanische] Kulturministerium hat [im Februar 2024] neue Richtlinien herausgegeben, um zu verhindern, dass künstlerische und kreative Werke, die ausschließlich durch generative KI geschaffen wurden, öffentliche Auszeichnungen erhalten"[51].

Das dürfte nur der Anfang einer Palette von Regelungen sein, die viele Aspekte auch des – für Südtirol besonders wichtigen – Kulturbereichs betreffen.

Eine weitere Dimension, die auch für Südtirol im Rechtsbereich relevant wird, ist das neue Gebiet der „Datengerechtigkeit", im Original *Data Justice* oder *Data Justice for Development* genannt. Die britische UK Development Studies Association schreibt dazu:

„Daten spielen eine immer wichtigere Rolle bei der Gestaltung der Entwicklung. [Wir müssen] Fragen der Datengerechtigkeit in der Entwicklung erforschen, einschließlich Fällen, in denen Daten zu sozialer (Un-)Gerechtigkeit geführt haben, sowie praktische Strategien, mit denen Daten zu einer sozial gerechten Entwicklung beitragen können."[52]

Dazu bilden sich in immer mehr Ländern nationale und regionale Studiengruppen, die sich, so wie in Großbritannien, als *Digital Technologies, Data and Development study groups*[53] organisieren. Das wäre auch in Südtirol sinnvoll. Denn „Datengerechtigkeit" und „Digitale Souveränität"[54] hängen zusammen, weil sie sich beide auf soziale und politische Referenzsysteme beziehen. Beide: Datengerechtigkeit und Digitale Souveränität sind deshalb nicht nur die Angelegenheit übergeordneter Instanzen, sondern auch für EU-Regionen von Belang. Sie sind für die Zukunft der Südtiroler Autonomie im Besonderen wichtig, weil ein Großteil der Realität der Autonomie in Zukunft mit von Daten abhängen wird.

Das alles schließt die regionale und lokale Nischen-Rechtskompetenzbildung durch interessierte Gruppen in weiteren, vielleicht sogar eher exotischen Bereichen nicht aus. Dazu könnte, für die kommenden Jahre besonders fruchtbar in allen Technologie- und Wirtschafts-Bereichen, zum Beispiel das Weltraumwirtschaftsrecht gehören. Weil Südtirol Unternehmen auf seinem Gebiet hat, die als Zulieferer dienen, ist das keine völlig aus dem Nichts hergeholte Idee. Die Frage, wie das Recht der künftigen Weltraumökonomie zu überschauen, in seinen weit verzweigten Perspektiven einzuschätzen und vielleicht sogar in Teilaspekten mitzugestalten ist, stellt sich im Sinn eines transversalen Innovationstreibers. Vor dem Hintergrund, dass auch in der Europäischen Union dezentrale Kompetenzbildungen nicht nur erwünscht, sondern auch möglich sind, sollten Südtiroler Gruppen ermutigt werden, sich mit solchen Zukunfts-Clustern auseinanderzusetzen. Wenn Luxemburg bereits im September 2018 eine kommerziell ausgerichtete Raumfahrtbehörde gegründet hat[55] und „ein kleiner Teil Luxemburgs in Zukunft im Weltraum sein wird"[56], dann ist es nicht gänzlich absurd, Ähnliches auch für das einwohnermässig ähnlich große Südtirol anzudenken. Am vielversprechendsten ist hier wohl – wie etwa in Baden-Württemberg, wo Raumfahrt bereits seit Anfang der 2020er Jahre zum strategischen Zukunftsthema erhoben wurde[57] – die Kombination von Rechtsanwälten, Juristen, Wissenschaftsexperten, Internationalisierungs-Know-how, lokal in irgendeiner Weise anschlussfähigen Interessen und begeisterten Bürgern, vor allem der Jugend. Auch wenn das vielleicht nur eine Randerscheinung bleiben wird – Ergebnisse werden kommen.

10. Ausbau der Start-up-Finanzierung

Ein unternehmerisch sinnvoll strukturförderndes Element könnte der Ausbau halböffentlicher Technologieförderung mittels public-private und Genossenschafts-Finanzierungen für den frühen Entwicklungsbereich (start-ups) sein. In Zentraleuropa tragen nicht wie in den USA Hedgefonds oder Risikoinvestmentgruppen das – in der Technologiebranche üblicherweise eher hohe – Risiko, und die Banken wirken hier aufgrund ihrer hiesigen Struktur zu Recht eher vorsichtig bis zurückhaltend mit. Das gilt es auszugleichen – wozu die Voraussetzungen gut sind und Aktivitäten vorbildlich erfolgen.

11. Talente-Akquisition und Ansiedlung von Nischen-Bereichen

Zur Technologiezukunft Südtirol 2030 gehört schließlich, aber sicher nicht an letzter Stelle, die Talente-Akquisition sowie die Ansiedlung und Vernetzung technologischer Nischen-Innovationsbereiche. Ein Fokuspool auf Avantgarde-Nischen für die Technologie-Akquisition könnte hier eine interessante Rolle spielen. Die Idee könnte sein, mittels Fokus auf Nischen Mehrwert zu generieren und hoch qualifizierte Talente anzuziehen oder zu halten, um einen „jungen" Industriepool zu kreieren.

Dazu möglich wären unter anderem:

- internationale Anwerbe- und Ansiedlungskampagnen;
- universitäre Lehr- und Ausbildungsschwerpunkte in Nischen des High-Tech-Bereichs;
- Nischen-Schwerpunktbildungen in Forschungseinrichtungen und Universität;
- Aufwertung privater Initiativen wie der Brixner Akademie für Künstliche Intelligenz zu Fachhochschulen, gegebenenfalls in Kooperation mit europäischen Partnern.

12. Dezentrale Technologie-Räte

Im Idealfall könnten diese Ideen eingebettet werden in eine aktiv techno-integrative Territorialverwaltung. Technologie ist tatsächlich längst zu einem der wichtigsten „kontextpolitischen" Faktoren von Zukunftsentwicklungen geworden – sie funktioniert also oftmals als eine „andere“ Politik diesseits der institutionalisierten Politik.[58] Unter den möglichen Vorteilen dieser Verwendung im Sinn von Anwendungsgewinnen könnten sein:

- erhöhte Raumproduktivität (*spatial productivity*);
- Bürgernähe, dezentralisiertes Verwalten und „entlastetes Regieren“;
- inter- und transdisziplinäre Vorwegnahmesysteme;
- Berücksichtigung der Jugend, unter anderem mittels Verbindung mit „Imaginations-Politiken“[59] [60];
- Stärkung der „Präzisionspolitik“ durch Umsetzung von „vorhersehendem“ und „glokalem“ Regieren (*glocal governance*).

Als Bestandteil des Selbstverständnisses einer techno-integrativen Territorialverwaltung wäre zu guter Letzt die Einführung dezentraler Zukunfts- und Technologieräte auf allen Ebenen, wo es möglich ist, zu empfehlen. Das könnten Bezirksgemeinschaften, die Südtiroler Städtegemeinschaft, aber auch einzelne Gemeinden sein. Vor allem auch Firmen könnten davon profitieren. Es geht dabei darum, dezentral und weitgehend autonom innerhalb der Organisation einen oder mehrere Verantwortliche für Zukunfts- und Technologiefragen zu benennen, der sich dann auf eigenständige Weise Expertise erwirbt. Diese Persönlichkeiten könnten dann als eine Art Verbindungsstelle zu Landes- und Wissenschaftseinrichtungen und Experten dienen. Sie könnten sich auch vernetzen mit den international wichtigsten, einmal pro Jahr periodisch stattfindenden Zukunfts- und Trend-Ereignissen – so wie den zwei UNESCO und Millennium Projekt Zukunftstagen (März und Dezember jeden Jahres), dem Kongress der Weltföderation für Zukunftsstudien (World Futures Studies Federation, Oktober) und dem Dubai Zukunfts-Weltforum (November).

Die dadurch ermöglichte kapillare, möglichst dauernde Anbindung von dezentralen Antennen und Verteilern an die großen Trends sollte in ihren Wirkungen nicht unterschätzt werden, unabhängig von ihrer Zahl. Denn die bloße Existenz, die auch ins Umfeld kommuniziert werden sollte, kann junge Menschen anziehen und zum Umgestalter ganzer Arbeits- und Atmosphären-Umgebungen werden, wenn sie kontinuierlich fortgeführt wird. Ideal wäre als Zugabe eine – lockere – Koordinationsstelle auf Landesebene, um den Austausch an Erfahrungen und Aktivitäten zu vertiefen und nach und nach ein regelrechtes „Zukunftsnetz Südtirol“ ins Leben zu rufen.

Der verbindende Grundansatz: „Glokal" oder „kosmolokal"?

Für eine solche Technologievision, die mit diesen Bestandteilen in den nächsten Jahren – dies- oder jenseits konkreter Strategien, sozusagen als die sie umgebende Wolke – Schritt für Schritt Gestalt annehmen könnte, ist im Ausblick die Frage zweitrangig, ob es sich beim verbindenden Grundansatz nun um einen „glokalen" oder „kosmolokalen" Zugang Südtirols zu Zukunftstechnologien handeln soll.

Die zwei Leitbegriffe „glokal" und „kosmolokal" werden heute fast gleichbedeutend gebraucht – und für die Technologie-Zukunft vielerorts fruchtbar gemacht. Obwohl beide eher neu sind, ist das Konzept des „Kosmolokalen" das jüngste aufkommende Schlagwort im Bereich der Zukunftstechnologien. Es versucht, Nachhaltigkeit und Resilienz zu verbinden, indem es das „Kosmologische" und das „Lokale" auf „konviviale" Weise im Technologiebereich integriert.[61] Das „Kosmolokale" unterscheidet sich nicht wesentlich vom „Glokalen", hat aber eine stärkere kommunitarische Tendenz, was Vor- und Nachteile aufweist.

Der „Kosmolokalismus" besteht in der Praxis aus so genannten „kosmolokalen Rahmenwerken." Das sind Aktionsgruppen, die das Ziel verfolgen, die soziotechnische Konfiguration bestimmter Lebenswelten zugunsten ihrer Bevölkerungen neu zu gestalten, und zwar „mittels belastbarer Infrastrukturen für den Austausch von Wissen, Techniken und Praktiken und über offene Kommunikationskanäle."[62] Vasilis Kostakis, Vasilis Niaros und Chris Giotitsas schreiben zur Erläuterung des Konzepts:

> „Um soziale und ökologische Nachhaltigkeit zu erreichen, ist eine Neukonzeption der Technologie als lebenswichtiger Bestandteil moderner Gesellschaft erforderlich, der alle anderen Aspekte dieser Gesellschaft durchdringt. Wir brauchen einen Rahmen für die Technologieentwicklung, der das Konzept der ‚kosmolokalen' Produktion nutzt. Diese erfasst die Dynamik verstreuter Technologieinitiativen, welche verschiedene Ansätze des Lebens, Arbeitens und Produzierens rund um das Gemeinwohl verwirklichen. Es handelt sich um einen strukturellen Rahmen …, der dem sozio-ökologischen Wohlbefinden Vorrang einräumt …"[63]

Das könnte für Südtirol ein bisherigen Ansätzen verwandtes Konzept sein. Man könnte es hierzulande jedoch eher unter dem Namen „Glokalität" umsetzen. Ideologische Färbungen sollten hier nicht zum Tragen kommen.

Kulturelle Perspektiven technologischen Wandels: Die Zukunftstechnologien verändern den Kulturgebrauch rasant

Statt ideologischer Ausrichtungskämpfe gilt es eher die Grundsatzfrage zu stellen, was „Technologie als lebenswichtiger Bestandteil einer modernen Gesellschaft ..., der alle anderen Aspekte der Gesellschaft durchdringt"[64], für den Bereich der Kultur bedeutet. Denn diese Definition als „lebenswichtiger Bestandteil" war in Südtirol bis vor kurzem der Kultur vorbehalten.

Sicher ist: Zusammengenommen in ihren verschiedenartigen Seiten und Anwendungen werden Zukunftstechnologien in den kommenden Jahren eines stark verändern: weniger das Kulturverständnis als vielmehr den Kulturgebrauch. Das wird für Südtirol eine Herausforderung. Inwiefern?

Der Gebrauch der Kultur besteht – wissenschaftlich gesprochen – erstens aus Kulturproduktion und zweitens aus Kulturkonsum. Damit verbunden ist drittens die Kultur der Konsumenten. Diese Trinität ist auch für Südtirol ausschlaggebend. Der Schwerpunkt des Verstehens muss folgerichtig auf der dreifachen Wechselbeziehung zwischen kultureller Produktion, kulturellem Konsum und Konsumentenkultur liegen, da alle drei sich in einer spiralförmigen Bewegung ständig gegenseitig beeinflussen und verändern. Will man das heutige Spannungsfeld des Kulturgebrauchs und seine kreative Entwicklung verstehen, ist die Berücksichtigung des alltäglichen Umfeldes, der Generationenwandel und – vor allem – die Entstehung neuer Technologien wichtig.

Während der Kulturgebrauch im 20. Jahrhundert eher stabil und vorhersehbar war, weil auch die täglich umgebende Kultur stabil war, verändert er sich heute rasch. So hat die Jugend seit einigen Jahren faktisch das „Ende des Fernsehens" zugunsten interaktiver Medien und Internet erklärt. Zum Abschied von passiven Medien gehört auch die wachsende Rolle der globalen Spieleindustrie, die die Filmindustrie längst überholt hat und inzwischen drei Milliarden Nutzer weltweit zählt. Die Digitalisierung wurde durch die Covid-19-Krise beschleunigt und führte zur Vorhersage, dass schon in einigen Jahren bis zu 90 Prozent der Internet-Inhalte durch Künstliche Intelligenz und Chatbots wie ChatGPT, Sphere oder Bard generiert werden könnten.[65] Die „Kreativitätsindustrie" könnte demnach nun tatsächlich wenigstens teilweise von einer menschlichen zur technischen Industrie werden – auch in Südtirol.

Zudem findet weniger in den Inhalten, wohl aber in den Verfahrensweisen und „Orten" des heutigen Kulturgebrauchs eine Re-Politisierung statt: die Technisierung des Kulturgebrauchs hat viel mit den Echokammern der sozialen Medien zu tun. Dort findet eine starke Neu-Ideologisierung statt. Das konnte man in den vergangenen Jahren auch in Südtirol erleben – unter anderem in Wahl- und Sozialverhalten. Neue Technologien spielen für die Politik eine zunehmende Rolle – so wie sie überhaupt für die Bildung von Meinungen, Wertebeurteilungen und Verhaltensnormen in Südtirol wichtiger werden.[66]

Drittens zeigen auch die Entwicklungen in der Berufswelt Veränderung, insbesondere in den kreativen Berufen. Das war auf der letzten Biennale in Venedig zu sehen, wo eine humanoide künstliche Roboter-Intelligenz namens AI-da für Furore sorgte, indem sie für alle sichtbar „Kunst" schuf. Teile des Kunst- und Kulturhandels verlagern sich inzwischen ins „Metaverse", eine künstliche zweite Welt im virtuellen Raum, die immer mehr Menschen anzieht.[67] Und es hat eine neue Diskussion darüber begonnen, ob und inwiefern breitere Teile der Bevölkerung in den kommenden Jahrzehnten virtuelle oder reale Welten für Arbeit und Wirksamkeit bevorzugen werden – was nicht zuletzt auch eine Kultur- und Lebensraumdiskussion ist.[68] Philosophen wie Maurizio Ferraris glauben, dass der Zugang zu Totalsimulationen der Realität vor allem für ältere Menschen institutionalisiert werden sollte, um diese von ihrer eigenen Alterungsrealität abzulenken oder gar wegzubringen.[69]

Wir müssen diese Entwicklungen gerade in einer stark kulturabhängigen europäischen Region wie Südtirol zu den bestehenden Kulturen und ihren Produktions- und Konsumweisen in Beziehung setzen und die absehbare Entwicklung betrachten. In den kommenden Jahren werden wir uns mit einem zunehmend technologisch geprägten Kulturgebrauch auseinandersetzen müssen, ohne dabei die bisherigen Kreativkulturen zu vernachlässigen. Wir sollten letztere sogar in einer rationalen und ausgewogenen Weise verteidigen, um die „kulturelle Biodiversität" zu erhalten. Dabei sollten wir grundsätzlich positiv bleiben und uns immer wieder bewusst machen, dass Gebrauch von Kultur nicht gleichbedeutend ist mit Verbrauch von Kultur. Wir sollten aber angesichts der Verschiebung von Prioritäten auch die Risiken des technologischen Wandels des Kulturgebrauchs – in allen drei Dimensionen: Produktion, Konsum und Konsumentenkultur – für Lebensform, Solidarität und sozialen Zusammenhalt nicht einfach wegreden.

Die kommenden Jahre: Südtirols Technologiezukunft baut auf gute Voraussetzungen

Zusammenfassend gilt: Menschen werden immer kulturelle „Geschichten" konsumieren, weil sie sie brauchen, um sich selbst zu verstehen. Künstliche Intelligenz ist also nicht das „Ende der Kreativität." Aber wir müssen in Südtirol die Veränderungen durch die Zukunftstechnologien stärker als bisher berücksichtigen.

Bei allen zwölf oben genannten Punkten, nehme man sie nun einzeln oder in ihrer Zusammenschau, ist – neben der durch sie bewirkten Kulturveränderung – ein Gemeinsames im Ausblick offensichtlich: die Technik-Zukunft Südtirols ist, auf der Grundlage der von der hiesigen Politik zukunftsweisend gesetzten Schwerpunkte und Strategien, vielversprechend und spannend. Das strahlt vom Technologiebereich in alle Gesellschaftsbereiche aus, und von diesen auf den Technologiebereich zurück.

Zweifellos kommen mit der Technologierevolution auch große Herausforderungen auf Südtirol zu, so wie auf alle anderen großen und kleinen Gesellschaften. So rechnet der Technologie-Vorreiter Elon Musk für die USA mit einer Verdreifachung des Strombedarfs bis 2045 – weil neue Technologien wie KI und Elektroautos sehr große Mengen Strom verbrauchen werden.[70] Das macht eine systemische Steuerung notwendig: an der Technologiezukunft hängt künftig auch die Energiezukunft, die Zukunft von Wasser und Ressourcen sowie die Raumordnung – ebenso wie die Technologiezukunft umgekehrt an diesen hängt. Südtirol hat hier für autochthone Versorgung gute Voraussetzungen, etwa durch seine Wasserkraft und die Stromproduktion. Es gilt diese jedoch mit anderen Bereichen zu integrieren und auch politisch in die Zukunft zu führen – was nur im Rahmen einer Gesamtvision der vor uns liegenden Entwicklung möglich ist, in der Zukunftstechnologie eine wesentliche Rolle spielt.

Für Südtirol gilt: Zukunftstechnologie wird zum Element von Nachhaltigkeit und Resilienz. Die dazugehörige Visionsarbeit, um das Gesamtsystem zu stärken, sollte nicht ein einmaliger Prozess sein, sondern dauernd stattfinden. Dafür gilt es Orte und Verfahrensweisen zu schaffen. Mit einem Wort: Zukunftsarbeit sollte, soweit es möglich ist, institutionalisiert werden – in Parlaments- und Regierungskomitees, zivilgesellschaftlichen Zukunftsdialogen, aber auch mittels der Schaffung von Ethikreflexion dort, wo Technologie aus erster Hand produziert wird. Dafür gibt es eine Reihe von „besten Praktiken", etwa in Finnland[71],

Irland[72], Slowenien[73] und Schweden[74]. Mit diesen Beispielen einer territorialen Entwicklungsvision kann Südtirol sich auf Augenhöhe austauschen und das Beste übernehmen. Eine Reihe weiterer Länder arbeitet mit Teilaspekten oder Prozessen, die Südtirol ebenfalls für sich anpassen und anwenden könnte.[75] Als Grundansatz dafür bietet sich – wie oben angeführt – die „Anticipatory Innovation Governance"[76] an. Sie kann für Südtirol – in Abstimmung mit Organisationen wie der OECD Paris – einen ganzheitlichen Ansatz darstellen, anhand dessen verschiedene „gute Praktiken" zusammengeführt werden.

Insgesamt können Zukunftstechnologien für Südtirol in den kommenden Jahren breite Horizonte eröffnen – im Rahmen der Landesstrategien, im öffentlichen und im privaten Unternehmensbereich, und mittels der Einführung innovativer Governance-Modelle. Südtirol hat beste Voraussetzungen für eine gute Zukunft – mittels einem auf das Land zugeschnittenen und zugleich internationalisierten Technologiebereich, der Innovation vorantreibt und damit dem gesamten Land dient.

1 Vgl. dazu im Detail Risto Linturi: Towards a better future! Technological opportunities and threats to the promotion of sustainable development. Publication of the Committee for the Future 1/2021, Parliament of Finland, Helsinki 2021, https://www.eduskunta.fi/FI/naineduskuntatoimii/julkaisut/Documents/tuvj_1+2021.pdf.

2 European Investment Bank: Artificial intelligence, blockchain and the future of Europe. How disruptive technologies create opportunities for a green and digital economy. Report, 01 June 2021, https://www.eib.org/en/publications/artificial-intelligence-blockchain-and-the-future-of-europe-report.

3 Ebda.

4 ENEA – Agenzia nazionale per le nuove tecnologie, l'energia e lo sviluppo economico sostenibile: Smart cities and communities, o. J., https://energia.enea.it/divisioni/smart-energy/smart-cities-and-communities/. Siehe auch dies.: Cross technologies per Distretti Urbani e Industriali, o. J., https://energia.enea.it/divisioni/smart-energy/cross-technologies-per-distretti-urbani-e-industriali/.

5 European Investment Bank: Artificial intelligence, blockchain and the future of Europe. How disruptive technologies create opportunities for a green and digital economy. Report, a.a.O.

6 Knowledgetools: Logos, https://www.knowledgetools.de/.

7 Zentrum für Digitalisierung des Steuerrechts der Ludwig-Maximilians-Universität München LMUDigiTax, https://www.lmudigitax.uni-muenchen.de/index.html.

8 Stephan Breidenbach: Potential of Digital Tech. DLD Europe Conference 17. In: Youtube, September 07, 2017, https://www.youtube.com/watch?v=occVHo8z5_Y.

9 Fraunhofer Gesellschaft: Biointelligenz. Eine neue Perspektive für nachhaltige industrielle Wertschöpfung, München 2019, https://www.iwm.fraunhofer.de/content/dam/iwm/de/presse/Presse_Bilder/2019/BIOTRAIN_Studie_2019_g31_de_Fraunhofer-Gesellschaft.pdf.

10 Ebda.

11 Ebda.

12 Siehe dazu zum Beispiel die Kritik bei Temenuga Trifonova: Fake it till you make it: Inventing the neoliberal self. In: Eurac Research Science Blogs: Imagining Futures, 13 February 2024, https://www.eurac.edu/en/blogs/imagining-futures/fake-it-till-you-make-it-inventing-the-neoliberal-self.

13 Siehe die Auseinandersetzung bei Alex Putzer: Um welche Natur geht es euch eigentlich? In: Eurac Research Science Blogs: Imagining Futures, 18 February 2024, https://www.eurac.edu/de/blogs/imagining-futures/um-welche-natur-geht-es-euch-eigentlich-alex-putzer.

14 Autonome Provinz Bozen-Südtirol: Ziele für eine nachhaltige Entwicklung. Das sind die sieben Handlungsfelder für Südtirol, o. J., https://nachhaltigkeit.provinz.bz.it/de/home.

15 Südtiroler Landesverwaltung, Abteilung Innovation und Forschung: Smart Specialization Strategy: Innovation und Forschung Südtirol 2030, o. J., https://www.provinz.bz.it/innovation-forschung/innovation-forschung-universitaet/408.asp.

16 Autonome Provinz Bozen-Südtirol: Everyday for Future. Gemeinsam für die Nachhaltigkeit, Juli 2021, https://assets-eu-01.kc-usercontent.com/bad10f1e-e9af-0140-aa47-ca5379671ba5/1ca00359-ccd2-466a-ab07-ed151de744a4/WEB-sostenibilita-paper-de.pdf.

17 Autonome Provinz Bozen-Südtirol: Everyday for Future, a.a.O.

18 Ebda.

19 Allianz der Forschung und Lehre für Nachhaltigkeit in Südtirol: https://www.research-alliance-for-sustainability.it/.

20 Autonome Provinz Bozen-Südtirol: Innovation und Forschung Südtirol 2030. Smart Specialization Strategy (RIS3) der Autonomen Provinz Bozen-Südtirol: Executive Summary, Bozen, Oktober 2021, https://www.provinz.bz.it/innovation-forschung/innovation-forschung-universitaet/downloads/Executive_Summary_Innovation_und_Forschung_Suedtirol_2030_RIS3.pdf.

21 Ebda.

22 Südtiroler Landesverwaltung, Land- und Forstwirtschaft: Forschung und Innovation: Landesprogramm 2020 genehmigt, Bozen, 26.05.2020, https://www.provinz.bz.it/land-forstwirtschaft/landwirtschaft/aktuelles.asp?aktuelles_action=4&aktuelles_article_id=639992.

23 Autonome Provinz Bozen-Südtirol: NOI: Spezialisierte Forschungs- und Innovationsstrategie vorgestellt, 13.03.2023, https://news.provincia.bz.it/de/news/noi-spezialisierte-forschungs-und-innovationsstrategie-vorgestellt.

24 Ebda.

25 Ebda.

26 UNESCO, UNDP et al.: AI for the Planet Alliance, https://www.aifortheplanet.org/en/ und AI for the Planet Alliance: A multidisciplinary global platform to drive AI solutions for climate change at scale, o. J., https://www.aifortheplanet.org/en/content/ai-for-the-planet-alliance.

27 United Nations Department for Economic and Social Affairs: Artificial Intelligence for the Planet: Solutions for Climate and People On the margins of the Science, Technology and Innovation (STI) Forum, o. J., https://www.un.org/en/desa/artificial-intelligence-planet-soluti-

ons-climate-and-people-margins-sti und United Nations Web TV: AI for the Planet: Solutions for Climate and People, o. J., https://media.un.org/en/asset/k1y/k1ynu1wku1.

28 The Coalition for Digital Environmental Sustainability (CODES): A Sustainable Planet in the Digital Age, o. J., https://www.codes.global/.

29 Climate Change AI Homepage: https://www.climatechange.ai/.

30 Global Partnership on AI Report in collaboration with Climate Change AI and the Centre for AI & Climate: Climate Change and AI: Recommendations for Government Action, November 2021, https://www.gpai.ai/projects/climate-change-and-ai.pdf.

31 Boston Consulting Group: Congratulations to the AI for the Planet Alliance Call for Solutions Winners. In: Youtube, May 2, 2022, https://www.youtube.com/watch?v=_bBR5gqh9Y4.

32 AI for the Planet Alliance: How AI Can Be a Powerful Tool in the Fight Against Climate Change, BGC Gamma Publications, July 2022, https://cdn-assets.inwink.com/de3a211c-d522-4534-8cb8-65999ca21469/c62eeb95-4510-4dbc-9256-41cecff-ec46d?sv=2018-03-28&sr=b&sig=%2F3XoAqqSuH0FciTEys66oQCOz%2FkobYBD0Md-Yd3CwjF8%3D&se=9999-12-31T23%3A59%3A59Z&sp=r&rscd=inline%3B%20filename%3D%22AI%2520for%2520the%2520Planet%2520x%2520BCG%2520report%2520-%2520July%25202022%2520-%2520vFinal2.pdf%22.

33 The Coalition for Digital Environmental Sustainability (CODES): A Sustainable Planet in the Digital Age, a.a.O.

34 Stan Posey: Who'll Stop the Rain? Scientists Call for Climate Cooperation. In: NVIDIA blogs, June 28, 2023, https://blogs.nvidia.com/blog/digital-twins-climate-collaboration/.

35 NVIDIA: Interactive Visualization of High-Resolution, Global-Scale Climate Data in the Cloud. In: Youtube, July 3, 2023, https://www.youtube.com/watch?v=8cQoYcbUG_M.

36 Jörn Hoffmann, Peter Bauer et. al.: Destination Earth – A digital twin in support of climate services. In: Climate Services, Volume 30, April 2023, Elsevier Journals, https://www.sciencedirect.com/science/article/pii/S2405880723000559?via%3Dihub.

37 Roland Benedikter: Sustainability and Resilience, forthcoming, a.a.O.

38 UNESCO-Lehrstuhl am Center for Advanced Studies von Eurac Research Bozen: https://www.eurac.edu/en/institutes-centers/center-for-advanced-studies/research-group/unesco-chair.

39 UNESCO: Bolzano nuova Creative City dell'UNESCO per la musica, 06 Novembre 2023, https://www.unesco.it/it/news/bolzano-nuova-creative-city-dellunesco-per-la-musica/.

40 Riel Miller (ed.): Transforming the Future. Anticipation in the 21st Century, Routledge and UNESCO, London and Paris 2018, https://www.routledge.com/Transforming-the-Future-Anticipation-in-the-21st-Century/Miller/p/book/9780367855888. Siehe auch Nicklas Larsen, Jeanette Kaeseler Mortensen and Riel Miller: What is 'Futures Literacy' and why is it important? On overcoming blind resistance to change and poverty of the imagination. In: Medium, February 11, 2020, https://medium.com/copenhagen-institute-for-futures-studies/what-is-futures-literacy-and-why-is-it-important-a27f24b983d8.

41 UNESCO-Lehrstuhl am Center for Advanced Studies von Eurac Research Bozen: https://www.eurac.edu/en/institutes-centers/center-for-advanced-studies/research-group/unesco-chair.

42 Roland Benedikter: UNESCO-Zukunftsbildung: „Die Armut der Einbildungskraft überwinden." In: stol.it, 11. Januar 2022, https://www.stol.it/artikel/politik/unesco-zukunftsbildung-die-armut-der-einbildungskraft-ueberwinden.

43 Eurac Research: Workshop with Riel Miller, pioneer of UNESCO Futures Literacy. The expert for Futures Studies teaches Futures Literacy at Eurac Research, 22 May 2023, https://www.eurac.edu/en/institutes-centers/center-for-advanced-studies/research-group/unesco-chair/news-events/workshop-with-riel-miller.

44 UNESCO: Futures Literacy: An essential competency for the 21st Century, o. J., https://en.unesco.org/futuresliteracy/about.

45 Riel Miller: Transforming the Future: Anticipation in the 21st Century, Routledge and UNESCO 2018, https://unesdoc.unesco.org/ark:/48223/pf0000264644.

46 OECD: Anticipatory Innovation Governance. Shaping the future through proactive policy making. OECD Working Papers on Public Governance No. 44, Paris, December 24, 2020, https://www.oecd.org/science/anticipatory-innovation-governance-cce14d80-en.htm.

47 OPSI: Anticipatory Innovation Governance: Exploring the Future and Taking Action Today, o. J., https://oecd-opsi.org/work-areas/anticipatory-innovation/.

48 OECD: Anticipatory Innovation Governance model in Finland: Towards a new way of governing. OECD Public Governance Reviews, October 06, 2022, https://www.oecd.org/publications/anticipatory-innovation-governance-model-in-finland-a31e7a9a-en.htm.

49 Sapienza Innovazione (SI): http://www.sapienzainnovazione.it/.

50 Thomas Porwol: Zusammen mit der US-Politik: Die Tech-Milliardäre wollen die Regeln für KI bestimmen. In: Bild Zeitung online, 14.09.2023, https://www.bild.de/digital/2023/digital/zusammen-mit-us-senatoren-tech-giganten-beraten-ueber-ki-schiedsrichter-85404648.bild.html.

51 Josè Duran Rodriguez: Inteligencia artificial: Ninguna obra creada "íntegra y exclusivamente" con IA podrá ganar un Premio Nacional. In: El Salto, 20 February 2024, https://www.elsaltodiario.com/inteligencia-artificial/ninguna-obra-creada-integra-exclusivamente-ia-podra-ganar-un-premio-nacional. Zitiert nach AlgorithmWatch, Februar 2024.

52 Development Studies Association: Programme: Social Justice and development in a polarizing world. Conference, 26-28 June 2024, SOAS University London, https://www.devstud.org.uk/conference/conference-2024/programme/#14931.

53 Development Studies Association: Digital Technologies, Data and Development (2013ff.), https://www.devstud.org.uk/studygroup/digital-technologies-data-and-development/.

54 Siehe zum Beispiel David McCabe: Biden Acts to Stop Sales of Sensitive Personal Data to China and Russia. In: The New York Times, February 28, 2024, https://www.nytimes.com/2024/02/28/technology/biden-data-sales-china-russia.html

55 Businesswire: Luxemburg gründet kommerziell ausgerichtete Raumfahrtbehörde, September 12, 2018, https://www.businesswire.it/news/it/20180912005679/de.

56 Luxembourg.lu: Luxemburg mit einem Bein auf dem Mond. In den letzten Jahren ist die Raumfahrtindustrie in Luxemburg stark gewachsen, 16.03.2023, https://luxembourg.public.lu/de/investieren/schluesselsektoren/luxembourg-artemis-mission.html.

57 Torsten Schilling (Hrsg.): Raumfahrt in Baden-Württemberg: Zukunftsperspektiven und Handlungsempfehlungen. DGLR-Studie, Februar 2020, https://wm.baden-wuerttemberg.de/fileadmin/redaktion/m-wm/intern/Publikationen/Innovation/DGLR-Studie_Raumfahrt_in_Baden-W%C3%BCrttemberg_2020_web.pdf.

58 Robert E. Goodin and Charles Tilly (eds.): The Oxford Handbook of Contextual Political Analysis, Oxford University Press 2006, https://global.oup.com/academic/product/the-oxford-handbook-of-contextual-political-analysis-9780199270439?cc=it&lang=en&#.

59 Siehe lesenswert Chiara Bottici: Imaginal Politics. Images beyond Imagination and the Imaginary, Columbia University Press 2014, http://cup.columbia.edu/book/imaginal-politics/9780231157780.

60 Siehe lesenswert Chiara Bottici: Imaginal Politics. Images beyond Imagination and the Imaginary, Columbia University Press 2014, http://cup.columbia.edu/book/imaginal-politics/9780231157780.

61 Vasilis Kostakis, Vasilis Niaros und Chris Giotitsas: Beyond global versus local: illuminating a cosmolocal framework for convivial technology development. In: Sustainability Science 2023, 30 June 2023, https://doi.org/10.1007/s11625-023-01378-1 und https://link.springer.com/article/10.1007/s11625-023-01378-1.

62 Ebda.

63 Ebda.

64 Ebda.

65 Alexandra Garfinkle: 90 percent of online content 'could be generated by AI by 2025', expert says. In: Yahoo Finance, January 13, 2023, https://finance.yahoo.com/news/90-of-online-content-could-be-generated-by-ai-by-2025-expert-says-201023872.html. Siehe dazu auch Maggie Harrison Duprè: Experts: 90% of online content will be AI-generated by 2026. In: The Byte, September 18, 2022, https://futurism.com/the-byte/experts-90-online-content-ai-generated.

66 Siehe dazu näher Roland Benedikter: Die Erneuerung der politischen Mitte. Das Auseinanderbrechen der Gesellschaft, das Format Volkspartei und die Zukunft der Demokratie. Open access Buch (gratis), Nomos Verlag 2022, https://www.nomos-elibrary.de/10.5771/9783748936084.pdf.

67 McKinsey & Company: What is the Metaverse?, August 17, 2022, https://www.mckinsey.com/featured-insights/mckinsey-explainers/what-is-the-metaverse. Siehe dazu auch kritischer Eric Ravenscraft: What Is the Metaverse, Exactly? In: Wired, June 15, 2023, https://www.wired.com/story/what-is-the-metaverse/.

68 Deena Mousa: 'Experience machines': The 1970s thought experiment that speaks to our times. In: BBC, 24 March 2024, https://www.bbc.com/future/article/20240321-experience-machines-thought-experiment-that-inspired-matrixs-greatest-question.

69 Siehe das letzte Buch von Ferraris diskutiert bei Claudia Presicce: Ferraris presenta il suo nuovo libro "Imparare a vivere". In: Il Quotidiano di Puglia, 6 Marzo 2024, https://www.quotidianodipuglia.it/AMP/cultura/ferraris_presenta_il_suo_nuovo_libro_cosa_sappiamo-7976268.html.

70 Rui Filipe Martins Machado: Milliardär mit düsterer Prognose. Elon Musk warnt: In zwei Jahren geht das Licht aus. In: Computerbild, 07.08.2023, https://www.computerbild.de/artikel/cb-News-Energie-Elon-Musk-sagt-voraus-In-zwei-Jahren-geht-das-Licht-aus-36248491.html.

71 OECD: Anticipatory Innovation Governance Model in Finland: Towards A New Way of Governing. OECD Public Governance Reviews, October 6, 2022, https://www.oecd.org/publications/anticipatory-innovation-governance-model-in-finland-a31e7a9a-en.htm. Siehe auch: https://oecd-opsi.org/blog/innovation-barometer-finland/.

72 OECD, Observatory of Public Sector Innovation (OPSI): Towards a Strategic Foresight System in Ireland, 14 May 2021, https://oecd-opsi.org/publications/foresight-ireland/.

73 OECD, Observatory of Public Sector Innovation (OPSI): Talent management scenarios for Slovenia's public administration, https://oecd-opsi.org/air/case/talent-management-slovenia/ und https://oecd-opsi.org/wp-content/uploads/2021/10/Slovenia_Talent_Management_Scenarios_Final.pdf.

74 RISE: Governance Innovation in Sweden, o. J., https://www.ri.se/en/governanceinnovationsweden. Siehe auch Daniel Bengtsson: Foresight in Sweden, 2021-12-16, https://www.diva-portal.org/smash/get/diva2:1623659/FULLTEXT01.pdf.

75 Siehe Jose Ramos, Ida Uusikyla and Nguyen Tuan Luong: Anticipatory Governance – A Primer. In: UNDP Viet Nam, February 18, 2020, https://www.undp.org/vietnam/blog/anticipatory-governance-primer.

76 OECD, Observatory of Public Sector Innovation (OPSI): Anticipatory Innovation Governance: Exploring the future and taking action today, o. J., https://oecd-opsi.org/work-areas/anticipatory-innovation/. Siehe auch Piret Tonurist: Anticipatory innovation governance model – humble, yet ambitious. In: OECD, Observatory of Public Sector Innovation (OPSI), 7 April 2021, https://oecd-opsi.org/blog/anticipatory-innovation-governance-model-humble-yet-ambitious/.

KAPITEL 14

Ausblick: Handlungsansätze. Praktische Instrumente und Optionen

Roland Benedikter

Eurac Research Bozen, Center for Advanced Studies und UNESCO-Lehrstuhl für Interdisziplinäre Zukunftsvorwegnahme und Global-Lokale Transformation, Zukunftskreis des Deutschen Bundesministeriums für Bildung und Forschung (BMBF) für die deutsche Bundesregierung 2019–2023

Am 25. Juli 2023 wurde der EU-„Chips Act" beschlossen und am 23. September des Jahres in Kraft gesetzt.[1] Er verspricht ein neues Zeitalter für die europäische Industrie. Der Anteil Europas von derzeit 10 Prozent an der jährlich 1 Billion Einheiten umfassenden weltweiten Chipproduktion soll gesteigert – und dadurch ein allgemeiner Technologieschub ausgelöst werden. Zudem kann Europa laut der Europäischen Kommission damit an Zukunftsprofil gewinnen und weiter zusammenwachsen.[2] Im November 2023 wurde von der EU das Gemeinsame Unternehmen für Chips (Chips JU, steht für: *Chips Joint Undertaking*) gegründet, das im Februar 2024 die ersten 216 Millionen Fördergelder bereitstellte.[3] Im Januar 2024 wurde das Regelwerk veröffentlicht, wie gemeinsame europäische Produktionsstätten errichtet und gefördert werden – erstmals mit eher schlanker Bürokratie.[4] Und Ende Februar 2024 wurde im „EU-Politikprogramm für die digitale Dekade"[5] dargestellt, wie Europa als Ganzes im Technologiebereich bis 2030 Fortschritte erzielen kann, indem die Regionen und Peripherien sowohl als Standort- wie Know-how-Stätten aufgewertet werden. Wie die EU schreibt, ist dafür „eine sichere und flächendeckende Konnektivität von entscheidender Bedeutung für die Einführung jener Technologien, die uns in die Welt von morgen voranbringen werden."[6]

Das positiv veränderte Umfeld: EU-Chips-Offensive und mehr

Insgesamt scheint Europa nun bereit, neue Technologien zu „umarmen." Dieser Durchbruch in ein deutlich technologischeres Europa, das über seine bisherigen

Begrenzungen hinausgeht, ist in eine größere Entwicklung eingebettet. Wenn zum Beispiel Experten vor einem Jahrzehnt voraussagten, dass „das Internet wie Elektrizität werden wird: weniger auffallend, aber tiefer eingebettet in das Leben der Menschen im Guten wie im Bösen"[7], dann wurde das viel schneller Realität, als viele damals erwarteten. Seit Jahren verfolgen alle globalen Akteure Programme für Zukunftstechnologie – von den Vereinten Nationen, der UNESCO und der OECD über die USA, China, Japan, Deutschland und die EU bis zu öffentlich einflussreichen Firmen wie dem Weltwirtschaftsforum (WEF) und Nicht-Regierungsorganisationen wie der internationalen Initiative „Die Welt im Jahr 2050."[8] Sie alle vereint das Bemühen, Technologie in einer Gesamtvision der Welt für die Jahre 2030–2050 zu verorten – und dafür Szenarien zu entwickeln.

Interessanterweise stimmen praktisch alle Szenarien trotz unterschiedlicher Interessen im Kernpunkt überein: Technologie tritt in das Zentrum jeder Gesellschaft. Deshalb werden für diese Szenarien von allen Akteuren, nun auch verstärkt durch die EU, strategische Mittel bereitgestellt, statt nur über sie zu reden. Was heute trotz wachsender geopolitischer Spannungen entsteht, ist – daraus folgend – die Vorstufe zu einer Art trans-systemischen Konvergenzvision der Technologiezukunft, die spannender nicht sein könnte. Der wichtigste Punkt lässt sich in einem Satz zusammenfassen: Keine Gesellschaft wird mehr ohne eigene Kompetenz zu Spitzentechnologie zumindest in Nischenbereichen bestehen können – sei sie nun noch so groß oder klein.

Südtirols Selbstverortung in der Technologielandschaft ist keine statische, sondern eine dynamische Angelegenheit

Für die EU hat dazu das wichtigste ganzheitliche Vorausschau-Instrument: der *EU Forward Look 2023*[9] klar darauf hingewiesen, dass bis auf weiteres Nachholbedarf vor allem im Bereich der Zukunftstechnologien besteht. Wir haben das bereits in Kapitel 2 gesehen und erläutert. Gerade im Licht der EU-Analyse zu den nun auf dem Tisch liegenden Notwendigkeiten zeigten sich Sinnhaftigkeit und Bedeutung der strategischen Schwerpunktbildung im NOI-Technologiepark vom März 2023[10] noch deutlicher. Wenn im EU-Bericht hervorgehoben wird, dass die EU im Bereich erneuerbare Energien in der Welt führend ist, dann erweist sich die volle Sinnhaftigkeit der Entscheidung, dass sich Südtirol – wie in der NOI-Technologiestrategie vorgesehen – hier mit dem Schwerpunkt „Green" anschließt und „Stärken stärkt." Und wenn im

EU-Bericht unterstrichen wird, dass Europa in den Bereichen Automatisierung, Biotechnologierevolution, Digitalisierungsgrad und Konnektivität zurückliegt, dann ist es umso wichtiger, dass Südtirol hier mit den Schwerpunkten „Digital" und „Automotive/Automation" Schritte nach vorne setzt.

Südtirol ist hier also genau richtig unterwegs. Wichtig ist, dass die EU ihre Stärken und Schwächen erkannt hat – und bereit ist, die nächsten Schritte zu gehen. Wenn sich die EU damit neuen Technologien noch stärker und breiter als bisher zuwendet, werden neue Möglichkeiten verfügbar. Sie werden viele Optionen erschließen, aus denen man dann selbst gezielt auswählen kann. Das ist der richtige Weg.

In diesem Gesamtbild ist Südtirol keine Ausnahme. Das Land kann sich nun noch aktiver in der europäischen Entwicklung verorten. Mit dem NOI-Technologiepark in Bozen und Bruneck[11] und den starken Ansätzen in der Nachhaltigkeits- und der RIS3-Strategie für intelligente regionale Spezialisierung[12] wurden in Südtirol beste Voraussetzungen geschaffen, die langfristige Technologiezukunft zu planen – und auch konkret herzustellen. Zu Recht wurden die Südtiroler Entwicklungsstrategien als *living strategies*[13] konzipiert – also als „lebendige Strategien", die sich ständig weiterentwickeln sollen. Dabei sollten die Bürger einerseits über ihre Vertreter, andererseits aber auch direkter als bisher eine Stimme haben. Fragen wie: Was kann Südtirol aus der EU-Chips-Offensive für sich machen? Kann es Anschlüsse andenken? werden sich im Landesinteresse künftig verstärkt stellen. Sie könnten Teil einer Landesinvestitionsstrategie in Zukunftstechnologien werden, die der praxisorientierten Diskussion bedarf.

Es gilt nun, die Kräfte zu versammeln und die Bürger verstärkt in solche Fragen um die Technologiestrategie einzubeziehen – etwa mittels eines neuartigen „Zukunftsdialogs", der sich an zahlreichen Vorbildern sowohl aus dem öffentlichen wie privaten Bereich orientieren kann, darunter an Dialogformaten der Vereinten Nationen. Wie im Modell Finnland, Schweden, Irland oder den baltischen Staaten sind die Einrichtung eines „Zukunftskomitees"[14] im Südtiroler Landtag, eine Koordinationsstelle „Zukünfte" beim Landeshauptmann[15] und die Veröffentlichung eines periodisch erscheinenden Landesregierungsberichts zu Zukünften[16] denkbar. Auch die Schaffung eines Landeszukunftsrates sowie eines Jugend-Technikrates im NOI-Technologiepark könnten Ideen sein.

Wichtig ist nicht zuletzt die Geschlechtergerechtigkeit auch im Technologiebereich, so unter anderem durch die sogenannte „Frauenförderung." Gerade der Technologiebereich kann dabei helfen, Frauen in Zukunftspositionen zu bringen und den „harten Weg nach oben"[17] weiter zu öffnen. Die Tatsache, dass heute eine breite „Verweiblichung" in der physischen Erscheinung von Zukunftstechnologien stattfindet[18], worunter die Tatsache ist, dass praktisch alle humanoiden Roboter – wie etwa „Sophia" oder „Ameca" – weibliche Körper erhalten und die meisten Assistenzsysteme auf Handys oder in Autos weibliche Stimmen haben, um die Akzeptanz zu erhöhen, macht die Auseinandersetzung mit Geschlechter-Stereotypen und damit zusammenhängenden sozialen Entwicklungsfragen umso wichtiger. Wenn diese Auseinandersetzung nicht auch im Zukunftstechnologie-Bereich stattfindet, laufen wir Gefahr, dass der unhinterfragte Einsatz von Geschlechter-Klischees die Gleichstellungsfrage eher verschlechtert als verbessert. Wenn sie jedoch stattfindet, können erhebliche Fortschritte auch im allgemeinen Bewusstsein erfolgen.

Zeit ist Innovation: Ein ständig neuer Strauß an Zutaten

Der Weg voraus kann und sollte Mut machen. Südtirol hat mit seinen Firmen, Wissenschaftseinrichtungen, Führungs- und Fachkräften und Mitarbeitern auf technologischem Gebiet bereits heute Spitzenqualität zu bieten. In kurzer Zeit wurden aus Startups Weltfirmen. Eine ganze Reihe der Südtiroler Wirtschaftsführer sind international anerkannte Technologieexperten, was im Land oft noch zu wenig bekannt ist. Das sollte sich ändern. Wir brauchen neue Formate zwischen den Akteuren, um Zukünfte ins Gespräch zu bringen und die großen Potentiale füreinander zu öffnen. Der beste Weg ist, bislang „unwahrscheinliche Partner" miteinander ins Gespräch zu bringen. Das kann zum Beispiel mit neuen Formaten wie dem *Random Coffee*[19] Format geschehen, wo Führungskräfte und Mitarbeiter verschiedener Firmen und Fachbereiche mittels KI-Verbindungsgenerator, einem sogenannten „Paarungsalgorithmus", für eine Kaffeelänge miteinander ins Gespräch gebracht werden.[20] Das kann zur verbesserten Verbindung angewandter Inter- und Trans-Disziplinarität beitragen. Es kann aber auch als Schnittstelle zwischen verschiedenen Akteuren wie zum Beispiel Eurac/NOI oder NOI/Landesregierung eingerichtet werden. Im Grunde kann das Format überall dort wirksam werden, wo eine stärkere „kapillare" Verbindung zwischen Akteuren gewünscht wird.

Ein weiteres Format könnten koordinierte Veranstaltungsreihen im spektakulären und unterhaltsamen TED-Format zu den großen Themen der Zukunftstechnologie für Fachkräfte und das Publikum sein – etwa im Sinne des Mottos „Lernen von den Besten." In diesem Format käme ein starker Fokus der sozialwissenschaftlichen Reflexion auf Ethik und Gesellschaftsimplikationen neuer Technologien hinzu – nicht mit dem Zeigefinger von außen, sondern von innen, aus den Themen selbst heraus.[21] Das setzt einen stark phänomenologischen und praxisorientierten Ansatz voraus.

Insgesamt hat Technologie Antworten für alle drei großen Zukunftsherausforderungen der Südtiroler Wirtschaft: 1. Bildung und Sozialkapital, 2. Gründung und Nachfolge, 3. Wettbewerbsfähigkeit und Standort. Südtirol kann seine junge Generation im Land halten, wenn die Kräfte im Innovationsbereich gebündelt und von der Politik langfristig mit Überzeugung unterstützt werden. Dazu ist neben Kompetenzgewinn mittels stärkerer Diskussion über Schnittstellenchancen mittelfristig bewusste und koordinierte ethische Reflexion und eine sozialwissenschaftliche Einbettung in die Südtiroler Gesellschaft nötig. Dafür gilt es Orte und Instrumente zu schaffen, die dauerhaft angelegt sind und einzelne Signalevents wie die Südtiroler Nachhaltigkeitstage *(Sustainability Days)* vom September 2022[22] aufgreifen, um ihr Kernanliegen langfristig zu verankern.

Drei Praxisfragen

Vor diesem Hintergrund, der auch in den kommenden Jahren höchst beweglich und bewegbar bleiben wird, stellen sich im Ausblick nach vorne in erster Linie drei Praxisfragen:

- Welche Handlungsoptionen bieten sich für den Weg Südtirols in eine koordinierte und allgemein zugängliche Technologiezukunft?
- Was wären dafür anwendbare Instrumente?
- Gibt es besonders vielversprechende Beispiele?

Die Antworten sollten umsetzungsorientierte Modelle und erprobte „Beste-Praktiken"-Vorbilder in den Fokus stellen. Das Motto muss lauten: Von der Stratosphäre (der Vision) auf die Straße (der Umsetzung). Wo finden sich Vorbilder für eine anwendungsorientierte Südtiroler Technologievision? In der Suche nach Praxistauglichkeit gilt es 1. allgemeine strategische Grundsätze und 2. angewandte Instrumente aufeinander zu beziehen.

1. Allgemeine Grundsätze

In zwei Beiträgen vom Dezember 2023 wurde hinsichtlich des Entwicklungsstaus in einigen großen EU-Ländern wie Deutschland beispielhaft deutlich, dass den Innovations-Problemen über Jahre hin einseitige oder jedenfalls zu wenig integrierte Zukunftsprojektionen vorausgingen.[23] Es wurde zugleich deutlich, was nötig ist, um ein Gebiet in kommenden Situationen auf der Höhe der Zeit zu halten. Das bis 2030 empfohlene 8-Punkte-Innovationsprogramm des „Zukunftsmanifests" zweier Technologie-Experten und -Unternehmer umfasste

1. Pioniergeist für „world-leading" startups;
2. Globales Talentnetzwerk;
3. Investitionen in Zukunftstechnologien;
4. Aufbau eines „Sovereign Wealth Fund", also eines zinsertragsstarken Bestandstopfes für die Innovationsfinanzierung;
5. (noch bessere) steuerliche Förderung von Forschung und Entwicklung;
6. Bildungsinitiative für Unternehmertum;
7. Etablierung von Weltklasse-Hochschulmarken;
8. Digitalisierung der „Basics."[24]

All dies wurde mit einem starken Fokus auf Technologie-Innovation empfohlen – vor allem eine solche, die „transversal", also auch für andere Bereiche innovationstreibend wirkt. Denn der wichtigste Technologietreiber: Künstliche Intelligenz in ihren zunehmend verzweigten Anwendungsformen, wird nicht nur Unternehmen im Rahmen einer massiven „Beschleunigung" grundlegend umgestalten.[25] Es wird auch öffentliche Einrichtungen und ganze Länder dazu zwingen, „Hochleistungs-Daten- und KI-Organisationsmodelle"[26] zu entwickeln und umzusetzen, um im Kernbereich der Innovation auf der Höhe der Zeit zu bleiben.

Innovations-Leitlinien erweitern

Es spricht in dieser weitgehend neuen Umgebung nichts dagegen, die 8 Punkte im Rahmen einer offenen Technologievision als (zusätzliche) Hilfs- oder Orientierungs-Leitlinien für die Technologieentwicklung Südtirols heranzuziehen. Denn diese Punkte sind auch für Regionen in den kommenden Jahren das Um und Auf.

Die gute Nachricht: In mehreren dieser Punkte ist Südtirol schon weiter als viele andere Gebiete und kann also auf hervorragende Grundlagen bauen.

Dazu gehören vor allem die Punkte 1, 5 und 8. Weitere Schritte könnten auch in Zusammenarbeit angrenzender Regionen erfolgen. Anzudenken, so wie Deutschland eine gemeinsame „Agentur für Sprunginnovationen“[27] (SPRIND) zu begründen, „die besonders disruptive Technologien entdecken und zugleich fördern soll“[28], wäre sicher keine falsche Idee. Das könnte im Rahmen der hiesigen Innovationsförderung etwa in Kooperation mit dem NOI-Technologiepark erfolgen, auch wenn es angesichts der Größe Südtirols wohl eher nur eine Arbeitsstelle wäre.

Ein ähnliches Konzept könnte aber auch im Rahmen eines Nationalen Zukunftsinstituts Italiens entwickelt werden, wenn geeignete Autonomie-Cluster möglich würden. Ein solches Zukunftsinstitut – unter anderem nach dem Vorbild des bislang einzigen „Zukunft der Menschheit Instituts“ an der Universität Oxford *(Future of Humanity Institute, FHI)*[29] und der „Singularity University“ für Zukunftstechnologien und Zukünfte der Künstlichen Intelligenz in Kalifornien[30], war von der Regierung Mario Draghi (2021–2022) unter Führung des damaligen Nachhaltigkeitsministers Enrico Giovannini geplant und in Durchführung begriffen. Es scheiterte letztlich am Widerstand von Interessensgruppen. Die Idee wurde von Giovannini seit 2024 mittels der Vereinigung der UNESCO-Lehrstühle Italiens „Rete delle Cattedre UNESCO Italiane“ (ReCUI)[31] wieder aufgegriffen, wobei dezentrale Teil-Initiativen eine Rolle spielen könnten.

Südtirol kann sich aber auch andere, eigenständige institutionelle Anbindungsformen, aber auch sogar ein eigenes Kompetenzzentrum „Zukunftstechnologien“ in regionaler institutioneller Verankerung überlegen. Nichts hindert daran, dafür auch EU-Gelder anzuziehen – drängt doch die EU selbst mit Macht auf den Schwerpunkt „Technologieinnovation“ in den Innovationsprogrammen sowie auf Regionalisierung von Zukunftstechnologien über die RIS3-Strategie hinaus.

Auch Forschungs- und Universitätsschwerpunkte nach dem Vorbild der zwei heute akademisch anerkanntesten Zukunftsstudien-Programme:

1. des Zukunftsstudien-Master- und Doktoratsprogramms der Wirtschaftsfakultät der Universität Turku in Finnland[32] und ihres semi-autonomen Departments *Finland Futures Research Centre*[33] *(FFRC)*, gegründet vom Verbund von drei Forschungsuniversitäten, und
2. dem „College of Global Futures“ der Staatlichen Universität von Arizona in den USA[34], das ein eigenes *Global Futures Laboratorium*[35] mit einem

„Zentrum für das Studium von Zukünften" (*Center for the Study of Futures*[36]) aufweist,

sind langfristig denkbar, etwa als Exzellenz- oder Kompetenzzentren. Kooperationen mit beiden könnten internationale Gelder nach Südtirol anziehen.

Technologische Neuerungen gesellschaftlich einbetten

Das alles ist vor dem Hintergrund interessant, dass die Entwicklung schnell voranschreitet. Konkrete technologische Neuerungen werden in Südtirol auch im Alltag rascher kommen, als von vielen erwartet. Wenn im Februar die Lokalpresse darüber berichtete, dass humanoide und andere Roboter bald Einzug in die Tourismus- und Gastronomie-Branchen des Landes halten werden[37], war das nur die Spitze des Eisbergs. Neue Technologien wie „Computersehen" werden mittlerweile auch an privaten Bildungseinrichtungen im Lande diskutiert.[38] Entwicklungen wie

- die KI-Automatisierung des öffentlichen Verkehrs zur Entlastung und Einsparung von Kontrolleuren (Beispiel London[39]);
- die „KI-fizierung" des öffentlichen Gesundheitsversicherungssystems (Beispiel Österreich[40]);
- die Automatisierung regionaler Wettervorhersagen (Beispiel Frankreich[41]);
- der systematische KI-Einsatz bei der – historischen und aktuellen – Suche nach Personen (Beispiel Chile[42]);
- Rechtsquerelen um die Verkehrsauskunft von Chatbots und Schadenersatz (Beispiel Kanada[43]) oder
- der Angriff von Menschenansammlungen auf selbstfahrende Autos, die Unfälle verursachen (Beispiel USA[44])

sind erst der Anfang. Dass KI künftig auch in Südtirol Bewerbungen sichtet – und dann unterschiedlich vorentscheidet –, steht ebenfalls vor der Tür.[45] Die KI-Revolution wird alle Bereiche der Gesellschaft erfassen, und die Phänomene stehen bereits im Raum. Die KI-Revolution wird weniger „von oben nach unten" erfolgen, also gesteuert und in großem Stil, sondern vielmehr „von unten nach oben", also: von Einzelentwicklungen im Alltag ausgehen und nach und nach ein Netz von Anwendungen erzeugen, die dann immer stärker zusammenwachsen und schließlich das gesamte „System" KI-fizieren.

Es ist nur eine Frage der Zeit, bis sich Neuerungen, die anderswo bereits Anwendung finden, auch hierzulande durchsetzen. Dies wird mit sämtlichen

Vor- und Nachteilen und allen gesellschaftlichen Auswirkungen erfolgen. Um hier sachlich und vorwegnehmend „vorausschauende Politik" zu machen, ist es sinnvoll, die zahlreichen Beispiele anderer Gegenden systematisch zu studieren und dazu eine Studiengruppe einzusetzen, die die Ergebnisse einschließlich „Für und Wider" und unmittelbare Gesellschaftsrelevanz für die Südtiroler Entscheidungsträger aufbereitet und diese ständig aktuell mit Information versorgt.

Erweiterte eigene Forschungen und Datenerhebung könnten und sollten diesen Dauertransfer begleiten. Die Südtiroler Wissenschaftseinrichtungen sind dafür gut ausgerüstet und machen eine hervorragende Arbeit. Die Erweiterung kann durch Ausweitung technologischer Möglichkeiten, verbesserten Politiktransfer – auch kapillar – und verstärkte Einbindung des öffentlichen Dialogs erfolgen.

Projekte zeitverschoben wiederaufgreifen und aus Vergleichserhebungen lernen

Dabei muss das Rad nicht immer neu erfunden werden. Grundsätzlich geht es in den kommenden Jahren neben der Weiterführung bestehender Spitzenforschung, die ständig neue Erfolge erzielt, und eigenständigen innovativen Format-Entwicklungen auch darum, erfolgreiche – und in ihrer „Glokalität" vorausweisende – EU-Ansätze und -Projekte in neuer Form auf die regionale Ebene zu bringen. Hier könnten sie jetzt von Grund auf neu verwirklicht werden – mit weit mehr konkreten Daten und genauer eingebettet, womit die Ergebnisse effizienter umgesetzt werden können. Südtirol könnte in dieser Regionalisierung von EU-Vorwegnahme-Ansätzen vorangehen. Ein Beispiel für eine Aktualisierung, die an der Zeit ist, könnte das EU-Projekt „Globalisierung, Optimale Politiken und Wachstum" (Globalization, Optimal Policies and Growth) aus den Jahren 2009–2014 sein.[46] Es untersuchte für diesem Zeitraum

> „die vor den politischen Entscheidungsträgern stehenden Anforderungen aufgrund der zunehmend schnellen Globalisierung und der Bedeutung der Schaffung von Wissen für den Wohlstand. Hauptthema des Projekts war der optimale Schutz von Erträgen aus Innovation, um das Wachstum innerhalb einer globalen Wirtschaft zu stützen. Die Forscher fanden heraus, dass bei sequenzieller Innovation optimale Strategien ein Gleichgewicht zwischen dem Schutz der Innovationsrenditen sowie dem Ermöglichen einer schnellen Verbreitung und Standardisierung neuartiger Technologien schaffen sollten.

> Das optimale Gleichgewicht hängt vom Grad der Globalisierung und der Form des Technologietransfers … ab."[47]

Dabei stand eine „Diskrepanz" im Mittelpunkt der Forschung, die sich heute im Bereich der Zukunftstechnologien erneut – und in vielerlei Hinsicht verschärft – auch auf regionaler Ebene zeigt:

> „Grundlage der von den Forschern betriebenen Analyse war die zunehmende Diskrepanz zwischen politischen und wirtschaftlichen Führungspersonen, die durch die Globalisierung verursacht wird. Im Gegenzug erfordert diese Diskrepanz eine Veränderung in der politischen Struktur, welche die Macht weg von zentralisierten hin zueinander überlappenden Zuständigkeiten neu verteilt … Die in diesem Projektzusammenhang entwickelte Theorie legt nahe, dass die Globalisierung eine einheitliche Erklärung für den Aufstieg der großen Nationalstaaten im 19. Jahrhundert liefern kann, dem ein Zeitraum folgte, in dem die Bildung internationaler Vereinigungen wie etwa der EU oder der WTO von politischer Fragmentierung innerhalb der Staaten begleitet wird. Aus den Resultaten geht hervor, dass es notwendig ist.., die Bedeutung der Anpassung der rechtlichen Vereinbarungen hervorzuheben, um besser auf die Globalisierung reagieren zu können. Insgesamt stellte das Projekt die große Aufgabe heraus, die moderne Gesellschaften und politische Institutionen zu bewältigen haben."[48]

Diese Aufgabe ist auch heute noch gültig – vielleicht noch mehr als beim Abschluss dieses Projekts vor einem Jahrzehnt. Die zyklische Produktion von Forschungsergebnissen zum selben Sachverhalt in gewissen Zeitabständen schafft Vergleichswerte. Weil in Südtirol heute die Globalisierungswirkungen rasch zunehmen und die technologische Transformation eine zunehmend wesentliche davon ist, könnte es nun darum gehen, ein solches Projekt von Seiten Südtirols unter den heutigen, stark veränderten Bedingungen neu einzusetzen – und aus dem Vergleich zeitverschobener Daten, Erwartungen und Erfahrungen zu lernen. Und wie dieses auch weitere Projekte, die „vorausschauende Regierung" konkret auf die regionalen Umstände anwenden. Dies, indem sie die verschiedenen Wirkungsbereiche von Zukunftstechnologien zwischen global, international, national, regional und lokal zusammenschauen und an den Schnittstellen „optimale" Politiken ansetzen, was auch mit dem Ausbau der Abstimmung mit externen Akteuren verbunden sein kann.

Schnittstelle Technologie – Kunst – Ethik

Genau an diesen Schnittstellen siedeln sich auch zeitgenössische Künste an, die sich in vielerlei Hinsicht auf neue Technologien beziehen. Deshalb gilt es, in der Gesamtvision auch Kunst und Technologie in ihrem Zusammenhängen zu betrachten. Es ist an der Zeit, die Schnittstelle Kunst und Technologie zu fördern, aber auch kritisch zu differenzieren. In der Erkundung und Förderung dieser Schnittstelle gehen Private in Südtirol seit Jahren mit großem Zukunftshorizont voran.

Ein Beispiel dafür ist das Werk eines der künftig für die Technik-Zivilisation wohl weltweit wichtigsten Künstler, M.C. Escher (1898-1972). Die Rechte seines Werks, das weit in eine von Künstlicher Intelligenz dominierte Zukunft systemischer Sechsdimensionalität vorausweist, sind seit 2023 (auch) in Südtiroler Hand.[49] Das könnte sich, wenn die Technologisierung weiterhin in der bestehenden Geschwindigkeit voranschreitet, als „die" Investition in die Zukunft des (historischen) Kunstmarkes erweisen – und für Südtirol neben bereits im Lande gehaltenen Lizenzen im Blockchain- und KI-Anwendungsbereich als Glücksfall der vorwegnehmenden Standort- und Kompetenzakquisition erweisen. Und es kann sich vor allem als hilfreich herausstellen, wenn Ethik praxisnah und nicht mit dem Zeigefinger, sondern immanent in der formalen Ausgestaltung der künftigen technologischen Lebenswelten gedacht und verwirklicht werden soll. Kunstkompetenz wird sich auch dann breit und positiv auswirken, wenn angewandte sozialkünstlerische Ethik dazu beiträgt, die „sieben Nolan-Prinzipien" des öffentlichen Lebens umzusetzen: nämlich Selbstlosigkeit, Integrität, Objektivität, Verantwortlichkeit, Offenheit, Ehrlichkeit und Führungskraft.[50] Künstlerische Sensibilität für die Innendimensionen der Technik-Zivilisation, wie beispielhaft bei M. C. Escher dargestellt, kann dafür das Bindeglied sein. Das hat die bislang größte Ausstellung seines Werks im Palazzo Bonaparte in Rom vom Herbst 2023 bis Frühjahr 2024 gezeigt.[51]

Auf der anderen Seite gilt es die Zukunftsstruktur des Kunstbereichs differenziert zu betrachten, etwa hinsichtlich der künftigen öffentlichen Förderung von Kunst. Wenn Künstliche Intelligenz künftig „Kunst" produzieren wird, wie etwa der humanoide Roboter AI-da auf der Kunstbiennale Venedig 2022, dann muss menschliche und maschinelle Kunst unterschieden werden, um den Kunstbereich nicht in einen völligen Bruch hineingehen zu lassen, in dem kein Stein mehr auf dem anderen bleibt. Für das Neudenken des Bereichs unter Bedingungen der Zukunftstechnologien gibt es mittlerweile Beispiele – darunter, wie bereits oben erwähnt, den Erlass des spanischen Kulturministeriums vom Februar 2024, dass kein Kunstwerk, das „ganz und integral" von KI erzeugt wurde, einen Kunstpreis erhalten darf.[52] Obwohl dies ein Ansatz auf der Grundlage einer schwachen Formulierung ist, die viele Schlupflöcher und „Hybride" offenlässt, weil „ganz und integral" Interpretationssache bleibt, zeigt sich hier der Beginn einer Neubeurteilung, an der auch Südtirol mittel- bis langfristig nicht vorbeikommen wird.

Ethik ist notwendig – doch wie sie konkret in Technologie-Zukünfte einfügen?

Zur Ethik im umfassenderen Sinne stellen sich dann weitere Fragen zur Diskussion. Wenn sich Initiativen dazu auf die im März 2023 veröffentlichten vier Schwerpunkte des NOI beziehen, sind Ethikdebatten auf der sicheren Seite. Es wird wenig Polemiken geben, weil in Südtirol Einigkeit über die meisten Aspekte von Nachhaltigkeit besteht.

Ein Erweiterungsthema könnte hier jedoch die stärkere Verbindung von Nachhaltigkeit mit Resilienz sein – was bislang noch eher unterbewertet wurde, in Europa und weltweit aber nach den jüngsten Krisen wie der Covid-19 Pandemie zur großen Herausforderung auf allen Gestaltungsebenen geworden ist. Resilienz- und Nachhaltigkeitsethiken präsentieren oft sehr unterschiedliche Aspekte, zuweilen sogar entgegengesetzte: während Resilienz eher auf Stabilität und Sicherung des Bestehenden setzt und Einzelaspekte transformiert, handelt der Nachhaltigkeitsdiskurs eher von systemisch-ganzheitlicher Transformation, und zwar weit aktiver als der Resilienzdiskurs. Zuweilen stehen sich deshalb heute Nachhaltigkeits- und Resilienzlager sogar entgegen. Sie zum Dialog zu bringen, damit eine vernünftige Mitte gefunden wird, kann eine sozialethische Diskussion begründen, die für das Land fruchtbar ist: wo „Widerstand" gegen Umbrüche stärken? Und wo Transformation aktiv durchziehen? Beides kann sich auf Zukunftstechnologien beziehen. Die Ergebnisse können auch positive Aspekte der Differenzierung in die Unruhe um unerwünschte Globalisierungswirkungen einbringen. Das gilt zum Beispiel für den Arbeitsmarkt, der auch in Südtirol immer stärker vom Technologiebereich geprägt wird.[53] Die Implikationen und Folgen davon müssen zwischen den Polen Nachhaltigkeit und Resilienz (zum Beispiel der Südtiroler Autonomie) diskutiert werden.

Zweitens stellt sich die Frage, ob zur Konzentration der Ethik-Debatte auf die vier NOI-Technologie-Schwerpunktthemen ein Diskurs zum Lernen von den Besten hinzuzuziehen wäre, die gerade nicht in diesen Bereichen tätig sind. Dazu könnte der Vorschlag lauten, längerfristige Zusammenarbeiten mit gerade nicht im NOI-Technologiepark vertretenen Spitzentechnologien und ihren Vertretern zu etablieren, und dazu Kontinuitäten und Strukturen wie eines Fellow-Systems zu schaffen. Die Gründung eines Jugendforums oder -gremiums sowie eine eigene Ethik-Stelle im inter- und trans-disziplinären Sinne, vielleicht nicht unähnlich wie früher „Wissenschaft und Verantwortlichkeit" an der Uni Innsbruck (Senatsarbeitskreis mit Einbindung von Studentenvertretern), könnten mittelfristig ebenfalls Anregungen für Eigenentwicklungen darstellen. Idee könnte sein, hier für Ethikfragen etwas Längerfristiges zu installieren, was auf ein Kompetenzzentrum o. ä. hinauslaufen könnte. Temporäre Vortragsreihen oder Einzel-Diskussionsformate werden dazu hilfreich sein. Das Gesamtkonzept für Ethikfragen könnte überdies zwischen kurz- und langfristig differenziert und ständig ergänzt werden.

Ein drittes, international zunehmend wichtiges Thema ist die stärkere, aktive Verbindung von Ethik- mit Zukunftsdiskursen. Das wird mittlerweile von vielen vorausschauenden Experten eingefordert – so etwa auf globalen Signal-Veranstaltungen wie dem Weltzukunftsforum in Dubai[54] oder der Weltkonferenz der Weltföderation für Zukunftsstudien in Paris.[55] Die übereinstimmende Meinung lautet: Was bislang in den Ethik-Konzepten zu kurz kommt, sind die Zukunftsstudien und die Zukunftsforschung, darunter Zukunftsbildung *(Futures Literacy*[56]*)* und „Vorausschauendes Innovations-Regieren" *(Anticipatory Innovation Governance*[57]*)*, die wir bereits in Kapitel 2 erwähnt haben.

Zukunftswissenschaften werden aber als Plattformen für Konvergenz von Inter- und Transdisziplinarität immer wichtiger – manche sagen sogar, sie werden zur eigentlichen Konvergenzform der Natur-, Sozial- und Humanwissenschaften werden[58], und zwar immer unausweichlicher, je schneller das „Zeitalter der (technologischen) Beschleunigung"[59] voranschreitet. Das Ergebnis wird eine „transdisziplinäre Gesellschaft"[60] sein. „Die Zukunft" wäre in diesem Fall, wie Dubai und Paris eindrucksvoll gezeigt haben, ein zentrales Thema für die Phänomen- und Realitäts-orientierte Neuaufhängung von Ethik. Der Aspekt der Integration von Zukunfts- und Ethik-Denken wäre vor allem dann zu berücksichtigen, wenn wir von einem Ethik-Mehrjahreskonzept sprechen.

Kurz: Zukunft könnte ein positiver Begriff für Ethik-Diskussionen sein. Das zeigt auch die jüngste Neukonzeption der UNESCO-Ethikansätze mit Schwerpunkt auf dem Schnittpunkt Wissenschaft, Technologie und Ethik.[61]

Natürlich sind all dies nur Fragen und offene Anregungen. Sie wollen nichts Bestehendes ersetzen, sondern der Sicht auf das größere Ganze dienlich sein – vielleicht auch erst im Blick auf spätere Jahre.

Erstbeweger oder Früher Anpasser?

Stellt sich – angesichts dieser bewegten Verhältnisse – nur noch die Grundsatzfrage: Kann, will oder sollte Südtirol bei neuen Technologien Vorreiter oder gar „Erstbeweger" *(prime mover)* sein, oder lieber zum „frühen Anpasser" *(early adopter)* werden?

Aus dem Blick einer möglichst realistischen „Technologievision Südtirol 2030" fällt die Antwort gemischt aus. Als kleiner Lebensraum mit begrenzten Ressourcen sollte Südtirol zwar in einigen Nischen mit vorne dran sein, aber auch nicht zu schnell sein mit der flächendeckenden Einführung neuester Technologien. Manchmal ist „früher Anpasser" besser als „Erstbeweger" – weil dann Risiken vermindert und Wahrscheinlichkeiten erfolgreichen Einsatzes auf der Grundlage erprobten Erfolgs vergrößert werden. Außerdem werden Investitionsanstrengungen reduziert – und die gezielte Förderung „sicherer" Innovationsbereiche mittels Startup-Ansiedlungen kompensiert.

Die Maxime des „frühen Anpassers" statt „Erstbewegers" gilt in Südtirol in erster Linie für sensible und langfristig für die Autonomie entscheidende Zukunftsbereiche. Darunter ist die Frage des Einsatzes von KI und Chatbots im Erziehungs- und Bildungsbereich. Zu große Eile bei ihrer Einführung in den Schul- und Bildungsbereich wäre angesichts der bislang weitgehend unklaren Perspektiven und der außergewöhnlich großen Bandbreite ihrer Auswirkungen nicht angebracht. Die Empfehlung nicht zu schnellen, kritischen und schrittweisen Vorgehens im Erziehungsbereich hat zuletzt der UNESCO-Weltbildungsbericht 2023 hervorgehoben.[62] Diesen Empfehlungen folgend, ist der Einsatz neuer Technologien wie Chatbots und KI in der Schule ein zweischneidiges Schwert. Während manche eine „frühe Einführung" für den besten Weg halten, sich rechtzeitig an die neuen Umstände anzupassen und Lehrer und Schüler auf die veränderte Situation einzustellen, warnen andere sowohl vor der Wirksamkeit dieser Maßnahme als auch vor der Tatsache, dass bis auf weiteres unklar bleibt, wie sich Chatbot-Unterstützung auf die kognitiven und angewandten Fähigkeiten junger Menschen auswirkt. Ein Mittelweg dürfte auf allen Ebenen des Erziehungs- und Bildungsbereichs die beste Option sein. Dabei bleibt angesichts der derzeitigen Euphorie bei aller positiven Grundhaltung vieles erst abzuwarten und zu beobachten. Denn es gibt auch negative Aspekte, die es zu vermeiden gilt.

Wie zum Beispiel die Nicht-Regierungsorganisation (NGO) „AlgorithmWatch" aus Berlin in ihrem – lesenswerten! – regelmäßigen Bulletin zur „Automatisierten Gesellschaft" im Februar 2024 schrieb, dringt mittels der breiten, oft auch überzogenen KI-Euphorie[63] zweifelhafte „Wissenschaft" immer öfter in den Erziehungs- und Bildungsbereich ein. So sehen wir international zum Beispiel

> „die Anwendung künstlicher Intelligenz, um die Leistungen von Schülern zu messen. Er [geht dabei] nicht von ‚Emotionserkennung', sondern gemeint ist eine Software, die den akademischen Werdegang von Studenten verfolgen und ihre Bewegungen scannen könnte, um zum Beispiel zu beurteilen, ob ihre Motivation nachlässt. Einzelne Universitäten hatten bereits 2018 mit IBM an einem ähnlichen Projekt gearbeitet, das jedoch keine Echtzeit-Bildanalyse beinhaltete … Bei den Marketinganstrengungen, mit denen die Technologie angepriesen wurde, kann man vermuten, dass das Projekt möglicherweise eingestellt oder verzögert wurde, weil sich die Umsetzung als schwierig erwies."[64]

Weitere Beispiele unglücklicher oder verfrühter Ansätze des KI-Gebrauchs im Bildungsbereich gibt es laut „AlgorithmWatch" mittlerweile viele:

> „Es ist nicht das erste Mal (und wird auch nicht das letzte Mal sein), dass Bildungseinrichtungen mit Systemen zur Gesichts- und Emotionserkennung spielen. Einige weiterführende Schulen in Frankreich sahen sich gezwungen, die Gesichtserkennung auf dem Schulgelände zu verbieten. Lehrer in Dänemark verwenden Apps, um die ‚Stimmungslandschaft' von Grundschülern zu messen. Die Apps haben die Regierung Millionen von Kronen gekostet. In Spanien haben fast alle autonomen Regionen Schul-Instrumente in ihre Strategien für Künstliche Intelligenz aufgenommen. Sie planen, die akademische Laufbahn der Schüler zu verbessern, indem sie entweder die Notenverläufe scannen oder ihr Verhalten in Echtzeit messen. Keine von ihnen hat dies tatsächlich umgesetzt, aber es erscheint fortschrittlich zu sagen, dass sie es

tun werden. Die Schulen sind nicht ganz unschuldig daran, dass sie es versuchen, wenn man bedenkt, dass sogar die Organisation für wirtschaftliche Zusammenarbeit und Entwicklung (OECD) die Künstliche Intelligenz zur ‚Bewertung von Wissen' und ‚Messung von Emotionen' vorantreibt. Diejenigen, die diese Werkzeuge als die Zukunft der Bildung anpreisen, scheinen sich wenig darum zu kümmern, dass Forscher bereits heute den pseudowissenschaftlichen Ansatz der Emotionserkennungstechnologie kritisieren."[65]

Die Gründe dafür, warum KI im Unterricht auch dann vorsichtig verwendet werden sollte, wenn sie Fortschritte im Lernen und Verhalten verspricht, sind laut AlgorithmWatch vielfältig:

„Der Einsatz von KI zur Vorhersage des Verhaltens von Menschen oder zur Interpretation ihres emotionalen Zustands beruht grundsätzlich auf der Annahme, dass der Ausdruck von Emotionen universell und auf sechs Grundzustände beschränkt ist. Diese Annahme ist wissenschaftlich unhaltbar und wurde aufs Schärfste widerlegt. Ein Lächeln ist nicht immer gleichbedeutend mit Freude, ebenso wie eine Vielzahl von Gefühlsausdrücken auf Wut hinweisen kann. Selbst wenn automatisierte Systeme einen Ausdruck erkennen können, wissen sie nicht genau, was sie damit anfangen sollen. Dennoch vertrauen einige Enthusiasten darauf, dass die KI nicht nur menschliche Emotionen schnell interpretieren, sondern auch das Verhalten von Menschen vorhersagen und auf dieser Grundlage Entscheidungen treffen kann. Minderjährige und Migranten (oder beides) sind in vielen Fällen ein Testfeld. Das kürzlich beschlossene [EU] KI-Gesetz [EU Artificial Intelligence Act[66]] verbietet Emotionserkennungssysteme in Schulen, sieht aber Ausnahmen aus ‚medizinischen' oder ‚Sicherheits'-Gründen vor. Es bleibt abzuwarten, ob das KI-Gesetz Studenten und Schüler vor einer grenzüberschreitenden Überwachung schützen wird, die auf einem pseudowissenschaftlichen Diskurs beruht."[67]

Zusammengenommen bedeutet das, dass Südtirol „Erstbeweger" in ausgewählten Einzelbereichen wie den vier NOI-Schwerpunkten oder spezifischen Nischenbereichen wie Sensoren-gestützter territorialer Raumplanung oder Anwendungsformen der Mensch-Maschine-Integration[68] sein könnte. Mit der flächendeckenden Einführung von „Erstbeweger"-Technologien im Frühstadium sollten wir als kleine und sensible Realität aber eher vorsichtig umgehen und im Zweifelsfall eher ein „Früher Anpasser" an diese Technologien sein.

Die Zukunft des Südtiroler Wissenschaftsbereichs unter KI- und Chatbot-Bedingungen

Ähnliches gilt für den Wissenschafts-, Forschungs- und tertiären Erziehungsbereich. Genau wie im Rest Europas wird sich auch in Südtirol eine Revolution der angewandten Wissensintegration anbahnen. Fakt ist: Der derzeit „wilde" Gebrauch von Chatbots in der Wissenschaft, darunter bei der Recherche, bei Übersetzungen oder gar im Erstentwurf von Forschungsansuchen oder Schriften entspricht dem bislang eher ungeregelten Gebrauch in Schulen und Kultureinrichtungen. Das macht einerseits Beurteilungen (etwa von Leistungen), andererseits Urheberrechte (etwa von Autoren oder Förderempfängern) schwierig bis unmöglich – und stellt damit die Grundfunktionsweisen eines ganzen Gesellschaftsbereichs, der für die Transparenz und Faktenorientierung offener Gesellschaften entscheidend ist, in Frage. Dafür müssen frühzeitig Regeln auf internationaler (UNO, UNESCO, OECD), europäischer (EU), nationaler (Italien) und regionaler (Autonome Region Trentino-Südtirol, Autonome Provinz Bozen) gefunden und möglichst mittels aktivem Beteiligtenzuspruch eingeführt werden, um Unsicherheit und Fehler zu vermeiden.

Zum Umbruch des Wissenschaftsbereichs mittels Zukunftstechnologie wie Künstlicher Intelligenz im allgemeinen und Chatbots wie ChatGPT im Besonderen hat die internationale Beratungsfirma Enago im Februar 2023 eine erste, überblicksartige Einschätzung als Handreichung für künftige Herausforderungen herausgegeben.[69] Darin werden die Chancen und Probleme, Stärken und Schwächen von deren Gebrauch für Wissensproduktion und Wissensintegration aufgelistet. Abschließend wird eine Diskussion in Wissenschaftseinrichtungen darüber empfohlen, um mittelfristig zu zunächst internen, dann gemeinschaftlichen Regulierungen zu kommen.

Unter den „Fähigkeiten" von Chatbots im Wissenschaftsbereich notiert der Enago-Report die „kontextuelle Texterzeugung in Mehrfachversuchen", den verbesserten Umfeldbezug zur Herkunft des Benutzers und die erweiterte Sprachunterstützung.[70] Unter den „Begrenzungen" listet der Report die unzureichende Fähigkeit zur Bereichsspezialisierung, den fehlenden Bezug zu den Quellen der Information, das Risiko der Fehlinformation, die Übernahme und Verstärkung von Vorurteilen in KI-Lernprozessen, die Wiederholung und Wiederverwendung bereits existierender Daten (Plagiat) und „imaginative aber unrichtige Ergebnisse" (sogenannte digitale Halluzinationen) auf.[71]

Mit alledem sind laut Enago in praktisch allen Stadien und Bereichen der Forschungs- und Wissenschaftsproduktion „sowohl Hochrisiko- wie sichere Anwendungen von ChatGPT und anderen generativen KI-Modellen"[72] verbunden. Das reicht von der Hypothesengenerierung über das Forschungsdesign, die Literaturrecherche und die Datensammlung bis hin zum Verfassen eines Manuskripts, der Plagiatssuche in wissenschaftlichen Arbeiten und sogar der wechselseitigen Begutachtung wissenschaftlicher Güte und Ethik durch Fachkollegen (peer review). Als die zwei Hauptprobleme des Gebrauchs von Chatbots und KI in Wissenschaft und Bildung nennt der Report

1. Fragen der Verantwortlichkeit und intellektuellen Autorenschaft,
2. ethische Bedenken.

Beide können laut den Verfassern zu einer Reihe von „potenziell negativen Konsequenzen für eine Organisation oder Praxis" führen. Darunter nennt der Report die „Bedrohung kritischen Denkens" durch Chatbot-Automatisierung, das Risiko der Veröffentlichung unrichtiger oder Falschinformation, die (unfreiwillige) Weiterverbreitung von Vorurteilen, ein ganzes Spektrum von rechtlichen und Haftbarkeitsproblemen sowie Gefährdungen der Privatsphäre und Herausforderungen der Datensicherheit.[73]

Dass diese Probleme nicht von der Hand zu weisen sind, zeigen zunehmende Klagen gegen Chatbots und ihre Mutterkonzerne wegen Plagiats und Kommerzialisierung fremder Inhalte – darunter der *New York Times* im Dezember 2023[74] und seitens Elons Musks im Februar 2024[75], beide gegen die ChatGPT-Mutter OpenAI. Ähnliches könnte künftig dem Wissenschafts- und Bildungsbereich blühen, wenn er Chatbots direkt und „naiv" einsetzt. Die Warnungen vor „naivem" Gebrauch nehmen jedenfalls zu. So schreiben zum Beispiel Lisa Messeri (Yale) und M. J. Crockett vom Universitätszentrum für menschliche Werte der Princeton Universität:

> „Wissenschaftler stellen sich mit Begeisterung vor, wie Werkzeuge der künstlichen Intelligenz (KI) die Forschung verbessern könnten. Warum aber sind KI-Tools so attraktiv, und welche Risiken birgt ihre Einführung in der gesamten Forschungspipeline? [Zur] Taxonomie der Visionen von Wissenschaftlern für KI stellen [wir] fest, dass ihre Anziehungskraft aus dem Versprechen resultiert, Produktivität und Objektivität durch die Überwindung menschlicher Unzulänglichkeiten zu verbessern. Vorgeschlagene KI-Lösungen können aber auch unsere kognitiven Grenzen ausnutzen und uns anfällig für Illusionen

machen, mittels denen wir glauben, mehr über die Welt zu wissen, als es tatsächlich der Fall ist. Solche Illusionen vernebeln die Fähigkeit der wissenschaftlichen Gemeinschaft, die Bildung wissenschaftlicher Monokulturen zu erkennen, in denen bestimmte Arten von Methoden, Fragen und Sichtweisen alternative Ansätze dominieren, was die Wissenschaft weniger innovativ und anfälliger für Fehler macht. Die Verbreitung von KI-Werkzeugen in der Wissenschaft birgt die Gefahr, dass wir eine Phase der wissenschaftlichen Forschung einleiten, in der wir mehr produzieren, aber weniger verstehen. [Wir müssen] die Diskussion über eine verantwortungsvolle Wissensproduktion im Zeitalter der KI vorantreiben."[76]

Zur Auseinandersetzung mit diesen Sachverhalten und um das weitere Vorgehen wird auch in Südtirol mittelfristig eine „Allianz zum Gebrauch von KI in Wissenschaft, Bildung und Öffentlichkeit" nötig werden. Das könnte nach dem Vorbild der bereits bestehenden „Allianz der Forschung und Lehre für Nachhaltigkeit in Südtirol"[77] geschehen. Dabei kann der Austausch zwischen Wissenschaft und Schule eine Kernachse für die Entwicklung von Gebrauchsregeln bilden, da beide täglich und unmittelbar mit den entsprechenden Fragen konfrontiert sind.

Die Ergebnisse werden die Notwendigkeit nationaler und europäischer Maßstäbe und Regulierungen sowohl verfahrensmäßiger wie ethischer Art für den Wissenschafts- und Bildungsbereich noch weiter unterstreichen. Das schließt auch die Entwicklung entsprechender Sanktionsmechanismen ein. Sicher ist: der – etwa in Frankreich und Polen – bereits begonnene „Lösungsansatz", zum Beispiel auf die Abfassung von Bachelor-Arbeiten an Universitäten zu verzichten, weil diese bereits großteils von Chatbots (mit)geschrieben werden, ist keine Lösung. Es zeigt nur die Verlegenheit eines wissenschaftlichen Bildungs-, Qualifikations- und Referenz-Systems, das auf die umfassende *und* kurzzeitig erfolgende KI- und Chatbot-Revolution nicht vorbereitet war – und es bis auf absehbare Zeit auch weiterhin nicht ist.

Wir brauchen neue Methoden, Chatbots und KI wissenschaftlich zu prüfen

Aber auch das umgekehrte Verfahren: die Prüfung algorithmischer Systeme wie Chatbots *durch* die Wissenschaft wird neue Methoden entwickeln müssen. Bisher standen dabei „Black-Box"-Ansätze im Mittelpunkt. Darunter versteht man, einen Chatbot durch verschiedene Wissenschaftler aus getrennten

Herkünften und Geographien mit denselben Fragen zu befassen, und dann die Antworten auf Ethik, Wahrheit und Effizienz in Umfeldanpassung und Zuschneidung auf den Fragesteller zu überprüfen. Doch diese Ansätze haben sich laut Forschern vom MIT, Harvard und dem Zentrum für die Regierung von AI *(Centre for the Governance of AI)* als begrenzt und oft vorurteilsbehaftet erwiesen.[78] Da auch viele der „Macher" von Chatbots inzwischen angeben, dass die Prozesse, die zu einer Antwort führen, inzwischen selbst für sie für eine Rekonstruktion zu komplex und datenaufwendig sind, wodurch sie nicht mehr voll nachvollziehbar sind, ist Handlungsbedarf gegeben – zumindest dann, wenn die Intelligenzrevolution technologischer Systeme in menschlicher Hand bleiben soll. Das ist nicht nur für den wissenschaftlichen Gebrauch Künstlicher Intelligenzen, sondern auch für die rechtliche, finanzielle, versicherungstechnische, journalistische und künftig wohl auch politisch-soziale Nutzung von Chatbots wichtig – wird KI diese Bereiche doch überproportional stark beeinflussen.[79]

Südtiroler Gesellschaftspolitiken in entstehende EU-Regelwerke einpassen

Dass schon deshalb eine neue Welle von KI-Regulierungen bevorsteht, steht angesichts dieser Trends und Herausforderungen außer Frage.[80] Dass die Regulierungen dann teilweise selbst wiederum von und mit KI erstellt und umgesetzt werden, ebenso. Und dass es, drittens, als eine Ironie der Geschichte empfunden werden kann, wenn KI, eben während sie gesetzlich geregelt wird, gleichzeitig dabei hilft, bestehende Gesetze vergleichend zu verbessern und „auszumisten", wird ebenso paradoxale Normalität werden.

Trotzdem fehlt eine globale institutionelle Regelung von Zukunftstechnologien heute noch weitgehend, obwohl es zunehmend Vorschläge dafür gibt.[81] Vor diesem Hintergrund werden Italien und alle anderen Nationalstaaten der EU aufgerufen sein, jene Regulierungen, die in erster Linie die EU in jüngsten Jahren angestoßen hat, anzupassen und umzusetzen. Inwieweit Südtirol hier zumindest in der Umsetzung praxisrelevanter Teilaspekte in den Autonomiekontext mitwirken wird können und müssen, wird zu sehen sein. Sicher ist: die Gesellschaftspolitiken werden sich mittelfristig anpassen müssen. Und das bedeutet: sie werden sich durch KI jedenfalls ändern. Genauso wie sich seit 2021 die Südtiroler Gesetzgebung im Rahmen der Nachhaltigkeitsstrategie des Landes[82] mit ihren sieben Handlungsfeldern[83] an den 17 SDGs orientierte, gilt es nun, die Landes-Praktiken im Technologiebereich auf entstehende Rahmenrichtlinien für die EU-Technologiezukunft abzustimmen.

Unter den rechtlichen Leitrahmenwerken ist seit April 2021 in erster Linie das „Künstliche Intelligenz Gesetz" der EU, der *EU Artificial Intelligence Act*.[84.] Es ist eines der weltweit ersten und deshalb beispielgebenden derartigen Gesetze. Das EU-Parlament hat Mitte März 2024 dafür grünes Licht gegeben. Dieses Rahmengesetz ist ersten „umfassenden Regeln für eine vertrauensvolle Künstliche Intelligenz"[85] gewidmet. Das Gesetz teilt KI-Systeme in Risikogruppen ein. Je höher die Gefahren einer Anwendung sind, desto höher sollen die Schutzmaßnahmen sein müssen. Dazu sollen die teilnehmenden Länder Sanktionsmaßnahmen entwickeln und in Kraft setzen. Unter den Einzelregelungen sind:

– Schutzmaßnahmen gegenüber der möglichen Entstehung einer allgemeinen Künstlichen Intelligenz;
– Beschränkung der Nutzung biometrischer Identifikationssysteme durch die Strafverfolgungsbehörden;
– Verbot von *Social Scoring* [das bedeutet: der Bewertung des sozialen Verhaltens natürlicher oder juristischer Personen zum Zwecke der Verhaltensprognose bzw. -steuerung] und von KI, die zur Manipulation oder Ausnutzung von Schwachstellen der Nutzer eingesetzt werden kann;
– Recht der Verbraucher, KI-Beschwerden einzureichen und aussagekräftige Erklärungen zu erhalten, und
– Geldbußen von 35 Millionen Euro oder 7 Prozent des weltweiten Umsatzes bis 7,5 Millionen oder 1,5 Prozent des Umsatzes.[86]

Wie es bei Bekanntgabe des Gesetzes hieß,

> „haben sich die Abgeordneten des Europäischen Parlaments mit dem Rat auf einen Rahmen-Gesetzentwurf zur KI geeinigt, der gewährleisten soll, dass KI in Europa sicher ist, die Grundrechte und die Demokratie respektiert, während Unternehmen florieren und expandieren können … Diese Verordnung soll sicherstellen, dass Grundrechte, Demokratie, Rechtsstaatlichkeit und ökologische Nachhaltigkeit vor risikoreicher KI geschützt werden, während gleichzeitig Innovationen gefördert werden und Europa auf diesem Gebiet führend wird. Die Vorschriften legen Verpflichtungen für KI auf der Grundlage ihrer potenziellen Risiken und Auswirkungen fest."[87]

Zu den „verbotenen Anwendungen", deren Vermeidung der jeweilige Gesetzgeber auf dem Gebiet der EU sicherstellen muss, gehören unter anderem:

- „biometrische Kategorisierungssysteme, die sensible Merkmale (z. B. politische, religiöse, philosophische Überzeugungen, sexuelle Orientierung oder Rasse) verwenden;
- ungezieltes Auslesen von Gesichtsbildern aus dem Internet oder aus Überwachungsaufnahmen zur Erstellung von Gesichtserkennungsdatenbanken;
- Emotionserkennung am Arbeitsplatz und in Bildungseinrichtungen;
- Soziales Scoring auf der Grundlage von Sozialverhalten oder persönlichen Merkmalen;
- KI-Systeme, die das Verhalten von Menschen manipulieren, um ihren freien Willen zu umgehen;
- KI, die eingesetzt wird, um die Schwachstellen von Menschen (aufgrund ihres Alters, einer Behinderung, ihrer sozialen oder wirtschaftlichen Situation) auszunutzen."[88]

Damit will sich die EU von autoritären Staaten wie China abgrenzen, die genau all dies in ihren Gesellschaften praktizieren. Auch einige Ausnahmen von diesen Regeln wurden von der EU definiert. Darunter sind KI-Nutzungen für den Polizeigebrauch oder wenn Gefahr im Verzug ist. Die Verpflichtungen für die jeweilige öffentliche Hand, KI-Hochrisikosysteme vorbeugend abzusichern und bestimmte Regeln für die Weiterentwicklung von KI einzubringen, damit diese nicht mittel- bis langfristig außer Kontrolle gerät, sind zentrale Bestandteile des Gesetzes. Die meisten dieser Bausteine sind allerdings sehr generisch formuliert und müssen erst in konkrete Regelungen in den verschiedenen Gesetzesbereichen integriert werden.

Will, kann oder soll Südtirol im Feld der Digitalen Diplomatie tätig werden?

In der „Ära der Ungewissheit"[89], wie die Gegenwart in politik- und sozialwissenschaftlichen Kreisen bezeichnet wird, häufen sich als Antwort neue Diplomatieformen. Neben Sportdiplomatie, Wirtschaftsdiplomatie und Wissenschaftsdiplomatie entsteht seit einiger Zeit ein weiteres neues Feld. Es könnte Südtirol neue Spielräume eröffnen: Digitaldiplomatie. Dieses Feld bedeutet einerseits „Diplomatie auf digitalem Weg", vor allem im Bereich der Internationalisierung von Bildung und Hochschulbildung. Das macht Digitaldiplomatie zu einer anderen Form der Wissenschaftsdiplomatie. Wichtiger wird nämlich mit jedem Jahr

> „die Überschneidung von Technologie, Nachhaltigkeit und globalem Lernen … Obwohl virtuelle Austausch- und Mobilitätsprogramme wesentliche Bestandteile der digitalen Internationalisierung sind, stellen sie nur einen Aspekt einer breiteren Bewegung hin zur stärkeren Integration digitaler Technologien in die internationale Bildung dar. Virtuelle und erweiterte Realität, KI und ChatGPT verändern die Hochschullandschaft in rasantem Tempo. [Wir müssen] die unzähligen Möglichkeiten berücksichtigen, wie sich Technologie auf alle Facetten der Internationalisierung auswirkt, und dabei sowohl Bereiche mit Problemen als auch Bereiche mit großem Potential erzeugt."[90]

Digitaldiplomatie bedeutet zweitens die bewusste Nutzung digitaler Innovation zur Erzeugung politischen Mehrwerts, zum Beispiel mittels strategischer Kooperationen. Für Südtirol liegt Digitaldiplomatie in diesem zweiten Sinne auf europäischem und regionalem Feld nahe, aber auch in der Zusammenarbeit mit nationalen Institutionen in der Umsetzung von EU-Rahmenrichtlinien zu Zukunftstechnologien, die sich in den kommenden Jahren von KI auf weitere, angrenzende Bereiche ausdehnen werden. Mittels Digitalisierung „inklusive Ökologien des Wissens"[91] zu erzeugen wird dabei wichtig. Deshalb haben die Vereinten Nationen einen weltweiten „Pakt für die Zukunft"[92] verfasst, der beim globalen „Gipfel der Zukunft"[93] im September 2024 beschlossen wurde. Er enthält starke Elemente der Digitaldiplomatie und könnte auch zu einem oder mehreren neuen UNO-Nachhaltigkeitszielen (SDGs) führen. Die Ausweitung der 17 UNO-Nachhaltigkeitsziele um einige Technologieziele wird die Diskussion der kommenden Jahre prägen. Zu diesen möglichen neuen SDGs gehören unter anderem die Demokratisierung der Algorithmen, eine gerechte Digitalisierung für alle sowie das Zusammenleben mit Künstlichen Intelligenzen – aber eben auch die Digitaldiplomatie. Südtirol kann hier mitgehen – und vielleicht sogar zu den Vorreitern der Umsetzung gehören.

Braucht Südtirol eine eigene trans-territoriale Technologie-Investitionsstrategie?

Zu guter Letzt ist bei Technologie ein ökonomischer Aspekt noch ausgeprägter als anderswo: Technologie ist – sowohl in ihrem Know-how als auch in ihrer Finanzierung und wirtschaftlichen Rechte- und Gewinnbeteiligung – stark international und global strukturiert. Die Frage, ob Südtirol deshalb auf lange Frist eine eigene Technologie-Investitionsstrategie mittels Chancen- und Risiko-

Beteiligungen auch auf internationaler Ebene braucht, also in trans-nationaler Blickrichtung, ist für die kommenden Jahre offen.

Darunter sind zwei Fragen wesentlich: Benötigt Südtirol eine eigene Kryptowährungs-Strategie, so wie sie andere Länder und Regionen bereits seit einiger Zeit verfolgen? Und: Sollte sich Südtirol an entstehenden neuen Investitions-Ökosystemen mit besonders hohem Wachstumspotential beteiligen – so wie etwa der entstehenden Weltraumökonomie mittels der EU-Investment-Bank in Luxemburg, die seit 2019 dafür die Weichen sowohl politisch wie juridisch gestellt hat?[94] Und wenn ja, wie?

Auch hier könnte das Prinzip des „Frühen Anpassers" gelten, nicht des „Erstbewegers". Pläne, Sonderanreize für internationale Großfirmen wie Tesla zu schaffen, um nach Südtirol zu kommen[95], sind dagegen wohl mit Blick auf Zukunftstechnologien keine Lösung. Sie mögen auf nationaler Strategieebene sinnvoll sein; Südtirol als autonome Provinz braucht kapillarere, eigeninnovativere und umfeldangepasstere Innovationstreiber, nicht den künstlichen Import von Weltfirmen, die auch überall anders agieren könnten.

2. Angewandte Praxisinstrumente

Damit sind nun für die Zukunft einige Orientierungs-Anregungen umrissen. Sie sollten nicht als Liste zum Abarbeiten, sondern einfach als Beschreibung des Spektrums möglicher Handlungsoptionen in grundsätzlicher Absicht gesehen werden. Welche davon konkret als sinnvoll erachtet, ausgewählt und umgesetzt werden, liegt im Ermessen der Entscheidungsträger. Dafür wollten die Einzelbeiträge dieses Buches eine offene Anregungsquelle sein, und zwar in praxisorientierter Blickrichtung.

Darauf aufbauend gilt es nun abschließend, einige konkrete Instrumente zu benennen, die Südtirol ohne weiteres sofort einführen könnte, um Zukunftstechnologien im Zusammenhang der dynamischen Gesamtvision weiter zu fördern. Es sind ausnahmslos Instrumente, die bereits existieren, und mit denen also bereits Erfahrungen vorliegen.

Rahmenreports

Den Rahmen für die Gesamtvision der wünschenswerten Technik-Gesellschaft, die vor uns liegt, zeichnen zwei der besten anwendungsorientierten Reports zu den im Raum stehenden Zukunftstechnologien, die es derzeit gibt. Es sind zwei Reports des „Zukunftskomitees" des finnischen Parlaments:

1. Der Report „Gesellschaftstransformation 2018–2037. 100 vorweggenommene radikale Technologien, 20 Gestaltungsformen: Beispiel Finnland".[96] Der Report listet auf 480 Seiten für finnisches Parlament und Regierung die 100 wichtigsten kommenden Einzeltechnologien auf, die bis ins Jahr 2037 gesellschaftlich wirksam werden. Dazu liefert er Fallbeispiele, wie diese bereits in einzelnen Technik-Ökosystemen gestaltet werden und wie sie in neuen Umgebungen gestaltet werden können. Der Report ist in seiner Detailgenauigkeit, Vollständigkeit und Übersichtlichkeit sowie leichten Lesbarkeit und Handhabungsorientierung wegweisend. Da Finnland in vielerlei Hinsicht in seinen Einzelrealitäten kleinräumige und sowohl in Bildung wie sozialem Selbstverständnis und pluri-kultureller Geschichte ähnliche Strukturen wie Südtirol aufweist, liegen Verbindungen und gegenseitiges Lernen nahe.
2. Der Report „Auf dem Weg in eine bessere Zukunft: Technologische Möglichkeiten und Bedrohungen für die Förderung der nachhaltigen Entwicklung".[97] Der 70-seitige Kurzreport listet für finnisches Parlament und Regierung zu jedem einzelnen der 17 UNO-Nachhaltigkeitszeile (Sustainable Development Goals, SDGs) jene Zukunftstechnologien auf, die in den kommenden Jahren bei ihrer Verwirklichung unterstützend oder entscheidend mitwirken können. Für manche der 17 SDGs erwartet der Report sogar eine völlig Neuaufstellung mittels Zukunftstechnologien, andere sieht er mittels Technologie in kürzeren Zeiträumen verwirklichbar. Dazu gibt der Report konkrete Hinweise, wie entsprechende technologische Ökosysteme frühzeitig und dynamisch eingerichtet werden können. Da Südtirol die 17 Nachhaltigkeitsziele in Gestalt seiner Dach-Entwicklungsstrategie, der Nachhaltigkeitsstrategie, zur Leitlinie der Landes-Zukunft gemacht hat, liegt hier eine gegenseitige Verbindung zwischen Spitzentechnologie und Nachhaltigkeitsthematik nahe.

Beide Reports haben den Vorteil der Praxisnähe – und dass sie beide bereits in den finnischen Regierungs- und Parlamentsprogrammen in Zusammenarbeit mit den weitgehend dezentralisierten finnischen Wissenschaftsstrukturen sowie mit Firmen in konkrete Einzelmaßnahmen umgesetzt werden. Ein Austausch, etwa im Rahmen eines stabilen und langfristig angelegten „Zukunftsdialogs", liegt deshalb nahe. Die UNESCO-Anbindung sowohl Finnlands wie Südtirols – beide mit UNESCO-Lehrstühlen, so Südtirol mit dem UNESCO-Lehrstuhl an der Eurac – kann hier hilfreich sein. Sie kann Türen öffnen, da bereits vielfältige Verbindungen bestehen, die für das Landesinteresse genutzt werden können.

Vielleicht könnte ein langfristiger Effekt oder eine Teil-Aufgabe der Zukunftsanstrengungen in Südtirol sein, Instrumente der Zukunftsantizipation wie diese zwei Innovations-Reports systemisch bei uns einzuführen. Dazu könnte ein Pool etwa mit der Landesentwicklungsagentur IDM, der Handelskammer, den Handwerker-, Unternehmer- und Dienstleisterbänden, dem Gemeindenverband und anderen gebildet werden. Dort könnte ein Austausch dazu stattfinden, wobei dieser Pool wohl am besten im NOI-Technologiepark angesiedelt wäre. Langfristiges Ziel könnte es sein, die Inhalte der zwei Reports mit bestehenden Landes- und Teilstrategien zu verbinden. Zukunftstechnologien könnten Bindeglied zwischen Nachhaltigkeits- und RIS3-Strategien sein – proportional zu ihrer wachsenden gesellschaftlichen Bedeutung in den kommenden Jahren sogar zunehmend.

Instrumente und Vorbild-Initiativen

Auf der noch unmittelbar angewandteren Ebene könnten für Südtirol mittel- bis langfristig vor allem fünf Instrumente aus Dubai interessant sein:

1. Der „Zukunftsbereitschafts-Index" (*Future Readiness Index*).[98] Damit kann die Zukunftsfähigkeit von Bürgern, Institutionen und Regierung gemessen werden. Es handelt sich um 68 Parameter, die von den Zukunftsbeauftragten Dubais – der Dubai Zukunftsstiftung[99] – entwickelt wurden. Sie können mittels Umfragen sowie Expertenuntersuchungen erhoben werden, sollen ein genaues Bild des Zukunftsstandes in einer Gesellschaft ergeben und können damit dazu beitragen, Zukunftstechnologien im besonderen und Zukünfte im Allgemeinen gezielt und breit anzusetzen und zu fördern.[100] Das Handbuch dazu kann als Orientierung für ähnliche Ansätze unter anderen Bedingungen dienen, etwa in Südtirol.[101]
2. Das dazugehörige Ausbildungsprogramm für Spitzenbeamte aller Ressorts, das auch auf Firmen übertragen werden kann.[102] Es handelt sich um eine sechsmonatige, berufsbegleitende Ausbildung in Zukunftskompetenz, die verpflichtend für alle Führungskräfte in Dubai gilt. Sie wird allgemein für Führungspositionen in Verwaltung und Regierung vorgeschrieben und für solche von Firmen und Privaten empfohlen. Ohne sie soll man grundsätzlich keine Spitzenposition mehr bekleiden können. Die Ausbildung ist kostenpflichtig, wird aber mit öffentlichen Mitteln gefördert. Sie erfolgt in zwei

aufeinander aufbauenden Modulen[103] mittels eines global gezielt mittels Einladung zusammengesetzten Lehrkörpers. Ähnliches wäre zur Förderung der Zukunftsbereitschaft eines der wichtigsten Betriebe des Landes: eben der Landesverwaltung, sowie zur soliden Grundlegung von breitem, aktivem Mitdenken von Zukünften der Südtiroler Führungsnetzwerke in Austausch mit Welt-Experten für Südtirol möglich. Dass die Dubai-Zukunftsstiftung dazu – und zu weiteren strategischen Themen – zeitweise eine eigene Zeitschrift veröffentlicht hat, bietet ein Vorbild für ein mögliches schriftliches Forum des Austauschs, an dem sich künftig auch Südtirol in geeigneten Formen beteiligen könnte.[104]

3. Die Anbindung an den periodischen Report des Dubai-Zukunftskomitees „10 Megatrends"[105], so wie zum Beispiel in der Ausgabe 2023 vorgemacht. Der Report schildert in stark standortentwicklungs-politischer Absicht die jeweils wichtigsten Großtrends, die auf ein Gebiet zukommen. Er gibt Hinweise, wie diese sich territorial auswirken und wie man sich dazu verhalten kann.
4. Darauf aufbauend veröffentlicht dasselbe Dubai-Zukunftskomitee in periodischen Abständen den „50 Globale Zukunfts-Chancen Report"[106] *(The Global 50 Future Opportunities Report).* Er ist, aufbauend auf den 10 Megatrends, der Frage gewidmet, welche 50 Chancen sich aus aktuellen Zukunftsentwicklungen ergeben. Dazu stellt er im Detail Anbindungen und Tipps bereit.
5. Schließlich arbeitet Dubai hinsichtlich praktischer Gestaltung von Zukünften an einem „Gestalter-Werkzeugkasten" (*Policymaker toolkit*).[107] Dieser soll in erster Linie dazu beitragen, Transformation ganzheitlich ins Werk zu setzen, um die 17 Nachhaltigkeitsziele *SDGs* schneller und besser zu erreichen.[108] Dazu geht es um eine künftig wohl stark Künstliche Intelligenz-gestützte „Agile Regierung"[109], die ständig an der positiven Integration von Zukunftstechnologien in das Verwaltungs- und Staatswesen arbeitet.

Es spricht nichts dagegen, diese fünf Instrumente auch in Südtirol auf Anwendbarkeit zu prüfen und zu nutzen, vorbehaltlich Anpassungen. Denn auch in Südtirol wird Zukunfts-Ausbildung zum „Treiber der Zukunft"[110] werden. Die fünf Instrumente und Vorbild-Initiativen könnten mit wissenschaftlicher Unterstützung in die lokale Realität übertragen werden – sei es unter Koordination der Eurac oder in Arbeitsgruppen. Unerlässlich dazu wird sein, den Unterschied in den sozio-politischen Systemen mit zu berücksichtigen, die Zukunftstechnologien entwickeln und anwenden. Dubai ist eine absolute Monarchie mit dem Anspruch auf radikaltechnologische Zukünfte[111], Südtirol eine Demokratie mit dem Anspruch auf Nachhaltigkeitszukünfte. Das bedingt unterschiedliche Innovations-Rahmenbedingungen. Trotzdem könnte ein Austausch mit dem von vielen als vorbildlich erachteten Regierungs-Innovations-Rahmenwerk Dubais: dem *Dubai Government Innovation Framework*[112] interessant sein, um ähnlich Ganzheitliches auch in Südtirol zu entwickeln. Wichtig als Unterbau dazu wäre der direkte Austausch mit den Erfahrungen, die andere Gesellschaften mit diesen Instrumenten machen, und wie sich diese Instrumente dadurch auch weiterentwickeln.[113]

Zukunftskomitee für Parlament und Regierung

Ein Zukunftskomitee für Landtag und/oder Landesregierung, oder in Zusammenarbeit zwischen beiden könnte die Arbeit der jeweiligen Institution aufwerten und mit spannenden Impulsen außerhalb der Routine versorgen. Die wissenschaftliche Begleitung und Organisation muss nicht, könnte aber wiederum über die Südtiroler UNESCO-Schiene laufen. Das Komitee würde einige Male, zum Beispiel drei Mal, pro Jahr durch internationale Experten einen Zukunftsimpuls empfangen und darauf aufbauend besonders wichtige Ausrichtungs- und Strategiepapiere mit Meinungen versehen. Namen von Zukunftsexperten gibt es genug, und die meisten weisen bereits Eurac-Verbindung auf. In vielen Verbindungsnetzen auf interessanter Ebene aktiv sind zum Beispiel Nondas Christophilopoulos (Thessaloniki) und Martin Calnan (Paris). Beide waren bei den Dubai-Zukunftsforen sowie bei Veranstaltungen wie der Weltzukunftsstudien-Föderation *(World Futures Studies Federation, WFSF)* in leitenden Funktionen tätig und in Technologie (Nondas) und Wirtschaft/Business/Leadership (Martin) Direktoren ihrer Einheiten in Athen und Paris. Der Direktor der Zukunftsarbeit in Dubai, Philipp Noack, wäre ebenfalls ein Name im Austausch zwischen verschiedenen Realitäten. Markku Wilenius, einer der Pioniere der Zukunftsforschung und Zukunftsbildung in Finnland, hat starke Bezüge zum aktuellen Technikgeschehen und der entsprechenden Vorausschau auf kommende Szenarien.[114] Der „Vater" der modernen UNESCO-Zukunftsbildung, Riel Miller, ist ebenfalls weiterhin mit Kursen etwa für die oben genannte Dubai-Beamtenausbildung und an der Dubai Future Academy aktiv.[115] Miller weist Verbindungen zum UNESCO-Lehrstuhl an der Eurac auf, wo er wiederholt zu Gast war.[116] Ein starkes, weiter ausbaubares Netzwerk für ein mögliches Südtiroler „Zukunftskomitee" wäre also bereits gegeben.

Das Zukunftskomitee könnte auch eine Studiengruppe vorsehen, die aus Interessierten von Landtag und Landesregierung sowie im Prinzip aller Institutionen in Südtirol bestehen könnte. Diese hätte die Aufgabe, von Zeit zu Zeit als gemischte Gruppe im Auftrag des öffentlichen Interesses beste Praktiken zu besichtigen, die für die Landeszukunft interessant werden könnten. Nur ein Beispiel dazu unter vielen, die sich in den kommenden Jahren bieten werden, ist die Bostoner Stadtverwaltung. Diese verwendet Chatbots wie ChatGPT in „anthropischer" Weise zur Verbesserung der städtischen Verwaltungseffizienz. Das Experiment hatte nach bisheriger Darstellung bereits in kürzerer Zeit größeren Erfolg als erwartet.[117]

Mögliche Maßnahmenpakete: Perspektiven für die Landes-, Städte- und Gemeindeverwaltungen

Insgesamt ließen sich aus diesen Bausteinen dann eine Reihe von Aktionspaaren oder vernetzten Maßnahmenpaketen für Südtirol ableiten:

1. Die Kombination der Zukunftsausbildung von Beamten und Führungskräften wie in Dubai mit der Einführung von Effizient-Chatbots in die öffentliche Verwaltung wie in Boston. Dies möglichst in Zusammenarbeit zwischen verschiedenen Verwaltungs- und Entscheidungsebenen. Der bereits in Kapitel 2 vorgestellte Ansatz der „Vorwegnehmenden Innovationsregierung" (*Anticipatory Innovation Governance, AIG*) kann dazu in der Rahmenperspektive Optionen öffnen. Etwas Ähnliches wird angesichts des raschen technologischen Wandels voraussichtlich früher oder später ohnehin kommen. Frühzeitig dafür eigenständige Formen zu finden, ist angeraten.
2. Die Zusammenführung von Zukunftstechnologien für Nachhaltigkeit (Finnland-Bericht 2) und der Strategie für 100 antizipierte radikale Zukunftstechnologien (Finnland Bericht 1) mit dem Aktionsplan für die Umsetzung der Südtiroler Nachhaltigkeitsstrategie[118]: nämlich dem Klimaplan Südtirol 2040 vom Juli 2023.[119] Hier gibt es viele Punkte gegenseitiger Anregung und Unterstützung. Es gilt, Technologie und Nachhaltigkeit in einen stärkeren Konvergenzprozess zu überführen. Das hat auch der OECD-Nachhaltigkeits-Zwischenbericht für Südtirol vom November 2023 an einigen Stellen hervorgehoben.[120]
3. Die Kombination der Einführung von KI und Chatbots für automatisierte Routineaufgaben – wie etwa Übersetzungen im Landesdienst – mit einer Strategie für bewusste Differenzierung zwischen Mensch und Maschine:

Welche Positionen müssen menschlich bleiben? Welche nicht? Die Gleichzeitigkeit von Mitziehen mit neuen Technologien mit Grenzenziehen gegen humanen Kahlschlag wird in den kommenden Jahren zu einer grundsätzlichen Aufgabe werden. Sie sollte von Anfang an nicht dem Zufall überlassen werden.

4. Daran angeschlossen wäre an die Einsetzung einer sektorenübergreifenden KI- und Automatisierungs-Ethikgruppe, ihre – auch geographisch – dezentrale Zusammensetzung und ihre Einbindung in ein Ombudsmannsystem zu denken. Die Grundsatz-Auseinandersetzung mit „KI und Mensch"[121] und „KI und Politik"[122] könnte in der transversalen Vernetzung mit anderen Landes-Ethikräten im Vordergrund stehen.
5. Die Kombination der Umsetzung der EU-Dateneigentums-Richtlinien für die Bürger – Vision: jeder Bürger besitzt im Jahr 2030 dezentral seine eigenen Gebrauchsdaten in Handy, Computer und Internet – mit öffentlichen Richtlinien dafür, was an Datenproduktion und -eigentum gemeinschaftlich und zentral bleiben muss. Das Ganze könnte mit einem territorialen Modellversuch zur dezentralisierten Blockchain-Datenverwaltung verbunden werden, sobald die staatlichen Rahmenbedingungen und die lokale Infrastruktur es erlauben. Ziel dieses Modellversuchs könnte sein, jedem Bürger den Handel mit seinen privaten Daten zu erlauben und möglich zu machen. Voraussetzung dafür ist die automatische Ausstattung von Einzeloperationen im Internet mit Mikro-Verträgen mit konkreten wirtschaftlichen Folgen, wo für die Nutzung von Seiten oder Suchmaschinen Verhaltensdaten erzeugt und aufgezeichnet und von den Anbietern den Nutzern automatisiert mit Mikrosummen an Geld oder anderen Leistungen entlohnt werden. Das kann, wie Elena Pasquali in ihrem Beitrag in diesem Buch dargestellt hat (Kapitel 7), zur Erzeugung eines bedingungslosen Minimal-Grundeinkommens für jeden Bürger führen. Es besteht aus Steuern der Anbieter für jede Mikro-Operation an Staaten und deren automatisierte Weitergabe an den Bürger, etwa als Steuerabschreibung oder Direktzahlung. Das setzt umfassende neue Speicherkapazitäten mittels Blockchain und vernetzte Automatisierungsleistungen voraus, für die die Voraussetzungen geschaffen werden sollten.
6. Eine Voraussetzung dafür wäre die ständige Sammlung und Aufbereitung der Information zu neuen Grundsatz-Entwicklungen und Regelungen im Bereich von Copyright und intellektuellen Rechten – wie unter anderem von der UNESCO seit den 1950er Jahren entwickelt und weiterentwickelt – im Bürger- und Landesinteresse. Das sollte auch mit der Berücksichtigung

von neuen Einsatzmöglichkeiten und Regulierungsanforderungen solcher Rechte im Lehr- und Qualifikationsbereich einhergehen, u. a. an Südtiroler Forschungseinrichtungen und Hochschulen sowie allgemein im Lehr- und Forschungsbereich.[123]

7. Der Aufbau eines lokalen und regionalen Technologie-Kompetenzclusters – eventuell mittels einer eigenen politisch-wissenschaftlichen *Task Force* – zu den Empfehlungen der EU und des EU-Parlaments zu Chancen und Risiken der KI[124] sowie der territorialen Datenentwicklung insgesamt, einschließlich *Big Data Politics*[125] und *Big Data Economy*[126]. Diese Gruppe könnte die Rolle eines halb-öffentlichen, halb-zivilgesellschaftlichen Beobachtungsgremiums der Datentechnologie-Entwicklung in der Gesellschaft einnehmen. Datenökonomie und vor allem Datenpolitik werden den Politikbereich in den kommenden Jahren immer stärker beeinflussen, weil immer mehr Daten ein Territorium und das Verhalten seiner Bevölkerung immer durchsichtiger machen – und deshalb mittels KI-Vernetzung zunehmend für direkten politischen Wahlerfolg genutzt werden können.[127] Das hat verschiedene Folgen für die Politik selbst, darunter die Entstehung privater KI-Politikfirmen auch in Italien[128], die beobachtet werden müssen. Der Kompetenzcluster könnte durchaus in einem gemischten Pool bestehen, wobei die Frage zu klären wäre, ob das eine Landesangelegenheit oder eine public-private Zusammenarbeit sein soll. Zur Thematik könnten – im Sinne einer Sammel- und Andockstelle – auch die Berichte und Voraussagen verschiedener extra-territorialer Intelligenz-Institute in Betracht gezogen und einbezogen werden: zum Beispiel des Bayerischen Forschungsinstituts für Digitale Transformation der Bayerischen Akademie der Wissenschaften[129], des KI-Observatoriums „KI in Arbeit und Gesellschaft" des deutschen Bundesministeriums für Arbeit und Soziales[130], der Nationalen Blockchain-Kommission Italiens – siehe dazu den Beitrag von Marco Vitale in diesem Buch, Kapitel 6 –, des OECD-KI-Forschungsprogramms[131] und dessen neue Großstudien wie die aus dem Jahr 2023 über die Auswirkungen von KI auf Arbeit und Gesellschaft im Vergleich von vielen Ländern[132], und des deutschen Bundesministeriums für Bildung und Forschung BMBF[133]. Auch die Einbeziehung von direkten Empfehlungen an die Politik in demokratiepolitischer Hinsicht wie in der „Zukunftsstudie 2035"[134] der Bertelsmann-Stiftung und anderen zur „Nutzung von KI als positiver Kraft"[135] könnten hier hilfreich sein. Sie können Ansätze wie jenen

von Ingrid Kofler in diesem Buch (Kapitel 12) zum künftigen Leben und Arbeiten in Südtirol unterstützen.

8. Wichtig wird dazu der Ausbau von Austausch und Zusammenarbeit von Landes-Technologievisionen mit internationalen und globalen Vorausschau-Szenarien-Prozessen wie denen der OECD, etwa den „vier Zukunftsszenarien" im Bereich der Transformation der öffentlichen Erziehung durch Zukunftstechnologien[136] oder den vier Makro-Szenarien der Welt im Jahr 2040 (Alexander Atarodi)[137]. Die Zusammenarbeit an der Diskussion dieser Ansätze kann zu wechselseitigem Gewinn und beidseitigem Lernen führen, unter anderem mittels Vorbereitungs-Know-How und direktem Input an Spitzenbeamte. Dazu sind Simulationen an den Südtiroler Wissenschaftseinrichtungen möglich. Simulationen könnten wichtige Akteure einbeziehen und – etwa durch Hologramm-Technologien – für das breite Publikum spektakulär aufbereitet werden, um Zukunfts-Interesse und -Partizipation zu steigern. Es ist in diesem Zusammenhang interessant, dass etwa die OECD immer mehr in Richtung solcher multi-disziplinärer Zukunfts-Simulationen geht und dazu mit führenden KI-„Simulations"-Vertretern wie der Singularity University in Silicon Valley zusammenarbeitet – ein nicht ganz unwagemutiges Unterfangen, das den Grad des Veränderungsniveaus und der Veränderungsbereitschaft nun auch der für Wirtschaftswachstum zuständigen Institutionen anzeigt (die OECD ist in erster Linie für klassisches Wachstum, nicht für Zukünfte zuständig!).
9. Bei alledem gilt auch im „Gehirneverlust"- oder *Brain-Drain*-Land Südtirol künftig, wie in den meisten anderen europäischen Gebieten, der Imperativ der stärkeren Einbeziehung der Jugend. Dazu ist die Kombination von eigenen mit globalen Instrumenten denkbar – so wie mit dem „UNICEF Youth Foresight Playbook"[138], einer Art Bedienungsanleitung, wie jungen Menschen der Weg in das Mitdenken von Zukünften erleichtert werden kann. Das UNICEF-„Drehbuch" oder wörtlich „Spielbuch" wurde erstmals im November 2023 beim Zukunftsforum in Dubai weltweit vorgestellt.[139] Es ist also ein sehr neues Instrument, das durch Anwendung und Erprobung wachsen soll – auch mittels Erfahrungen in Südtirol. Seine Einführung als integraler Bestandteil in die Technologievision Südtirol könnte mit einem Jugendrat (*Youth Council*) für den NOI-Technologiepark verbunden werden, wofür eine ganze Reihe junger Südtiroler im Zukunftstechnologie-Bereich in Frage kommen.

10. Technologie-Kompetenz-Offensiven im Bereich „Ernste Spiele" (*Serious Games*) könnten das Ganze in Abstimmung mit den dazu zuständigen Landesstellen abrunden. Der Spieleansatz zu Zukünften wird unter anderem von der Weltbildungsorganisation UNESCO stark vorangetrieben. Denn Zukünfte sind vor allem Vorstellungssache. In der Tat wird der Faktor Spiel wichtiger als bisher, ja für den Umgang mit vielen Bereichen mit ausschlaggebend – nicht nur für Gaming-Ansätze in der Wirtschaft, sondern auch für Gemeinschafts-Lernen, zivilgesellschaftliche Gestaltung und Gesetzgebung.[140] Dies geht inzwischen weit über „Speculative Design"[141] und „Design Fiction"[142] hinaus. So werden Spielelemente zum Beispiel mittels Einführung von KI-Spielmechanismen in die Modell- und Optionengenerierung für Gesetze und Gesetzesvarianten genutzt.[143] Auch werden zunehmend kommerzielle Spiele für Entwicklungsprozesse eingesetzt[144] und Online-Gaming für Sinn- und Friedensstiftung genutzt – so etwa von der Weltbildungs-, Wissenschafts- und Kulturorganisation UNESCO.[145] Dazu gab es bereits 2021 auch eine 8-monatige „Digital Games for Peace Challenge" [146] seitens der UNESCO. Das sollte den Stellenwert von „ernsten Spielen" für die Zukunft der Weltentwicklung unterstreichen – und war ein voller Erfolg. Ein Ergebnis davon, das für alle frei zugänglich ist, ist zum Beispiel das Spiel „Das Ding aus der Zukunft" („The Thing from the Future"). Es kann nicht nur von Spezialisten gespielt werden, sondern verspricht auch in geselligen Runden unter Freunden privat Spielfreude und ist dazu im Internet frei erhältlich.[147] Es ist interessant, dass international im Rahmen der Ausbreitung von Zukunftslaboratorien das Spieleprinzip immer weiter Anwendung findet, und zwar bis in die Science-Fiction und das Geschichtenerzählen über Zukünfte hinein. Das bestätigt die Erwartung, dass Spielen immer wichtiger wird – gerade in hyper-komplexen und „ernsten" Zusammenhängen. Das könnte auch in Südtirol in geeigneten Formen berücksichtigt werden. Die Grundsatz-Auseinandersetzung mit Spielen beträfe ihrer Natur nach auch Themen wie „KI und Mensch"[148] und „KI und Politik".[149]

Nicht all diese Ideen und Ansätze für Maßnahmen müssen Landesideen sein. Manche könnten auch auf Bezirks- oder Gemeindeebene ins Werk gesetzt werden. Angesichts der steigenden Notwendigkeit von Umschlags-, Verbindungs- und Verteilungs-Orten könnte auch an ein generelles „Kompetenzzentrum Zukunft" gedacht werden. Wie bereits erwähnt, ist der „natürliche" Ort für die Anwendung einer Südtiroler Technologievision seit einiger Zeit der

NOI-Technologiepark in Bozen und Bruneck. Deshalb läge, wie bereits dargestellt, mittel- bis langfristig die Ansiedlung eines „Kompetenzzentrums Zukunft" im NOI-Technologiepark in Vernetzung mit anderen Landesinstitutionen nahe.

Überblickt man die möglichen Maßnahmenpakete und Anwendungscluster, wird jedenfalls eines klar: KI, Chatbot-Anwendungen sowie Blockchain werden in den kommenden Jahren fast unausweichlich und auf verschiedensten Ebenen mit ins Zentrum der Landesentwicklung rücken. Denn sie dürften als Katalysatoren-, Umschlags- und Verbindungstechnologien mit einer gewissen Leitfunktion – sowohl instrumentell wie symbolisch – transversal durch Gesellschaft und Institutionen wirken.

Weitere verwertungs- und anwendungsorientierte Themenbereiche für die – langfristig ausgerichtete – Diskussion

Vieles im Bereich der Zukunftstechnologien hat mit Verwertungs-Zukünften zu tun. In neuen Ansätzen in Einzelbereichen mit besonderen Gewinnchancen fließen neue Technologien, Nachhaltigkeit und Resilienz mit Gewinninteresse zusammen. Wo Nachhaltigkeit mittels Zukunftstechnologien zum Geschäft wird, Profit gemacht und Geld verdient wird, entsteht großflächige Veränderung – ob man das nun gut findet oder nicht. Deshalb sollten die entsprechenden Verbindungs-Chancen genutzt werden. Unter den diesbezüglich langfristig diskussionswürdigen Themen für Südtirol sind:

- *Kontrollierte-Umgebungs-Landwirtschaft (Controlled Environment Agriculture, CEA).*[150] Sie wird manchmal auch „Präzisionslandwirtschaft" *(Precision Farming)* genannt.[151] Sie besteht aus der KI-gesteuerten Effizienzsteigerung der Landwirtschaft. Diese wird in hochtechnisierte Klimahäuser verlagert. Dort wird jedes Gewächs durch KI überwacht, in Realzeit mit Ressourcen versorgt und in seinen Umgebungsbedingungen optimiert. Ergebnis sind, so die Proponenten, erhebliche Ressourcenersparnis und Effizienzgewinn. Viele erwarten, dass sich ein Großteil der globalen Landwirtschaft, zumindest in technologisch entwickelten Gebieten, schon aus Geschäftsgründen in Richtung CEA bewegen wird. Ob Südtirol das auch will, oder sich im Gegensatz dazu die bisherige Landwirtschaft weiterhin leisten oder auch ein differenziertes Mischmodell anwenden will, ist eine gesellschaftliche Entscheidung. Sie wird angesichts der Bedeutung des Agrarsektors zum Baustein hiesiger Politikausrichtung werden, ja vielleicht sogar der Politikideologie der politischen Mitte, und muss mittel- bis langfristig bewusst getroffen werden. Durch die künftige Diskussion um CEA wird die Ausrichtung des NOI-Schwerpunktes zur Automatisierung der Landwirtschaft noch wichtiger werden.

- *Fabriken zur Reinigung der Atmosphäre als Geschäftsmodell.* Der seit 2023 amtierende Direktor des Weltklimarates (IPCC), Jim Skea, treibt den Ansatz der Reinigung der Atmosphäre durch spezialisierte CO_2-Entferungsfabriken voran.[152] Dabei werden der Luft durch Filter Schadstoffe entzogen und dann in konzentrierter Form als Rohstoffe verkauft, um in verschiedensten Anwendungsbereichen wiederverwertet zu werden.[153] Die EU hat dazu 2023 Richtlinien für Qualitätssicherung erlassen, und die Vereinten Nationen treiben den Ansatz ebenfalls voran. Inwiefern sich bei einer Durchsetzung des Modells Südtirols Höhenlagen für die Errichtung solcher Fabriken eignen, wird zu prüfen sein. Interessant wäre deren Errichtung als „Volksfabriken": als Unternehmen mit prozentueller Beteiligungsmöglichkeit aller Südtiroler Bürger, die dadurch ein Einkommen oder andere Vorteile erhalten – und zwar direkt, nicht über den Umweg gesteigerten Landeseinkommens. Die EU hat dazu 2023 Richtlinien für Qualitätssicherung erlassen[154], und die Vereinten Nationen treiben den Ansatz ebenfalls voran.[155]
- Damit zusammen hängt die *Erkundung von Südtirols künftiger Eignung als Erprobungsfeld neuer Technologieanwendungen.* Das könnte künftig so abenteuerliche Gebiete wie das Mitmachen bei der Kosmosforschung betreffen, wozu in Südtirol bereits einiges an Know-How vorhanden ist. Einzelne von Südtirols Landschaften wie die Bletterbachschlucht in Aldein weisen offenbar verblüffende Ähnlichkeiten mit dem Mars auf und scheinen daher für Antizipations-Forschungen geeignet.[156] Was daraus folgt, etwa für die Zusammenarbeit hinsichtlich Zukunftstechnologien mit Organisationen wie NASA, wird zu bestimmen sein.
- Die *Einführung eines sozialen Punktesystems zur Förderung oder Durchsetzung nachhaltiger Lebensstile.* Europaweit wird die KI-gestützte Registrierung sozialen Verhaltens und die Einspeisung in soziale Punktesysteme als Belohnung oder Bestrafung diskutiert.[157] Damit sollen die 17 Nachhaltigkeitsziele (SDGs) im Lebensalltag durchgesetzt werden.[158] Italien ist hier mit Ansätzen der Stadt Bologna sogar Beispielfall.[159] In Deutschland findet das Modell laut Erhebungen des BMBF-„Zukunftskreises" vor allem bei jungen Menschen Zuspruch.[160] Da soziale Punktesysteme sowohl für Anreiz wie für Druckausübung verwendet werden können, was auch bei Verbindung mit der Südtiroler Nachhaltigkeitsstrategie beides der Fall sein könnte, wäre das

genau auf differenzierte Anwendung zu prüfen. Im Zweifelsfall sollten die Einschränkungen bürgerlicher Freiheit schwerer wiegen als der Effizienzgewinn durch Registrierung. Dieser Differenzierung war auch eine entsprechende Diskussion im Deutschen Bundestag gewidmet.[161]

- *Der geförderte Einsatz von KI und Blockchain zur empirischen Messung von Nachhaltigkeit.* Messbarkeit wird zum zentralen Thema von Nachhaltigkeit.[162] Auf Messbarkeit pochen auch Firmen, um Fortschritte zu objektivieren und das Anreizsystem zu präzisieren. Deshalb wird sensorengestützte KI für Messbarkeitszwecke zum kapillaren, ja flächendeckenden Geschäftsthema, von dem Unternehmen, öffentliche Hand und Gemeinwohl gleichermaßen profitieren können.
- Der *grundsätzliche Umgang der Gesetzgebung mit stärkeren und schnelleren Zukünften.* Er wird zum Mega-Politikthema.[163] Wie genau kann Regierung Ungewissheit „umarmen" – indem sie innovativ mit Zukünften arbeitet?[164] Dazu wird – im Verbund mit anderen oben genannten Themen – die Diskussion wohl nicht mehr abreißen. Ergebnis ist, dass die Debatte um Innovation an gesellschaftlicher Grundsatz-Bedeutung gewinnen dürfte.
- Dazu wird sich, spezifischer, die *Grundsatz-Diskussion über „Basiszutaten" einer guten Techno-Globalisierung von Territorien* gesellen.[165] Bestandteil davon wird die Diskussion sein, wie aus Zukünften eine gesellschaftliche Bewegung zu machen wäre.[166] Beider Themen wird sich neben der Landesregierung, die dies bereits tut, auch die Südtiroler Zivilgesellschaft in den kommenden Jahren stärker als bisher annehmen müssen.

Die meisten dieser Themen werden derzeit noch kontrovers diskutiert. Inwiefern sie in den kommenden Jahren eine Rolle in der Südtiroler Öffentlichkeit spielen können, hängt vom Willen der Beteiligten und den historischen Rahmenbedingungen ab.

Entwicklung der Wissenschaftsstützung im Hintergrund („Scientific Backing")

In der wachsenden Rolle als Unterstützerin und Mitentwicklerin territorial eingebetteter Zukunftsvisionen im Technologiebereich im weitesten Sinne liegt ein guter Teil der Zukunft der Südtiroler angewandten Wissenschaften unter KI-Bedingungen, die sie voraussichtlich stark um- und neuformen werden.[167] Allgemein lässt sich sagen, dass für die Entwicklung, Anwendung und Pflege neuer Technologien der Wissenschaftsbereich in den kommenden Jahren eine immer wichtigere Rolle spielen wird.

Ein großes, umfassendes und interdisziplinäres Thema wird, wie oben bereits erwähnt, die Wissenschaftsethik der Chatbot-Revolution sein. Sie betrifft alle Bereiche der Gesellschaft – vor allem aber das Feld der Zukunftstechnologien, da diesem ja Wissenschaft essentiell zugrunde liegt.

Das Thema der von KI und Chatbots geschriebenen akademischen Aufsätze, aber auch von Übersetzungen, Vorträgen, Reden und Medienbeiträgen wird von Monat zu Monat heißer. Es betrifft die Zukunft der Sozialwissenschaften im Kern – denn niemand weiß derzeit mehr, von wem was genau stammt. Das erzeugt zunehmend Unruhe – und zum Teil (zu Recht) auch Skandale, wenn der KI-Ursprung akademischer Arbeiten verschwiegen wird.[168]

Wie überall werden sich deshalb auch an Südtirols Universität und Forschungseinrichtungen vermehrt Fragen stellen wie: Wie und wo können und wollen wir Chatbots nutzen – was sollte erlaubt sein, was nicht? Ist die Nutzung für das Verfassen akademischer Arbeiten sinnvoll und handhabbar, oder nicht? Wo und wie genau? Das betrifft aber wie erwähnt nicht nur die Forschung und Universität, sondern auch die Schulen und das gesamte Bildungs- und Qualifikationssystem. Hier wird es Regeln geben müssen. Schon jetzt werden wir immer öfters mit Vorträgen konfrontiert, wo die Sprecher zu Beginn sagen: „ChatGPT-freier Vortrag" oder „mit ChatGPT vorbereiteter Vortrag". Die bisherige Plagiatserklärung wird dringend um eine ChatGPT-Erklärung ergänzt werden müssen. Doch das ist erst der Anfang, weil inzwischen weder Mensch noch Maschine den Unterschied zwischen menschlich und von Chatbots verfassten Texten zwingend nachweisen können. Die Aleatorik von Chatbots umgeht die Plagiatsregeln, obwohl sie nicht generativ ist, sondern faktisch plagiiert. Interessanterweise sind findige Geister auf die Idee gekommen, ChatGPT selbst zu fragen, ob ein Text von ChatGPT verfasst wurde – die Antwort lautete: ich kann es nicht sagen, da die Rekonstruktion zu komplex wäre.

Viele lehnen die Verwendung von Chatbots in akademischen und wissenschaftlichen Zusammenhängen grundsätzlich ab – und zwar aus Gründen der Transparenz, der intellektuellen Rechte und der Ethik, aber auch des Humanismus. Manche wissenschaftlichen und Bildungs-Arbeiter sehen das anders. Sie benutzen ChatGPT und andere Bots inzwischen regelmäßig für Übersetzungen, aber auch für das Entwerfen, manche sogar für das Schreiben von Ansuchen und Texten. Es wird hier, man muss es wiederholen, auch in Südtirol klare Überlegungen brauchen, wo Grenzen zu ziehen sind; und das werden wohl EU-weite Regeln in Abstimmung mit Landes-, Nation- und Institutionen-Regeln sein müssen. Ansonsten werden immer mehr Arbeiten gerade im Wissenschafts- und Bildungs-Bereich in ein Grauzonenfeld hineinschlittern, das niemand will.

Strukturveränderung der angewandten Sozialwissenschaft und die neue Wissenschafts-Ethik der Chatbot-Gebräuche

Sicher ist heute nur eines: Technologien wie Chatbot und KI werden in den kommenden Jahren alle Bereiche der Wissenschaft, darunter vor allem angewandte Natur- und Sozialwissenschaft, weitgehend umwerten – auch wenn das einige Jahre länger dauern könnte, als derzeit von manchen erwartet. Viele Jobs in diesen Bereichen dürften wegfallen, vor allem jene, die Datenerhebung und Datenintegration betreffen und intelligent automatisiert werden können. Was in diesem Fall bliebe, wären nur noch inter- multi- und trans-disziplinäre Kompetenzen der Beurteilung, Philosophie und die internationale Vernetzung zwischen Institutionen zur Zusammenarbeit. Das hat der oben genannte Grundlagen-Bericht „Generative AI in Research: A practical guide for universities on balancing risks and benefits" (Oktober 2023)[169] der Beratungsfirma Enago gezeigt.

Aus diesen Gründen hat auch in Südtirol eine zweifache Grundsatz-Diskussion begonnen: einerseits über KI als Instrument in der Wissenschaft, andererseits über die Zukunft angewandter Sozial- und Natur-Wissenschaft als Ganzer im Zeichen von KI. Diese Diskussion hat zum Beispiel an der Eurac in Bozen bereits im März-April 2023 begonnen, also kurz vor dem globalen Chatbot-Boom. Seitdem besteht eine Diskussions- und Informationsgruppe, wo unter anderem Neuigkeiten zu Regulierungsversuchen seitens Universitäten und Forschungseinrichtungen ausgetauscht und kritisch thematisiert werden. Da mittelfristig nicht nur Regulierungen, sondern vor allem eine in den Prinzipien von der Wissenschaftsgemeinschaft akzeptierte und verbindlich eingehaltene Kultur der KI-Wissenschaft benötigt wird, kann die Findung von Lösungen nicht nur „von oben" – der politischen EU-Ebene und jener der europäischen Nationen und Regionen – kommen. Sondern sie muss auch aus der Diskussion „von unten" entstehen: nämlich von Seiten jener Wissenschaftler, die KI und Chatbots anwenden. Dafür hat Eurac Research in Bozen die Weichen gestellt; weitere werden folgen.

Die Perspektive technologisierter Wissenschaft und Forschung: Zwischen Neuaufstellung und „KI-Anpassung"

Für den Wissenschaftsbereich sind, abgesehen von seinem Erhalt und seinem Ausbau unter neuartigen technologischen Bedingungen, zusammenfassend sechs Aspekte wichtig:

1. Die Diskussion über die Technologisierung von Wissenschaft in ausreichend großem Stil organisieren und durchführen – darunter vor allem zur KI- und Chatbot-Revolution. Wie gesagt könnte diese größere Umstrukturierungen mit sich bringen, nach denen nur Philosophen sowie internationale Initiativen mit Menschheitssichtweisen übrigbleiben, weil das meist andere die KI erledigt. Naturwissenschaften werden automatisiert, Sozialwissenschaften bleiben? So einfach wird es nicht werden, auch wenn nach Auffassung mancher nicht wenige aktuelle Trends in diese Richtung weisen mögen.
2. Die Südtiroler Wissenschaften werden verstärkt sozialwissenschaftliche Reflexions- und Ethik-Bausteine für die Südtiroler Technologieentwicklung liefern müssen. Zum Teil wird das auch Transfer aus eigenen Anwendungsexperimenten und -erfahrungen sein. Das wird interessant werden, und darauf können wir gespannt sein.
3. Die Wissenschaft wird zur Urteilsfindung zunehmend Naturwissenschaften – etwa an der Freien Universität Bozen zu Mensch-Technik-Konvergenztechnologien – und Sozialwissenschaften zur Gesellschaftsentwicklung – etwa an der Eurac – verbinden müssen. Denn kaum ein Phänomen der Zukunft wird nur mehr von einem der beiden Wissenschaftsstränge ausreichend beurteilt und umfeldrelevant ins Feld gesetzt werden können.
4. Die Wissenschaft wird auch die Politik besser im Hinblick auf die Gesamtvision – weniger zu Einzelbereichen, wo der Austausch bereits aktiv besteht – beraten, informieren und mit den entscheidenden Akteuren international vernetzen müssen.
5. Die Wissenschaft wird dazu zunächst nach Innen und dann nach Außen eine ganzheitlichere Zukunftswissenschaft entwickeln müssen – um vieles in den Einzelwissenschaften daraufhin auszurichten. Im Grunde wird sich zumindest teilweise die Vision eines Roberto Poli (Universität Trient) verwirklichen, dass sich die Natur- und Sozialwissenschaften im Rahmen der Technologieentwicklung, die unweigerlich auch eine Sozialentwicklung sein wird, im Zukunftsthema zusammenfinden. Beide könnten in einer Zukunftswissenschaft konvergieren. Damit würde Multi-, Inter- und Trans-

Disziplinarität erstmals konkret verwirklicht, und Zukunftswissenschaft würde deren zentraler Ort werden. Wenn wie erwähnt bereits der Minister Enrico Giovannini versuchte, während der Ministerpräsidentschaft von Mario Draghi ein nationalen Zukunftsinstitut Italiens zu etablieren, was am Widerstand von Einzelwissenschaften und ihrer Lobbys scheiterte, dann wird die Zeit kommen, dass solche Anläufe als unerlässlich angesehen werden. Vorbilder gab und gibt es etwa in der anglo-amerikanischen Welt: zum Beispiel das Zukunft der Menschheits-Institut an der Universität Oxford, die Singularity University in Kalifornien oder das Zentrum für das Studium von Zukünften an der Staatsuniversität von Arizona. Viele von ihnen sind „transhumanistisch" geprägt: sie befürworten die „Überwindung" des bisherigen Menschseins durch Technologie und die Entstehung einer Art „Übermensch". Eine dazu gegenläufige, bewußt kontinentaleuropäisch-*humanistische* Variante gibt es noch nicht, sie aber höchst an der Zeit: Konkurrenz – auch ideologisch – beflügelt auch auf dem Gebiet der Zukunft. Wenn Südtirol hier im Rahmen seiner Möglichkeiten (und natürlich auch in realistischer Selbstbeschränkung) mitwirkt, wird es davon immens gewinnen, mit vielfältigem Gewinn auch für seine Firmen.

6. Wissenschaft muss sich in aufklärerischer Absicht dem neuen Ansatz der „KI-Anpassung" widmen. Eine Reihe von Autoren spezialisieren sich mittlerweile auf das Thema, was auf seine zunehmende Bedeutung verweist.[170] Der Ansatz der „KI-Anpassung", englisch: „AI Alignment", gilt manchen sogar als die neue Zauberformel, um KI gesellschafts- und umfeldgerecht einzusetzen. So glauben es zumindest einige Wissenschaftler:
   „Der Ansatz der KI-Anpassung zielt darauf ab, KI-Systeme zu entwickeln, die mit menschlichen Absichten und Werten übereinstimmen. Mit dem Aufkommen von KI-Systemen, die möglichweise übermenschliche Fähigkeiten besitzen, werden die potenziell großen Risiken, die mit falsch ausgerichteten Systemen verbunden wären, deutlich. Hunderte von KI-Experten und Persönlichkeiten des öffentlichen Lebens haben bereits ihre Besorgnis über die KI-Risiken zum Ausdruck gebracht und argumentiert, dass die Eindämmung des Risikos durch KI neben anderen gesellschaftlichen Risiken wie Pandemien und Atomkrieg eine globale Priorität sein sollte."[171]

Hier kommt die neue Disziplin der technologischen „Anpassungsforschung" ins Spiel, die wir auch in Südtirol gut gebrauchen könnten:

„Zunächst identifizieren wir dazu vier Prinzipien als Hauptziele: Robustheit, Interpretierbarkeit, Kontrollierbarkeit und Ethikalität (RICE) von KI. Die Landschaft der aktuellen KI-Anpassungs-Forschung lässt sich... in zwei Hauptansätze unterteilen: Anpassung nach vorne (Forward Alignment) und Anpassung nach hinten (Backward Alignment). Erstere zielt darauf ab, KI-Systeme durch Anpassungs-Training auszurichten. Letztere zielt darauf ab, Erkenntnisse über die vergangene Ausrichtung der Systeme zu gewinnen und sie angemessen zu korrigieren, um die Risiken einer Fehlausrichtung nicht zu verstärken. Bei der Vorwärtsausrichtung erörtern wir, wie man aus verschiedenen Arten von Rückmeldungen lernt (auch bekannt als äußere Ausrichtung) und wie man die Verteilungsverschiebung überwindet, um eine Fehlgeneralisierung der Ziele zu vermeiden (auch bekannt als innere Ausrichtung). Bei der Rückwärtsausrichtung diskutieren wir Verifizierungstechniken, die den Grad der Werteausrichtung für verschiedene KI-Systeme erkennen lassen."[172]

Das klingt wie ein Programm für die Ethikreflexion von KI und anderen Zukunftstechnologien auch in Südtirol.

Philosophisch-ethische Offensive

Zu guter Letzt sollten neue Technologien, wie erwähnt, auch in Südtirol breiter als bisher gesellschaftlich reflektiert und ethisch eingebettet werden. Wie dargestellt gibt es verschiedene mögliche Ansätze, dazu eine Offensive zu starten. Mark Coeckelberghs Werk „Ethik der Künstlichen Intelligenz" weist einen möglichen Weg.[173] Es handelt sich um eine soziale und politische Reflexion der Künstlichen Intelligenz in Vorausschau auf die kommenden Jahre mit dem Versuch, Künstliche Intelligenz in normative, jedoch offen bleibende Rahmenbedingungen einzubetten, die politisch geschaffen und im Dialog konkretisiert werden können. Das kann dazu beitragen, KI (und Informationstechnologien im erweiterten Sinne) mit Überlegungen zu Gerechtigkeit, Gleichheit, Freiheit, Demokratie und sozialem Wohlergehen zu verbinden. Das kann auch für die in Südtirol ständig zahlreicher werdenden KI-Forscher, Datenwissenschaftler und Zukunftstechnologen nützlich sein als Bewertungsgrundlage für die Frage, wie ihre Arbeit die Gesellschaft im Guten wie im Schlechten beeinflusst.

Zu dieser Auseinandersetzung könnten auch populärwissenschaftliche Elemente wie die Arbeiten des Tübinger Philosophen Christoph Quarch zum Verhältnis Philosophie-KI und zur „Anthropologischen Differenz", nämlich zu

Endlichkeit und Sterblichkeit als Teil der menschlichen Realitätserfahrung versus programmatische Überwindung der Zeit durch KI[174], sowie neue Reports wie der OECD zu *Exploring the Futures of Climate and Sustainable Finance* (2023) gehören. Dazu kann auch in diesem Fall die Anwendung von Zukunftslaboratorien, Spiele- und Fiktionsansätzen am Schnittpunkt zwischen Technologien und Gesellschaft Beiträge leisten.[175]

Ausblick: Zuversicht und kritischer Optimismus sind angesagt

Das Wichtigste angesichts immer schnellerer Technologieinnovationen ist es, „die Zukunft" im Blick zu behalten – und dazu rechtzeitig Kompetenz zu bilden. Das gilt vor allem angesichts der Tatsache, dass die heutigen TUNA-Bedingungen – Turbulenz, Ungewissheit, Neuigkeitsdrang und Ambivalenz[176] – nicht aufhören dürften. Hier gilt, was heutige Szenarienforscher so auf den Punkt bringen:

> „In Zeiten von Turbulenzen, Ungewissheit, Neuartigkeit und Mehrdeutigkeit – den so genannten TUNA-Bedingungen – können sich unsere Erfahrungen aus der Vergangenheit als schlechter Ratgeber für jene Zukunft erweisen, in der sich unsere Entscheidungen und ihre Folgen entfalten werden. Unter diesen Bedingungen kann die Erstellung von Szenarien, die plausible zukünftige Kontexte für ein bestimmtes Thema darstellen und das strategische Denken durch das Hinterfragen von Erwartungen bereichern sollen, dazu beitragen, Entscheidungen und Debatten zu informieren. Die Bildung ist häufig Gegenstand solcher Debatten, da sie unter anderem eine Möglichkeit ist, sich auf die Zukunft vorzubereiten."[177]

Eben dem wollte dieses Anregungsbüchlein dienen. Dabei sind Zuversicht und kritischer Optimismus angesagt. Genaueres über „die" Zukunft lässt sich wenig sagen – zu „Zukünften" aber manches schon. Auch für die Zukunft der Zukunftstechnologien in Südtirol gilt: *Dimidium facti, qui coepit, habet* (Horaz). Oder: Wer mit der Arbeit – in diesem Fall an der Zukunft – beginnt, hat schon den halben Weg bewältigt. Und: Dabei sein ist der wichtigste Schritt zum Erfolg. Dann hat man selbst in der Hand, was man tun und was man lieber lassen will.

1 Norton Rose Fulbright: EU Chips Act: Risks and Opportunities for Business, September 2023, https://www.nortonrosefulbright.com/en/knowledge/publications/f176610c/eu-chips-act-risks-and-opportunities-for-businesses.

2 European Commission: European Chips Act, o. J., https://commission.europa.eu/strategy-and-policy/priorities-2019-2024/europe-fit-digital-age/european-chips-act_en.

3 Siehe: The European Chips Act: https://www.european-chips-act.com/.

4 European Commission: EU invests €216 million to promote semiconductor research and innovation, 07 February 2024, https://digital-strategy.ec.europa.eu/en/news/eu-invests-eu216-million-promote-semiconductor-research-and-innovation.

5 Europäische Kommission: Europas digitale Dekade, o.J., https://digital-strategy.ec.europa.eu/de/policies/europes-digital-decade; sowie Europäische Kommission: Europas digitale Dekade: digitale Ziele für 2030, o.J., https://commission.europa.eu/strategy-and-policy/priorities-2019-2024/europe-fit-digital-age/europes-digital-decade-digital-targets-2030_de.

6 European Commission: Commission presents new initiatives for digital infrastructures of tomorrow, 21 February 2024, https://ec.europa.eu/commission/presscorner/detail/en/ip_24_941.

7 Janna Anderson and Lee Rainie: Digital Life in 2025. In: Pew Research Center, March 11, 2014, https://www.pewresearch.org/internet/2014/03/11/digital-life-in-2025/.

8 Nebojsa Nakicenovic: The World in 2050. In: International Institute for Applied System Analysis (IIASA), o. J., https://iiasa.ac.at/projects/world-in-2050.

9 EU Forward Look 2023: https://www.espas.eu/files/EU-Council-Forward-Look-Jan-2023-external_final.pdf.

10 NOI-Technologiepark: Auf welche Sektoren Südtirol künftig setzt. Spezialisierte Forschungs- und Innovationsstrategie im NOI Techpark vorgestellt, 13. März 2023, https://noi.bz.it/en/about-us/press-media/auf-welche-sektoren-suedtirol-kuenftig-setzt.

11 NOI-Technologiepark Südtirol: This is NOI. South Tyrol's growing innovation district (2024), https://noi.bz.it/en.

12 Autonome Provinz Bozen-Südtirol: Innovation und Forschung Südtirol 2030, Smart Specialisation Strategy (RIS3) der Autonomen Provinz Bozen-Südtirol, Oktober 2021, https://www.provinz.bz.it/innovation-forschung/innovation-forschung-universitaet/downloads/Innovation_und_Forschung_Suedtirol_2030_RIS3.pdf.

13 Abteilung Innovation und Forschung der Südtiroler Landesverwaltung: Smart Specialization Strategy, o.J., https://www.provinz.bz.it/innovation-forschung/innovation-forschung-universitaet/408.asp.

14 Siehe zum Beispiel das Committee for the Future des finnischen Parlaments: https://www.eduskunta.fi/EN/valiokunnat/tulevaisuusvaliokunta/Pages/default.aspx.

15 Siehe: Finland Prime Minister's Office: Foresight activities and work on the future, https://vnk.fi/en/foresight.

16 Siehe: Finland Prime Minister's Office: Government Report on the Future (periodisch), https://vnk.fi/en/foresight/government-report-on-the-future.

17 Roland Benedikter: Der harte Weg nach oben. Kann Südtirol Vorreiterin in Sachen Geschlechtergleichheit sein? In: Eurac Research Bozen: Imagining Futures Blog. Herausgegeben vom Center for Advanced Studies, 01.06.2022, https://www.eurac.edu/de/blogs/imagining-futures/der-harte-weg-nach-oben-sudtirol-als-vorreiterin-in-sachen-geschlechtergerechtigk.

18 Mirjam Gruber & Roland Benedikter: The Role of Women in Contemporary Technology and the Feminization of Artificial Intelligence and Its Devices. Book chapter 2. In: Tugrul Keskin and Ryan Kiggins (eds.): Towards an International Political Economy of Artificial Intelligence. Book series: International Political Economy (IPE), Palgrave MacMillan, London, New York and Zürich 2021, pp. 17-38, https://link.springer.com/chapter/10.1007/978-3-030-74420-5_2, https://www.palgrave.com/gp/book/9783030744199#aboutBook und https://www.palgrave.com/gp/book/9783030744199.

19 Random Coffee Format: https://www.random-coffee.com/?r=0.

20 Ryan Holmes: How 2,000 Random Coffees Changed My Company's Culture. In: Forbes, December 11, 2017, https://www.forbes.com/sites/ryanholmes/2017/12/11/how-2000-random-coffees-changed-my-companys-culture/#17a15f504ffc.

21 Ein gutes Beispiel dafür, Ethik nicht altbacken, langweilig und theoretisch, sondern immanent in der Erklärung der Dinge zu vermitteln, ist Yejin Choi: Why AI is incredibly smart and shockingly stupid. In: TED talks, April 2023, https://www.ted.com/talks/yejin_choi_why_ai_is_incredibly_smart_and_shockingly_stupid/transcript?hasProgress=true&language=en&muted=true&autoplay=true.

22 Sustainability Days Südtirol – Alto Adige: Internationale Plattform für die Regionen der Zukunft, 06.-09- September 2022, https://sustainabilitydays.com/de/home.

23 Jaspeer Bitter: Deutschland verspielt seine Zukunft. Ex-Opel-Chef Michael Lohscheller im Gespräch. In. Bild Zeitung Geld, 22.12.2023, https://www.bild.de/geld/wirtschaft/wirtschaft/ex-opel-chef-deutschland-verspielt-seine-zukunft-86447728.bild.html.

24 Rafael Laguna de La Vera und Cyriac Roeding: Zukunft: Ein Manifest für Deutschland. In: Focus Magazin, Nr. 2023 (51), 21.12.2023, https://amp.focus.de/magazin/archiv/zukunft-ein-manifest-fuer-deutschland_id_259503748.html.

25 MIT Technology Review Report: The great acceleration: CIO perspectives on generative AI, July 18, 2023, https://www.technologyreview.com/2023/07/18/1076423/the-great-acceleration-cio-perspectives-on-generative-ai/.

26 MIT Technology Review Insights Report: Building a high-performance data and AI organization, April 15, 2021, https://www.technologyreview.com/2021/04/15/1022754/building-a-high-performance-data-and-ai-organization/.

27 Deutsche Bundesagentur für Sprunginnovation SPRIND: https://www.sprind.org/de/.

28 Rafael Laguna de La Vera und Cyriac Roeding: Zukunft: Ein Manifest für Deutschland, a.a.O.

29 Future of Humanity Institute, Oxford University: https://www.fhi.ox.ac.uk/.

30 Singularity University: https://www.su.org/.

31 Vgl. Rete delle Cattedre UNESCO Italiane (ReCUI): Reimagining the Future Together. The Challenge of Education and Higher Education, Firenze, 24 Marzo 2023, https://progetti.unicatt.it/cattedra-unesco-ReCUI%20Brochure.pdf.

32 Master's Degree Programme in Future Studies, Turku University: https://www.utu.fi/en/study-at-utu/masters-degree-programme-in-futures-studies.

33 Finland Futures Research Centre: https://www.utu.fi/en/university/turku-school-of-economics/finland-futures-research-centre.

34 Arizona State University (ASU): College of Global Futures, https://collegeofglobalfutures.asu.edu/.

35 Arizona State University: Julie Ann Wrigley Global Futures Laboratory: https://globalfutures.asu.edu/.

36 Arizona State University: Center for the Study of Futures, https://centerstudyfutures.globalfutures.asu.edu/.

37 Christian Pfeifer: Wenn Roboter kellnern und kochen. In: Südtiroler Wirtschaftszeitung, 1. März 2024, https://swz.it/wenn-roboter-kellnern-und-kochen/.

38 Siehe zum Beispiel Thomas Aichner: Maschinelles Sehen. Einblicke in künstliche Intelligenz und Computer Vision. In: Wirtschaftskurier, 6. März 2024, S. 8-9.

39 Matt Burgess: London Underground Is Testing Real-Time AI Surveillance Tools to Spot Crime. In: Wired, February 8, 2024, https://www.wired.com/story/london-underground-ai-surveillance-documents/.

40 Markus Hametner: Austria's social security invests over €50m in AI – just for bookkeeping? In: AlgorithmWatch, 19 February 2024, https://algorithmwatch.org/en/austrias-social-security-invests-massively-in-ai/.

41 Maëlle Roudaut: À Météo France, l'automatisation pointée du doigt après des erreurs absurdes dans les prévisions. In: Huffington Post France, 19/02/2024, https://www.huffingtonpost.fr/science/article/a-meteo-france-l-automatisation-pointee-du-doigt-apres-des-erreurs-absurdes-dans-les-previsions_230016.html.

42 Página12: "Permitirá cruzar una importante cantidad de información". Boric anunció que Chile usará inteligencia artificial para buscar a desaparecidos, 16 de enero de 2024, https://www.pagina12.com.ar/704508-boric-anuncio-que-chile-usara-inteligencia-artificial-para-b.

43 Ashley Belanger: Air Canada must honor refund policy invented by airline's chatbot. Air Canada appears to have quietly killed its costly chatbot support. In: Ars Technica, February 16, 2024, https://arstechnica.com/tech-policy/2024/02/air-canada-must-honor-refund-policy-invented-by-airlines-chatbot/.

44 Hyunjoo Jin and Abhirup Roy: Waymo arson in San Francisco sparks new debate on self-driving cars. In: Reuters, February 13, 2024, https://www.reuters.com/business/autos-transportation/san-francisco-waymo-arson-sparks-fresh-debate-self-driving-cars-2024-02-13/.

45 Alaina Demopoulos: The job applicants shut out by AI: 'The interviewer sounded like Siri'. In: The Guardian, 6 March 2024, https://www.theguardian.com/technology/2024/mar/06/ai-interviews-job-applications.

46 Europäische Kommission / CORDIS: Forschungsergebnisse der EU: Globalization, Optimal Policies and Growth (GOPG). Auswirkungen von Globalisierung und technischem Fortschritt (2009-20–2014), https://cordis.europa.eu/article/id/183232-the-impact-of-globalisation-and-technological-progress/de.

47 Ebda.

48 Ebda.

49 Giulia Giaume: Due collezionisti si sono accaparrati i diritti d'autore sulle opere di Escher. La storia. In: Atribune, 10/12/2023, https://www.artribune.com/arti-visive/arte-contemporanea/2023/12/diritti-autore-escher-collezionisti-giudiceandrea-iaquinta/. Vgl. dazu auch Eva Gratl: Er war ein Genie. In: Dolomiten. Tagblatt der Südtiroler, 08.02.2024.

50 Leading Governance: What are the Nolan Principles of Public Life?, o. J., https://www.leading-governance.com/blog/resources/the-nolan-principles/.

51 Palazzo Bonaparte: Escher. 31 ottobre 2023 – 01 Aprile 2024, https://www.mostrepalazzo-bonaparte.it/mostra-escher.php.

52 Jose Durán Rodríguez: Inteligencia artificial: Ninguna obra creada "íntegra y exclusivamente" con IA podrá ganar un Premio Nacional. In: El Salto Diario, 20 Febrero 2024, https://www.elsaltodiario.com/inteligencia-artificial/ninguna-obra-creada-integra-exclusivamente-ia-podra-ganar-un-premio-nacional.

53 Heinrich Schwarz: Nicht-Einheimische prägen Südtirols Arbeitsmarkt, 8. März 2024, https://swz.it/nicht-einheimische-praegen-suedtirols-arbeitsmarkt/.

54 Dubai Futures Forum: https://www.dubaifuture.ae/dubai-future-forum-2023. Siehe dazu ausführlich: Wie die Zukunft human bleibt. Lehren aus dem Dubai Future Forum 2023. Interview mit Roland Benedikter von Teseo La Marca. In: Barfuss. Das Südtiroler Onlinemagazin, 11. Dezember 2023, https://www.barfuss.it/leben/wie-die-zukunft-human-bleibt/; sowie Roland Benedikter: Dubai: Religiöser Hort einer technologischen Radikalmoderne. In: Stimmen der Zeit. Die Zeitschrift für christliche Kultur, Ausgabe 149, Heft 3/2024 (März), Herder Verlag Freiburg 2024, S. 209-220, https://www.herder.de/stz/hefte/archiv/149-2024/3-2024/dubai-religioeser-hort-einer-technologischen-radikalmoderne/.

55 World Futures Studies Federation (WFSF): XXV World Conference: Exploring Liminalities: Creating Spaces for Unlimited Futures. Paris 2023, https://wfsf2023paris.org/.

56 UNESCO Futures Literacy Hub: https://www.unesco.org/en/futures-literacy?hub=67832.

57 OECD/OPSI Anticipatory Innovation Governance Hub: https://oecd-opsi.org/work-areas/anticipatory-innovation-2/.

58 Siehe zum Beispiel Roberto Poli: Futures Studies – Used by Whom, Why and How? In: Eurac Research, UNESCO Chair Lecture Series 2023: The World in 2050, March 28, 2023, https://www.youtube.com/watch?v=IzlHAIlNznw.

59 Sam Rad: The Age of Acceleration. In: Youtube, Februar 26, 2024, https://www.youtube.com/watch?v=UW7gF-QTRNI.

60 World Academy: Trans-disciplinary society (2014), https://worldacademy.org/courses/trans-disciplinary-society-overview/trans-disciplinary-society-course-overview/.

61 UNESCO: Ethics of Science and Technology, https://www.unesco.org/en/ethics-science-technology.

62 Deutsche UNESCO-Kommission: UNESCO-Weltbildungsbericht 2023, https://www.unesco.de/bildung/agenda-bildung-2030/unesco-weltbildungsbericht. Siehe dazu auch Kristina Beer: Unesco-Bildungsbericht: So prüfe, wer sich ewig an digitale Lern-Angebote bindet. In: Heise Medien, 27.11.2023, https://www.heise.de/hintergrund/Unesco-Bildungsbericht-So-pruefe-wer-sich-ewig-an-digitale-Lern-Angebote-bindet-9540318.html.

63 Siehe dazu ausführlich Roland Benedikter: Künstliche Intelligenz und Mensch. Ab wann gestaltet KI den Menschen um – statt in seinem Dienst zu stehen? Teil 1: Zwei Stossrichtungen. In: Telepolis. Zeitschrift für Neue Medien, Netzkultur und Politik / Journal of Media, Technology, Art and Society, herausgegeben von Harald Neuber, 26. Jahrgang, Heinz Heise Verlag Hannover 2023, 12. Februar 2023, https://www.telepolis.de/features/Kuenstliche-Intelligenz-und-Mensch-7489096.html; ders.: Künstliche Intelligenz und Mensch. Ab wann gestaltet KI den Menschen um – statt in seinem Dienst zu stehen? Teil 2 und Schluss: Entstehung von Hybridgebilden. In: Telepolis. Zeitschrift für Neue Medien, Netzkultur und Politik / Journal of Media, Technology, Art and Society, herausgegeben von Harald Neuber, 26. Jahrgang,

Heinz Heise Verlag Hannover 2023, 13. Februar 2023, https://www.telepolis.de/features/Entstehung-von-Hybridgebilden-7489102.html; sowie Roland Benedikter: Künstliche Intelligenz und Politik. Werden Algorithmen bald zu den besseren Politikern? Teil 1: Die Verwandlung des Politischen. In: Telepolis. Zeitschrift für Neue Medien, Netzkultur und Politik / Journal of Media, Technology, Art and Society, herausgegeben von Harald Neuber, 26. Jahrgang, Heinz Heise Verlag Hannover 2023, 04. März 2023, https://www.telepolis.de/features/Die-Verwandlung-des-Politischen-7531419.html; ders.: Künstliche Intelligenz und Politik. Werden Algorithmen bald zu den besseren Politikern? Teil 2: Die Konvergenzrolle von KI: Verschmelzung von Entwicklungen. In: Telepolis. Zeitschrift für Neue Medien, Netzkultur und Politik / Journal of Media, Technology, Art and Society, herausgegeben von Harald Neuber, 26. Jahrgang, Heinz Heise Verlag Hannover 2023, 05. März 2023, https://www.telepolis.de/features/Die-Konvergenzrolle-von-KI-Verschmelzung-von-Entwicklungen-7531411.html; und ders.: Künstliche Intelligenz und Politik. Werden Algorithmen bald zu den besseren Politikern? Teil 3 und Schluss: Was bringt die Zukunft? Politische KI oder KI-Politik? In: Telepolis. Zeitschrift für Neue Medien, Netzkultur und Politik / Journal of Media, Technology, Art and Society, herausgegeben von Harald Neuber, 26. Jahrgang, Heinz Heise Verlag Hannover 2023, 12. März 2023, https://www.telepolis.de/features/Was-bringt-die-Zukunft-Politische-KI-oder-KI-Politik-7531447.html.

64 Naiara Bellio: Pseudo-Science entering education. In: AlgorithmWatch: Automated Society No. 106, Newsletter: The Briefing, 23 February 2024, https://algorithmwatch.org/en/team/naiara-bellio/?utm_campaign=Automated%20Society%20EN%20-%20issue%20106%20B&utm_medium=email&utm_source=Mailjet.

65 Ebda.

66 EU Artificial Intelligence Act / Gesetz über Künstliche Intelligenz (engl.-dt., Fassung 2021/206): https://eur-lex.europa.eu/legal-content/EN-DE/TXT/?from=EN&uri=CELEX%3A52021PC0206.

67 Naiara Bellio: Pseudo-Science entering education, a.a.O.

68 Siehe die gute Einführung in: BBC Sounds: The Rise and Rise of the Microchip, 07 March 2024, https://www.bbc.co.uk/sounds/play/m001wypc?partner=uk.co.bbc&origin=share-mobile.

69 Uttkarsha Bhosale, Gayatri Phadke and Anupama Kapadia: Generative AI in Research: A Practical Guide for Universities on Balancing Risks and Benefits. In: Enago, November 2, 2023, Open Access Publication, https://www.enago.com/academy/guide-to-ensure-responsible-ai-integration/.

70 Ebda., S. 3.

71 Ebda., S. 3-4.

72 Ebda, S. 5.

73 Ebda., S. 5-8.

74 Michael M. Grynbaum und Ryan Mac: The Times Sues OpenAI and Microsoft Over A.I. Use of Copyrighted Work. Millions of articles from The New York Times were used to train chatbots that now compete with it, the lawsuit said. In: The New York Times, Dcember 27, 2023, https://www.nytimes.com/2023/12/27/business/media/new-york-times-open-ai-microsoft-lawsuit.html. Siehe dazu auch Cade Metz and Katie Robinson: OpenAI Seeks to Dismiss Parts of The New York Times's Lawsuit. The artificial intelligence start-up argued that its online chatbot, ChatGPT, is not a substitute for a New York Times subscription. In: The NewYork Times, February 27, 2024, https://www.nytimes.com/2024/02/27/technology/openai-new-york-times-lawsuit.html.

75 Liv McMahon: Elon Musk sues ChatGPT-maker OpenAI over Microsoft links. In: BBC News, 2 March 2024, https://www.bbc.com/news/technology-68445981. Siehe dazu auch Bild Zeitung: Künstliche Intelligenz: Elon Musk verklagt ChatGPT-Entwickler, 02.03.2024, https://www.bild.de/geld/wirtschaft/wirtschaft/elon-musk-verklagt-chatgpt-entwickler-openai-87369362.bild.html.

76 Lisa Messeri & M. J. Crockett: Artificial intelligence and illusions of understanding in scientific research. In: Nature, Nr. 627 (2024), pp. 49-58, https://www.nature.com/articles/s41586-024-07146-0.

77 Allianz der Forschung und Lehre für Nachhaltigkeit in Südtirol: https://www.research-alliance-for-sustainability.it/index_de.html.

78 Siehe zum Beispiel Stephen Casper, Carson Ezell et al.: Block-Box Access is Insufficient for Rigorous AI Audits. In: Cornell University, 25 January 2024, https://arxiv.org/abs/2401.14446?utm_campaign=Automated%20Society%20EN%20-%20issue%20106%20B&utm_medium=email&utm_source=Mailjet.

79 Knowmad Mood: Which industries have been the most impacted by AI?, 30/11/2023, https://www.knowmadmood.com/en/blog/which-industries-have-been-the-most-impacted-by-ai/. Vgl. dazu auch Marcus Lu: Ranking Industries by Their Potential for AI Automation. In: Visual Capitalist, June 27, 2023, https://www.visualcapitalist.com/sp/ranking-industries-by-their-potential-for-ai-automation/ und Maurice Bretzfield: The Transformative Power of AI: Impact on 18 Vital Industries. In: LinkedIn, July 24, 2023, https://www.linkedin.com/pulse/transformative-power-ai-impact-18-vital-industries-maurice-bretzfield-3c/

80 Jesse Bedayn: States target AI's hidden hand in Americans' lives. In: AP News, March 5, 2024, https://apnews.com/article/artificial-intelligence-ai-explained-policy-technology-regulations-discrimination-d3226c9139d3d06af263e7ff467d0666.

81 Siehe zum Beispiel Rostam J. Neuwirth: The Global Institutional Governance of AI: A Four-Dimensional Perspective. In: International Journal of Digital Law and Governance, De Gruyter, 2024, https://doi.org/10.1515/ijdlg-2024-0004 https://www.degruyter.com/document/doi/10.1515/ijdlg-2024-0004/html.

82 Autonome Provinz Bozen-Südtirol: Evereyday for Future. Gemeisam für die Nachhaltigkeit, Bozen 2021, https://assets-eu-01.kc-usercontent.com/c1c45d5a-c794-01a3-3c24-89f77bf8cab4/220473d0-fe6a-4150-8bc3-62bdb3514278/OK-210706-sostenibilita-paper-de_compressed%20%281%29.pdf.

83 Autonome Provinz Bozen-Südtirol: Ziele für eine nachhaltige Entwicklung: Das sind die sieben Handlungsfelder für Südtirol, https://nachhaltigkeit.provinz.bz.it/de/home und https://nachhaltigkeit.provinz.bz.it/de/handlungsfelder.

84 European Parliament: EU AI Act: first regulation on artificial intelligence, 19-12-2023, https://www.europarl.europa.eu/topics/en/article/20230601STO93804/eu-ai-act-first-regulation-on-artificial-intelligence.

85 European Parliament News: Artifical Intelligence Act: Deal on comprehensive rules for thrustworthy AI, 09/12/2023, https://www.europarl.europa.eu/news/en/press-room/20231206IPR15699/artificial-intelligence-act-deal-on-comprehensive-rules-for-trustworthy-ai.

86 Ebda.

87 Ebda.

88 Ebda.

89 Foreign Affairs: The Age of Uncertainty, September/October 2022 Issue, https://www.foreign-affairs.com/issues/2022/101/5.

90 Taylor C. Woodman, Melissa Whatley, Chris R. Glass (eds.): Digital Internationalization in Higher Education Beyond Virtual Exchange, Routledge 2023, https://www.taylorfrancis.com/books/edit/10.4324/9781003444237/digital-internationalization-higher-education-taylor-woodman-chris-glass-melissa-whatley.

91 Siehe zum Beispiel XVIII World Congress of Comparative Education Societies: Fostering Inclusive Ecologies of Knowledge: Education for Equitable and Sustainable Futures, 22-26 July 2024, Cornell University, https://www.wcces2024congress.org/.

92 United Nations: Pact for the Future: Zero Draft, 26 January 2024, https://www.un.org/sites/un2.un.org/files/sotf-co-facilitators-zero-draft_pact-for-the-future.pdf.

93 United Nations: Summit of the Future: Multilateral Solutions for a Better Tomorrow, 22-23 September 2024, https://www.un.org/en/summit-of-the-future.

94 European Investment Bank and European Commission: The future of the European space sector: How to leverage Europe's technological leeadership and boost investments for space ventures, Bruxelles 2019, https://www.eib.org/attachments/thematic/future_of_european_space_sector_en.pdf.

95 Sabine Gamper: „Wir arbeiten daran, Tesla nach Südtirol zu holen." Matteo Galateo im Interview. In: stol.it, 28. Februar 2024, https://www.stol.it/artikel/wirtschaft/wir-arbeiten-daran-tesla-nach-suedtirol-zu-holen.

96 Risto Linturi and Osmo Kuusi: Societal Transformation 2018–2037. 100 anticipated radical technologies, 20 regimes, case Finland. Publication of the Committee for the Future 10/2018, Helsinki 2018, https://www.eduskunta.fi/FI/naineduskuntatoimii/julkaisut/Documents/NETTI_TUVJ_10_2018_Societal_transformation_UUSI.pdf.

97 Risto Linturi: Towards a better Future. Technological opportunities and threats to the promotion of sustainable development. Publication of the Committee for the Future 1/2021, Helsinki 2021, https://www.eduskunta.fi/FI/naineduskuntatoimii/julkaisut/Documents/tuvj_1+2021.pdf.

98 Dubai Future Foundation: Dubai Future Readiness Index, https://www.dubaifuture.ae/dubai-future-readiness-index.

99 Dubai Future Foundation: Shaping the Future (2024), https://www.dubaifuture.ae/.

100 Dubai Future Foundation: Dubai Future Readiness Index, https://www.dubaifuture.ae/readiness.

101 Dubai Future Foundation: Dubai Future Readiness Index Manual, Edition-1, 2023, https://dgep.gov.ae/en/file/preview/dubai-future-readiness-index-manual-1st-edition.

102 Dubai Future Experts Program 2024: https://www.dubaifuture.ae/dfep-2024.

103 Dubai Future Experts Program 2022: https://www.dubaifuture.ae/experts-program-2022.

104 Dubai Policy Review (2019-20–2020): https://dubaipolicyreview.ae/product/public-policy-for-a-digital-future/ und https://dubaipolicyreview.ae/latest-articles/.

105 Dubai Future Foundation: 10 Megatrends shaping our future in 2023, Dubai 2023, https://www.dubaifuture.ae/wp-content/uploads/2023/02/10-Megatrends-Shaping-Our-Future-Eng.pdf.

106 Dubai Future Foundation: The Global 50. The Future Opportunities Report, Dubai 2024, https://www.dubaifuture.ae/the-global-50 und https://www.dubaifuture.ae/wp-content/uploads/2024/03/The-Global-50-2024-Eng.pdf.

107 Matt Andrews, Salimah Samji: Policy in Practice: How to Implement Policies with Impact? A Policymakers' Toolkit. In: Dubai Policy Review, February 2020, https://dubaipolicyreview.ae/how-to-implement-policies-with-impact-a-policymakers-toolkit-measurements/.

108 Sara Fyson, Carina Lindberg, Ernesto Soria Morales (OECD): Governance for the SDGs – How Can We Accelerate Achieving the Sustainable Development Goals? In: Dubai Policy Review, February 2020, https://dubaipolicyreview.ae/governance-for-the-sdgs-how-can-we-accelerate-achieving-the-sustainable-development-goals/.

109 Saeed AlDhaheri: Building an AI Nation: Accelerating Artificial Intelligence Adoption through Agile Policymaking – The Case of the UAE. In: Dubai Policy Review, February 2020, https://dubaipolicyreview.ae/building-an-ai-nation-accelerating-artificial-intelligence-adoption-through-agile-policymaking-the-case-of-the-uae/.

110 Siehe zum Beispiel WIKU: KI als Treiber der Zukunft, 13.03.2024, S. 18.

111 Siehe dazu im Detail Roland Benedikter: Dubai: Religiöser Hort einer technologischen Radikalmoderne. In: Stimmen der Zeit. Die Zeitschrift für christliche Kultur, Ausgabe 149, Heft 3/2024 (März), Herder Verlag Freiburg 2024, S. 209-220, https://www.herder.de/stz/hefte/archiv/149-2024/3-2024/dubai-religioeser-hort-einer-technologischen-radikalmoderne/.

112 Dubai Government – The Executive Council: Dubai Government Innovation Framework, Body of Knowledge, Version 1.0, Dubai 2019, https://dgep.gov.ae/en/file/preview/dubai-government-innovation-framework.

113 Siehe dazu auch Roland Benedikter: Wie die Zukunft human bleibt. Lehren aus dem Dubai Future Forum 2023. Interview mit Roland Benedikter von Teseo La Marca. In: Barfuss. Das Südtiroler Onlinemagazin, 11. Dezember 2023, https://www.barfuss.it/leben/wie-die-zukunft-human-bleibt/.

114 Siehe Markku Wilenius: Patterns of the Future. Understanding the next wave of global change, Helsinki 2017, https://www.worldscientific.com/worldscibooks/10.1142/q0083#t=aboutBook.

115 Riel Miller: How I learned to stop worrying and love Futures Literacy. In: Dubai Futures Academy, Foundations of Futures Literacy, o. J., https://www.dubaifuture.ae/advanced-futures-literacy-exploring-anticipatory-systems und https://www.dubaifuture.ae/courses/foundations-of-futures-literacy/.

116 Eurac Research: Workshop with Riel Miller, pioneer of UNESCO Futures Literacy, 22 May 2023, https://www.eurac.edu/en/institutes-centers/center-for-advanced-studies/research-group/unesco-chair/news-events/workshop-with-riel-miller.

117 Siehe zum Beispiel Santiago Garces and Stephen Goldsmith: Boston experimented with using generative AI for governing. It went surprisingly well. In: Fast Company, 19 November 2023, https://www.fastcompany.com/90983427/chatgpt-generative-ai-government-reform-biden-garces-boston-goldsmith-harvard.

118 Autonome Provinz Bozen-Südtirol: Nachhaltigkeit: Das Projekt, 2019ff., https://nachhaltigkeit.provinz.bz.it/de/das-projekt.

119 Autonome Provinz Bozen-Südtirol, Landesagentur für Umwelt und Klimaschutz: Klimaplan Südtirol 2040, https://umwelt.provinz.bz.it/klimaplan-energie-suedtirol-2050.asp.

120 Autonome Provinz Bozen-Südtirol: OECD-Bericht: Guter Start für Südtirol, Umsetzung zu konkretisieren, 22. November 2023, https://nachhaltigkeit.provinz.bz.it/de/news/oecd-bericht-guter-start-fur-sudtirol-umsetzung-zu-konkretisieren.

121 Siehe dazu ausführlich Roland Benedikter: Künstliche Intelligenz und Mensch. Ab wann gestaltet KI den Menschen um – statt in seinem Dienst zu stehen? Teil 1: Zwei Stossrichtungen, a.a.O.; und ders.: Künstliche Intelligenz und Mensch. Ab wann gestaltet KI den Menschen um – statt in seinem Dienst zu stehen? Teil 2 und Schluss: Entstehung von Hybridgebilden, a.a.O.

122 Roland Benedikter: Künstliche Intelligenz und Politik. Werden Algorithmen bald zu den besseren Politikern? Teil 1: Die Verwandlung des Politischen, a.a.O.; ders.: Künstliche Intelligenz und Politik. Werden Algorithmen bald zu den besseren Politikern? Teil 2: Die Konvergenzrolle von KI: Verschmelzung von Entwicklungen, a.a.O.; und ders.: Künstliche Intelligenz und Politik. Werden Algorithmen bald zu den besseren Politikern? Teil 3 und Schluss: Was bringt die Zukunft? Politische KI oder KI-Politik?, a.a.O.

123 Hans Malmström et al.: Chatbots and other AI for learning: A survey of use and views among university students in Sweden. In: Research.Chalmers.se, Report, 2023, https://research.chalmers.se/en/publication/535715. Vgl. dazu auch MDR Wissen: ChatGPT & Co. Studierende blicken insgesamt positiv auf KI, 15. Mai 2023, https://www.mdr.de/wissen/studierende-blicken-insgesamt-positiv-auf-ki100.html.

124 Europäisches Parlament Themen: Künstliche Intelligenz: Chancen und Risiken, 20.06.2023, https://www.europarl.europa.eu/news/de/headlines/society/20200918STO87404/kunstliche-intelligenz-chancen-und-risiken.

125 George Washington University, The Graduate School of Political Management: Applying Big Data for Political Success, o. J., https://gspm.gwu.edu/applying-big-data-political-success. Siehe dazu auch: Kevin Rands: How big data has changed politics. In: CIO, 28 June 2018, https://www.cio.com/article/221882/how-big-data-has-changed-politics.html.

126 Europäisches Parlament Themen: Was ist Künstliche Intelligenz und wie wird sie genutzt?, 20.06.2023, https://www.europarl.europa.eu/news/de/headlines/society/20200827STO85804/was-ist-kunstliche-intelligenz-und-wie-wird-sie-genutzt.

127 Sean Illing: A political scientist explains how big data is transforming politics. "Big data makes it easy for candidates to dismiss their opponents." In: Vox Technology, March 16, 2017, https://www.vox.com/conversations/2017/3/16/14935336/big-data-politics-donald-trump-2016-elections-polarization. Siehe dazu auch Ahsaan Mujeb: Data-Driven Politics: The Power of Big Data and Predictive Analysis in Political Campaigns. In: LinkedIn, March 13, 2023, https://www.linkedin.com/pulse/data-driven-politics-power-big-data-predictive-analysis-ahsan-mujeeb/.

128 Siehe zum Beispiel: Big Data Politics Italia (2024), https://www.bigdatapolitics.it/.

129 Bayerisches Forschungsinstitut für Digitale Transformation (BFDT): Künstliche Intelligenz, o.J., https://www.bidt.digital/themenmonitor-kuenstliche-intelligenz/.

130 Deutsches Bundesministerium für Arbeit und Soziales, Observatorium Künstliche Intelligenz in Arbeit und Gesellschaft: Auswirkungen von KI auf den Arbeitsplatz: aktuelle Erkenntnisse aus acht OECD-Ländern, 29. März 2023, https://www.ki-observatorium.de/rubriken/wissen/auswirkungen-von-ki-auf-den-arbeitsplatz-aktuelle-erkenntnisse-aus-acht-oecd-laendern.

131 OECD.AI Policy Observatory: OECD programme on AI in Work, Innovation, Productivity and Skills. The OECD programme on AI in Work, Innovation, Productivity and Skills (AI-WIPS) –

with the support of Germany – analyses the impact of AI on the labour market, skills and social policy, o. J., https://oecd.ai/en/work-innovation-productivity-skills.

132 Anna Milanez: The impact of AI on the workplace: Evidence from OECD case studies of AI implementation, 27 March 2023, https://www.oecd-ilibrary.org/docserver/2247ce58-en.pdf?expires=1700737086&id=id&accname=guest&checksum=F9C9DB999EBCD1FC2DC8B65239CB0961.

133 Bundesministerium für Bildung und Forschung: Wissenschaftsjahr 2019: Künstliche Intelligenz: Unternehmen bewerten den Einsatz von KI sehr positiv, 18.06.2019, https://www.wissenschaftsjahr.de/2019/neues-aus-der-wissenschaft/juni-2019/unternehmen-bewerten-den-einsatz-von-ki-sehr-positiv/index.html.

134 Münchner Kreis, Bertelsmann Stiftung (Hrsg.): Zukunftsstudie: Leben, Arbeit, Bildung 2035+. Durch künstliche Intelligenz beeinflusste Veränderungen in zentralen Lebensbereichen, 23.06.2020, https://www.bertelsmann-stiftung.de/de/publikationen/publikation/did/zukunftsstudie-leben-arbeit-bildung-2035.

135 Bayerisches Forschungsinstitut für Digitale Transformation (BFDT): KI als positive Kraft für Privatleben, Arbeit und Bildung. Über 400 Expert:innen schätzen den Wandel der Gesellschaft durch KI als Chance ein. Vorausgesetzt, sie wird richtig eingesetzt und kritisch beurteilt (2020), https://www.bidt.digital/themenmonitor/ki-als-positive-kraft-fuer-privatleben-arbeit-und-bildung/.

136 CERI – Centre for Educational Research and Education: Four Future Scenarios for Higher Education, o.J., https://www.oecd.org/site/eduhe30/41809568.pdf.

137 Alexander Atarodi: Four Plausible Scenarios for 2030. In: OECD, o.J., https://www.oecd-nea.org/upload/docs/application/pdf/2023-01/1_strategicforesight-alexanderatarodi.pdf.

138 UNICEF: Designing a Youth-centered Journey to the Future. A Youth Foresight Playbook, United Nation's Children Fund, September 2023, https://www.unicef.org/globalinsight/media/3226/file/UNICEF-Innocenti-Youth-Foresight-Playbook-2023.pdf.

139 UNICEF: Launch: UNICEF's Youth Foresight Playbook at the Dubai Future Forum. Hosted by the UNICEF Youth Foresight Fellow Alumni and Team, 28 November 2023, https://www.unicef.org/innocenti/events/launch-unicefs-youth-foresight-playbook-dubai-future-forum.

140 UNESCO – Mahatma Gandhi Institute of Education for Peace and Sustainable Development: Games for Learning, o.J., https://mgiep.unesco.org/games-for-learning.

141 Win Shanokprasith: Speculative Design: Thinking About the Future in Times of Uncertainty. In: Medium, May 14, 2020, https://medium.com/@winshanokprasith/speculative-design-thinking-about-the-future-in-times-of-uncertainty-b593e2ca11b6.

142 Nick Foster: What is Design Fiction? In: The Futurist, June 23rd, 2022, https://futurist.com/2022/06/23/what-is-design-fiction/.

143 The Economist: Generative AI could radically alter the practice of law. Even if it doesn't replace lawyers en masse, June 6th, 2023, https://www.economist.com/business/2023/06/06/generative-ai-could-radically-alter-the-practice-of-law?.

144 Robin Sharma and Adam Dubé: Toward the use of commercial games as education tools. UNESCO Digital Library 2021, https://unesdoc.unesco.org/ark:/48223/pf0000375559.locale=en.

145 Yoko Mochizuki and Gauri Khanduja: Gaming for peace: Online gaming to promote peace and sustainable development. In: UNESCO – Mahatma Gandhi Institute of Education for

Peace and Sustainable Development, o. J., https://mgiep.unesco.org/article/gaming-for-peace-onling-gaming-to-promote-peace-and-sustainable-development.

146 UNESCO – Mahatma Gandhi Institute of Education for Peace and Sustainable Development: The Digital Games for Peace Challenge (2021), https://mgiep.unesco.org/gamesforpve.

147 Siehe: Situation Lab: The Thing from the Future (2024), https://situationlab.org/project/the-thing-from-the-future/.

148 Siehe dazu ausführlich Roland Benedikter: Künstliche Intelligenz und Mensch. Ab wann gestaltet KI den Menschen um – statt in seinem Dienst zu stehen? Teil 1: Zwei Stoßrichtungen, a.a.O.; und ders.: Künstliche Intelligenz und Mensch. Ab wann gestaltet KI den Menschen um – statt in seinem Dienst zu stehen? Teil 2 und Schluss: Entstehung von Hybridgebilden, a.a.O.

149 Roland Benedikter: Künstliche Intelligenz und Politik. Werden Algorithmen bald zu den besseren Politikern? Teil 1: Die Verwandlung des Politischen, a.a.O.; ders.: Künstliche Intelligenz und Politik. Werden Algorithmen bald zu den besseren Politikern? Teil 2: Die Konvergenzrolle von KI: Verschmelzung von Entwicklungen, a.a.O.; und ders.: Künstliche Intelligenz und Politik. Werden Algorithmen bald zu den besseren Politikern? Teil 3 und Schluss: Was bringt die Zukunft? Politische KI oder KI-Politik?, a.a.O.

150 The University of Arizona: Controlled Environment Agriculture – Biosystems Engineering, o.J., https://be.arizona.edu/content/controlled-environment-agriculture. Siehe dazu auch North Carolina State University: What is Controlled Environment Agriculture? In: Youtube, October 24, 2022, https://www.youtube.com/watch?v=7aTSth9SWC8 und University of California at Davis, College of Agricultural and Environmental Sciences: Controlled Environment Agriculture, o.J., https://caes.ucdavis.edu/research/initiative/controlled-environment-agriculture.

151 Intelligent Growth Solutions: The Commercial Case for Vertical Farming. In: Youtube, November 18, 2022, https://www.youtube.com/watch?v=fp2x1WBhXQE. Siehe dazu auch: GramworkX: Precision Farming – Technology Infusion in Agriculture. In: Medium, April 30, 2020, https://gramworkx.medium.com/precision-farming-technology-infusion-in-agriculture-83b72f336b2d,

152 Matt McGrath: Climate Change: IPCC scientists to examine carbon removal in key report. In: BBC News, 21 March 2022, https://www.bbc.com/news/science-environment-60798220.

153 Robinson Meyer: We've Never Seen a Carbon-Removal Plan Like This Before. Companies including Google and Facebook are pouring more than $900 million into a nascent technology that's essential to zeroing out emissions. In: The Atlantic, April 13, 2022, https://www.theatlantic.com/science/archive/2022/04/big-tech-investment-carbon-removal/629545/.

154 European Parliament News: Carbon removals: Parliament wants EU certification scheme to boost uptake, 21-11-2023, https://www.europarl.europa.eu/news/en/press-room/20231117IPR12212/carbon-removals-parliament-wants-eu-certification-scheme-to-boost-uptake.

155 James Temple & Casey Crownhart: UN climate report: Carbon removal is now "essential". Removing the greenhouse gas from the air will likely be necessary, along with radical emissions cuts, to keep temperatures from rising 2°C. In: MIT Technology Review, April 4, 2022, https://www.technologyreview.com/2022/04/04/1048832/un-climate-report-carbon-removal-is-now-essential/.

156 Südtirol News: ESA-, NASA- und JAXA-Astronauten trainieren im Bletterbach. Verblüffende Ähnlichkeiten mit dem Mars, 12. Oktober 2023, https://www.suedtirolnews.it/chronik/verblueffende-aehnlichkeiten-mit-dem-mars.

157 Ricarda Breyton: Anreiz für richtiges Verhalten. Heikle Ideen im Dienst der Regierung. In: Die Welt, 06.07.2021, https://www.welt.de/politik/deutschland/plus232308591/Bonussystem-fuer-Buerger-Anreiz-fuer-richtiges-Verhalten-heikle-Ideen-im-Auftrag-der-Regierung.html.

158 Adrian Lobe: Umstrittener „Ökotoken" in Bayern: Guter Bürger, schlechter Bürger. Ein digitales Belohnungssystem soll in Bayern zur Umweltfreundlichkeit animieren. Kritiker sprechen von Überwachung – ähnlich wie in China. In: TAZ, 23.08.2022, https://taz.de/Umstrittener-Oekotoken-in-Bayern/!5873370/. Siehe dazu auch Businessinsider: Viele Deutsche möchten digital bewertet werden – doch Experten warnen, o. J., https://www.businessinsider.de/gruenderszene/technologie/social-scoring-deutschland-gutachten/.

159 Jürgen Kaube: Sozialkreditsystem: Tugendpunkte in Bologna. In: Frankfurter Allgemeine Zeitung (FAZ), 21.04.2022, https://www.faz.net/aktuell/feuilleton/bologna-testet-punkte-system-fuer-soziales-wohlverhalten-17970037.html.

160 Deutsches Bundesministerium für Bildung und Forschung (BMBF): Zukunft von Wertvorstellungen der Menschen in unserem Land. Studie, Berlin, August 2020, https://www.vorausschau.de/SharedDocs/Downloads/vorausschau/de/BMBF_Foresight_Wertestudie_Kurzfassung.pdf?__blob=publicationFile&v=1 (Kurzfassung); sowie Deutsches Bundesministerium für Bildung und Forschung (BMBF): Zukunft von Wertvorstellungen der Menschen in unserem Land. Studie, Berlin, August 2020, https://www.vorausschau.de/SharedDocs/Downloads/vorausschau/de/BMBF_Foresight_Wertestudie_Langfassung.pdf?__blob=publicationFile&v=3 (Langfassung).

161 Deutscher Bundestag: Bundesregierung über Zukunftsszenarien der „Wertestudie". Bildung, Forschung und Technikfolgenabschätzung – Antwort – hib 1013/2021, 10.09.2021, https://www.bundestag.de/presse/hib/858680-858680.

162 Timothy M. Lenton et al.: Quantifying the human cost of global warming. In: Nature Sustainability (2023), 22 May 2023, https://www.nature.com/articles/s41893-023-01132-6.

163 Dubai Future Foundation: Ohood Al Roumi: Global Lawmaking Models 'Unfit for the Future', 12 October 2022, https://www.dubaifuture.ae/dubai-future-forum/ohood-al-roumi-global-lawmaking-models-unfit-for-the-future/.

164 Dubai Future Foundation: Governments Must Engrain Foresight in Decision Making and Embrace Uncertainty, Dubai Future Forum Hears, 11 October 2022, https://www.dubaifuture.ae/latest-news/governments-must-engrain-foresight-in-decision-making-and-embrace-uncertainty-dubai-future-forum-hears/.

165 Dubai Future Foundation: World's top futurists reveal key ingredients of a 'good global future' at the Dubai Future Forum, 28 November 2023, https://www.dubaifuture.ae/latest-news/worlds-top-futurists-reveal-key-ingredients-of-a-good-global-future-at-the-dubai-future-forum/.

166 Barbara Baumgartner, Sigrid Hechensteiner: Zukunft zu gestalten muß muss eine gesellschaftliche Bewegung sein. Ein Interview mit Roland Benedikter. In: Eurac Magazine, 24 October 2022, https://www.eurac.edu/de/magazine/zukunft-zu-gestalten-muss-eine-gesellschaftliche-bewegung-sein.

167 Siehe dazu Roland Benedikter: Die Rolle der Sozialwissenschaft für Südtirols Zukunft. In: Hannes Obermair, Harald Pechlaner (Hrsg.): Eurac Research: Inventing Science In A Region.

Eurac Research online, 30.09.2022, https://www.eurac.edu/publication/eurac-research-inventing-science-in-a-region/nature-society/die-rolle-der-sozialwissenschaft-fur-sudtirols-zukunft. Vgl. ausführlicher Roland Benedikter: Wissenschaft zwischen Regionalisierung und Globalisierung. Zur Gegenwart und Zukunft angewandter Sozialwissenschaft in Südtirol. In: Hannes Obermair, Harald Pechlaner (Hrsg.): Eurac Research: Inventing Science In A Region, Athesia Publishers / Eurac Research, Bozen 2022, S. 220–232, https://www.eurac.edu/publication/eurac-research-inventing-science-in-a-region and https://www.eurac.edu/publication/eurac-research-inventing-science-in-a-region/nature-society/wissenschaft-zwischen-regionalisierung-und-globalisierung.

168 Siehe zum Beispiel Peter Hess: AI scandal rocks academia as nearly 200 studies are found to have been partly generated by ChatGPT. In: Daily Mail Online, 19 March 2024, https://www.dailymail.co.uk/sciencetech/article-13211523/ChatGPT-scandal-AI-generated-scientific-papers.html.

169 Uttkarsha Bhosale, Gayatri Phadke, and Anupama Kapadia: Generative AI in Research: A practical guide for universities on balancing risks and benefits. Enago Global, October 2023, open access publishing, https://www.enago.com/academy/guide-to-ensure-responsible-ai-integration/.

170 Andréa Belliger and David Krieger: New Perspectives on AI Alignment. In: Academia, forthcoming 2024, https://www.academia.edu/115166884/New_Perspectives_on_AI_Alignment_revised_.

171 Jiaming Ji et. al.: AI Alignment: A Comprehensive Survey. In: Cornell University Computer Science, 26 February 2024, https://arxiv.org/abs/2310.19852.

172 Ebda.

173 Mark Coeckelbergh: The political philosophy of AI: an introduction, John Wiley & Sons 2022. Siehe in Kurzfassung auch: Mark Coeckelbergh: Suche nach der Wahrheit. In: Der Pragmaticus, Ausgabe 1, Februar 2024: Die Welt in 50 Jahren, S. 22/23.

174 Christoph Quarch: Memento Mori. In: Medium, July 21, 2023, https://medium.com/@christophquarch/memento-mori-1f4152213653.

175 Christoph Quarch: Der Club der Alten Weisen: Mit Sokrates, Seneca, Platon & Co im Gespräch. FinanzBuch Verlag 2023, https://www.amazon.de/Club-alten-Weisen-Sokrates-Gespr%C3%A4ch/dp/3959727305.

176 Rafael Ramirez: Scenario planning: an answer to turmoil? In: Oxford University, Said Business School, 28 January 2020, https://www.sbs.ox.ac.uk/oxford-answers/scenario-planning-answer-turmoil.

177 Matt Finch, Nhiam Ni Bhorin and Steffen Krüger: Unlearning, relearning, staying with the trouble: Scenarios and the future of education. In: Prospects, October 2023 Issue, https://www.researchgate.net/publication/374848147_Unlearning_relearning_staying_with_the_trouble_Scenarios_and_the_future_of_education.

Nachwort

Franz Schöpf

Abteilung Innovation, Forschung, Universität und Museen
Landesverwaltung der Autonomen Provinz Bozen-Südtirol

Dieses Buch hat in konzentrierter Form gezeigt: Wenn wir zum Arbeiten gehen, wenn wir das Auto benützen und durch unsere Städte fahren, oder ganz einfach das Handy benützen, sind wir bereits mittendrin im Strom der Veränderung: nämlich der Zukunftstechnologien, die unser Leben begleiten, die unsere Gewohnheiten und unsere Südtiroler Gesellschaft verändern. Vieles, was wir noch vor kurzem in Filmen über die Zukunft gesehen haben, ist inzwischen bereits ein unverzichtbarer Bestandteil unseres Alltags geworden.

Die Zeit, die die Leser mit diesem faszinierenden Buch verbracht haben, ist gut investiert. Die Reise durch die vorangegangenen Seiten hat uns die Tiefen der technologischen Veränderungen vor Augen geführt, die unsere Welt in den kommenden Jahren prägen wird. Wir haben die Möglichkeit, über Grenzen hinweg zu kommunizieren, Wissen auszutauschen, technische Möglichkeiten zu nutzen und die weiter entfernte Welt in einem noch nie dagewesenen Ausmaß zu erkunden. Wir haben aber auch klar gesehen, dass sich unsere Art und Weise, wie wir arbeiten, lernen, miteinander interagieren und die Welt rund um uns erleben, stark verändern wird.

Die Entwicklung der kommenden Jahre muss in einen Gesamtüberblick eingegliedert werden. Die industrielle Revolution hat in Südtirol erst recht spät Einzug gehalten. Die erste Phase war Anfang des 19. Jahrhunderts mit der Errichtung der Industriezone in Bozen. In den 1960er Jahren hat sich das produzierende Gewerbe und die Industrie in der Peripherie das Landes schrittweise entwickelt. Die Geschichte der industriellen Entwicklung in Südtirol ist somit ein Beispiel für die Anpassungsfähigkeit des Landes.

Nun stellt sich die Frage: Wird die Südtiroler Gesellschaft, die Wirtschaft und die Politik auch bei der neuen technologischen Revolution mit Europa und vor allem mit entwickelten Ländern wie z. B. den USA und China mithalten können?

Die Beiträge dieses Buches geben uns einen Vorgeschmack darüber, mit welchen wirtschaftlichen und gesellschaftlichen Veränderungen sich auch Südtirol auseinandersetzen muss. Digitale Transformation, Künstliche Intelligenz, Big Data und Biotechnologie, Sensortechnologien und 3D-Druck sind einige der Zukunftstechnologien, die auch unser Land verändern werden. Es liegt an uns allen, diese Veränderungen als Chance für ein besseres Leben zu nutzen. Dabei ist es notwendig, die bevorstehenden Herausforderungen ernst zu nehmen, und mit den Unsicherheiten, bedingt durch die anstehenden Veränderungen, konstruktiv umzugehen. Es wird auch Experimentierphasen geben müssen, bis die besten Lösungen für die Unternehmen, aber auch für die Gesellschaft gefunden werden – mit dem Ziel, Umwelt, Mensch und Technik auf einen gemeinsamen Nenner zu bringen. Roland Benedikter beschreibt in seinen Kapiteln sehr aufschlussreich die drei wesentlichen Bausteine – Zukunftstechnologien, soziale Ökosysteme und Wissensökologie –, und wie diese miteinander verknüpft sind und zusammenwirken können.

Das Land Südtirol hat in den vergangenen Jahren tatsächlich bereits in diesem Sinne verstärkt in Innovation und Forschung investiert. Beispiele sind die Innovationsförderungen für Unternehmen, der Ausbau des NOI-Technologieparks in Bozen und in Bruneck, das Gründerzentrum im NOI, die Start-up Förderungen, Capacity Building, die Forschungsoffensive, die (Teil- und Mit-)Finanzierungen der Forschungseinrichtungen Südtirols wie der Eurac und die Finanzierung und Weiterentwicklung der Freien Universität Bozen.

Aber auch die Südtiroler Unternehmen investieren zunehmend in Innovation, Forschung und Entwicklung. Bei vielen Unternehmen stehen die Digitalisierung der Prozesse und die Automatisierung der Produktionsabläufe im Vordergrund. Große und mittlere Unternehmen sind beim Einführen von Zukunftstechnologien vielfach schneller und entschlossener als die kleinen Unternehmen aus den traditionellen Bereichen, auch weil erstere dem internationalen Wettbewerb ausgesetzt sind und vielfach den rauen Wind der Veränderung noch stärker zu spüren bekommen.

Im Jahr 2020 wurden in Südtirol insgesamt 216,6 Millionen Euro für betriebsinterne (intra-muros) Forschungs- und Entwicklungstätigkeiten (F&E) ausgegeben. Dabei fielen 59 Prozent, also 128 Millionen Euro, auf die Unternehmen, und 88,6 Millionen Euro auf die öffentlichen Forschungseinrichtungen. Insgesamt liegt Südtirol in Bezug auf F&E unter dem gesamtstaatlichen italienischen und dem europäischen Durchschnitt. Die Südtiroler F&E-Quote ist mit 0,98 Prozent zwar stark gestiegen, ist aber vom Ziel der Strategie „Europa 2020", die Investitionen in F&E auf 3 Prozent des Bruttoinlandsproduktes (BIP) zu heben, noch weit entfernt.[1]

Mit der RIS3-Strategie für Forschung und Innovation gibt es inzwischen auch eine klare mittelfristige Landesstrategie, welche die Spezialisierungsbereiche samt Technologien auflistet, aber auch ansatzweise aufzeigt, wo sich Südtirol in Zukunft hin entwickeln will. Die Grundlage des Strategieplans ist eine internationale Trendanalyse, um die Treiber für Veränderungen und für die künftigen Herausforderungen der Südtiroler Unternehmen zu erkennen. Im Rahmen eines umfassenden partizipativen Prozesses wurden Ziele und Maßnahmen für die verschieden Innovationsakteure des Landes definiert, welche für die Weiterentwicklung der Zukunftstechnologien und den Ausbau der Innovation, Forschung und Entwicklung verantwortlich sind. Vier themenspezifische Arbeitsgruppen von ausgewählten Experten aus Wirtschaft und Forschung analysieren kontinuierlich die Trends und Veränderungen der verschiedenen Technologiefelder, um Vorschläge für die laufende Anpassung des Strategieplans RIS3 zu unterbreiten. Hingegen dient der Jahresplan für Forschung und Innovation des Landes zur kurzfristigen Planung und Umsetzung von Maßnahmen und Projekten.

Die neuen Technologien haben bedeutende Auswirkungen auf die Südtiroler Wirtschaft – und sie werden das künftig noch verstärkt haben. In den letzten Jahrzehnten haben wir eine bemerkenswerte Entwicklung neuer Technologien erlebt, die unsere Wirtschaft in vielerlei Hinsicht geprägt haben. Besonders hervorzuheben ist, wie vorliegenden Buch beschrieben, der Einfluss der Digitalisierung, der künstlichen Intelligenz (KI), des Datenmanagements und der Algorithmen auf unsere Wirtschaft. Diese Technologien verändern auf der einen Seite bestehende Geschäftsmodelle, schaffen aber auch völlig neue Möglichkeiten und sind der Nährboden für Startups. Insgesamt sind KI und Datenmanagement dabei, die Art und Weise, wie wir Wirtschaft betreiben, grundlegend zu verändern. Es liegt an uns, die Chancen dieser Technologien zu nutzen, während wir gleichzeitig sicherstellen müssen, dass diese auf verantwortungsbewusste Weise eingesetzt werden, um eine nachhaltige und innovative Wirtschaft zu fördern.

Im Ausblick gilt: Mit dem Aufkommen der Zukunftstechnologien ergeben sich für die Südtiroler Unternehmen neue Chancen, aber auch neuen Risiken. Unter den Chancen sind:

- *Effizienzsteigerung*: Automatisierung und Prozessoptimierung durch Technologien wie KI können Arbeitsabläufe rationalisieren und die Effizienz verbessern.
- *Marktpräsenz*: Durch das Internet und soziale Medien können Kleinstunternehmen ihre Reichweite erhöhen und Kunden auf globaler Ebene erreichen.
- *Personalisierung*: Datenanalyse ermöglicht eine bessere Kundenverständnis, was zu individuell zugeschnittenen Produkten und Dienstleistungen führen kann.
- *Kosteneinsparungen:* Cloud-Computing und Outsourcing ermöglichen den Zugang zu Ressourcen ohne hohe Anfangsinvestitionen.
- *Innovationspotential*: Kleinstunternehmen können durch Technologien neue Produkte und Dienstleistungen entwickeln, die früher nicht realisierbar gewesen wären.

Aber auch die Risiken sind nicht zu unterschätzen:

- *Kosten und Zugang:* Die Einführung neuer Technologien erfordert Investitionen, die für Kleinstunternehmen möglicherweise nicht leicht zu stemmen sind.
- *Fachkräftemangel*: Der Einsatz von High-Tech-Lösungen erfordert oft spezialisierte Fähigkeiten, die in Kleinstunternehmen möglicherweise nicht verfügbar sind.
- *Datensicherheit und Datenschutz*: Die Speicherung sensibler Daten birgt Risiken hinsichtlich Datenschutzes und Datensicherheit, was für Kleinstunternehmen besonders wichtig ist.
- *Abhängigkeit von Technologie*: Ein technologisches Versagen könnte die Betriebsfähigkeit eines Kleinstunternehmens stark beeinträchtigen.
- *Wettbewerbsdruck*: Technologie ermöglicht globalen Wettbewerb, was für Kleinstunternehmen eine Herausforderung darstellen kann, wenn sie nicht mithalten können.

Darüber hinaus ist zweitens ebenfalls sicher: Die Zukunftstechnologien werden auch eine Reihe von Auswirkungen auf unsere Zivilgesellschaft mit sich bringen. Wenn wir von neuen Technologien sprechen, dann ist es wichtig, auch die möglichen Auswirkungen auf die Menschen mit zu berücksichtigen. Folgende Fragen drängen sich auf: Welche Auswirkungen werden zukünftige Technologien haben? Wird es gelingen, diese Technologien der breiten Bevölkerung zugänglich zu machen und niemand zurückzulassen (inklusive ältere oder weniger technikaffine Menschen)? Wird man die Gefahren mancher Technologien bewältigen können? Werden die Zukunftstechnologien zu erhöhter Lebensqualität führen? Insgesamt: Welche Auswirkungen werden die Technologien auf die Gesellschaft haben? Wird durch die Zukunftstechnologien ein erfüllteres, glücklicheres Leben ermöglicht, oder geht es in Richtung Überforderung oder Unterforderung, Vereinsamung und Verminderung der Solidarität?

Ausgehend von diesen Fragen gilt es im Gefolge dieses Buches zu überlegen, welche Bereiche der Zivilgesellschaft von den Zukunftstechnologien direkt betroffen sind. Es sind in erster Linie die *Veränderungen in der Arbeitswelt*, denn die Automatisierung und künstliche Intelligenz könnten einige Arbeitsplätze ersetzen oder verändern. Gleichzeitig entstehen neue Arbeitsmöglichkeiten im Bereich von Technologieentwicklung, Wartung und Support. Es besteht das Risiko der *Ungleichheit*, da durch die technologischen Fortschritte eine Kluft zwischen jenen entstehen könnte, die Zugang zu diesen Technologien haben, und jenen, die diesen Zugang nicht haben. Dies könnte zu sozialer und wirtschaftlicher Ungleichheit führen. Auch die Anforderungen an *Bildung und Fähigkeiten* ändern sich aufgrund technologischer Entwicklungen. Es wird immer wichtiger, digitale Fähigkeiten zu erlernen und sich kontinuierlich weiterzubilden, um in der modernen Gesellschaft erfolgreich zu sein. Zudem wird das Thema *Privatsphäre und Datenschutz* aktueller denn je, da mit den Neuen Technologien umfangreiche Daten über die Menschen gesammelt werden können. Dies wirft Fragen nach Privatsphäre und Datenschutz auf, die sorgfältig abgewogen und geregelt werden müssen. Die *soziale Interaktion* und die Art und Weise, wie Menschen miteinander interagieren, ändert sich durch soziale Medien und Online-Kommunikation ebenfalls. Dies kann sowohl positive als auch negative Auswirkungen auf zwischenmenschliche Beziehungen haben. Auswirkungen auf *Gesundheit und Wohlbefinden* sind ebenso zu erwarten, denn Zukunftstechnologien können im Gesundheitswesen die medizinische Versorgung verbessern, aber auch ethische Fragen aufwerfen, z. B. im Zusammenhang mit genetischer Manipulation.

Ein zusätzliches Thema ist schließlich die *Informationsflut*. Durch das Internet haben wir Zugang zu einer Fülle von Informationen, was Chancen bietet, aber auch die Fähigkeit erfordert, relevante und genaue Informationen von Fehlinformationen *(fake news)* zu unterscheiden. *Einsamkeit und Isolation* sind Phänomene, die im Rahmen der Digitalisierung zunehmen. Obwohl die Online-Technologien die Kommunikation erleichtern, geraten Menschen auch in die digitale Isolation und entfremden sich von persönlichen Kontakten und

Begegnungen. Nicht zu unterschätzen sind die *Umweltauswirkungen*, da Technologien zur Umweltbelastung beitragen können, sei es durch Energieverbrauch, Elektroschrott oder andere Faktoren. Eine zentrale Frage ist deshalb insgesamt die der *Ethik und Verantwortung*. Die Entwicklung und Nutzung von Technologien wirft ethische Fragen auf, z. B. im Bereich der Künstlichen Intelligenz und der autonomen Systeme (Maschinenlernen) sowie hinsichtlich Konzentration und Kontrolle des Wissens. Die Gesellschaft muss über angemessene Regulierungen nachdenken und dafür sorgen, dass die Zukunftstechnologie möglichst allen zugutekommt. Das gilt im Rahmen der autonomen Befugnisse auch für Südtirol.

Die in diesem Buch dargestellten Perspektiven für eine Technologievision Südtirol sind für die Zivilgesellschaft, Unternehmen, Institutionen und Politik einige wesentliche Herausforderungen, die es bei der Verbreitung der Zukunftstechnologien zu berücksichtigen gilt, um weiterhin die Grundbedürfnisse und das Selbstwertgefühl der Menschen zu schützen. Es ist notwendig, die Chancen dieser Veränderungen zu nutzen. Aber wir müssen uns auch gleichzeitig der Herausforderungen und Risiken bewusst sein. Für die Entscheidungsträger in Politik und Wirtschaft gilt es unter Einbindung der Zivilgesellschaft geeignete Mittel und Wege zu finden, damit die Zukunftstechnologien in langfristiger Perspektive zum Wohle der Gesellschaft eingesetzt werden können.

1 Quelle: Astat Info, Ausgabe 58 vom September 2022.

Anhang 1

Südtiroler Landtag
Beschlussantrag
Nr. 437/2021

Landtagshearing: Digitale Transformation, Blockchain, Künstliche Intelligenz, Big Data: Wohin geht die Reise? Welche Zukunft erwartet Menschen und Betriebe? Die Politik muss ihre Digitalkompetenz aufrüsten.

Durchgeführt: 08.02.2022

Die Schlagworte sind in aller Munde: Digitale Transformation, Blockchain Technologie, digitale Währungen, cognitive computing, self-learning machines. Diese Technologien werden nicht nur unsere Arbeitswelt, in der Privatwirtschaft wie im öffentlichen Sektor, in einigen Bereichen revolutionieren. Nein, sie werden auch unser Leben, das soziale Gefüge und die soziale Marktwirtschaft, so wie wir sie heute kennen, als Paradigma der westlichen Welfare-Staaten nachhaltig verändern. Wie jede Veränderung birgt auch dieser Prozess Chancen und Risiken. Und weil diese Veränderung disruptiv sein wird, erfordert sie, heute schon die Weichen für morgen zu stellen.

Umso mehr verwundert es, wie wenig davon in der politischen Diskussion zu vernehmen ist, aber auch wie wenig die Südtiroler Gesellschaft und Betriebe offenbar davon wahrnehmen zu scheinen. Klar – es handelt sich um einen globalen Megatrend, der von Südtirol aus nicht gesteuert werden kann. Aber er wird Südtirol betreffen. Laut Gartner Consulting wird die Ära der intelligenten Maschinen die disruptivste Veränderung in der Geschichte der IT sein. Mehr noch als es das Internet war. In dieser neuen Ära werden bahnbrechende Technologien wie die Interaktion mit Maschinen in natürlicher Sprache sowie eigenständiges Denken und Lernen von Algorithmen eine neue Generation von Computern hervorbringen, die auf natürliche Weise lernen, denken und mit Menschen interagieren können. Vorausschauende Unternehmen setzen bereits auf die enormen Möglichkeiten, die *cognitive computing* mit sich bringt, denn sie sehen in der frühzeitigen Einführung dieser Technologien den Schlüssel, um in ihren Märkten führend zu werden. In Bezug auf intelligente Systeme, die unstrukturierte Daten ohne menschliches Zutun verstehen, daraus schlussfolgern und laufend dazulernen, ist die Zukunft bereits da. Cognitive Computing-Technologien können schon jetzt die Entscheidungsfindung unterstützen und Menschen bei der Lösung komplexer Probleme helfen. In der Wirtschaft wie in der Sanität.

Die Blockhain Technologie stellt ebenso eine Revolution dar, welche die heute etablierten Technologien grundlegend verändern wird – vor allem in Sachen Management von komplexen Prozessen und Aufbewahrung von Informationen. Die Blockchain ist bereits heute drauf und dran, die Finanzwelt zu revolutionieren, und mit *smart contracts* völlig fälschungssicher weltweit Transaktionen durchzuführen – ohne jegliche zentralen Kontrollstellen. Denn die Verwaltung der dynamischen Entwicklung von Daten ist in Systemen, die auf Blockchain basieren, nicht zentralisiert und geschlossen, sondern dezentral und transparent, offen für alle. Die Anwendungsbereiche dieser Technologie sind sehr vielfältig. So könnte die Blockchain z. B. die digitale Patientenakte verwalten und den Ärzten ermöglichen, sicher und schnell Informationen über Patienten auszutauschen. Sie bietet sich geradezu ideal für einen europäischen *Green Pass* an.

All dies wird dazu führen, dass zahlreiche Arbeitsplätze im Dienstleistungssektor durch extrem leistungsfähige Technologien ersetzt werden, in einigen Sektoren wohl sogar der Großteil. Dies bei jedoch steigender Wirtschaftsleistung. In anderen Sektoren hingegen werden völlig neue Arbeitsmodelle Einzug halten.

Diese Entwicklung wird zu einer Herausforderung auch für die politischen Entscheidungsträger in den Regierungen und die gewählten Vertreter in den legislativen Organen. Zaghaft beginnen erste Diskussionen über bedingungslose Grundeinkommen in Zusammenhang mit der Umwälzung der Arbeitswelt – ebenso ethische Diskussionen über selbstlernende Algorithmen im Gesundheitswesen und in selbstfahrenden Autos. Die diskutierten Szenarien gehen von Schwarzmalerei bis Träumerei.

Bereits heute widmen sich Politik und fortschrittliche Unternehmen dem ökonomischen Wandel, der mit dem Label „Industrie 4.0" bezeichnet wird. Denn Volkswirtschaften mit einem höheren Anteil digitaler Geschäftsmodelle und Infrastruktur haben heute schon einen Einkommensvorteil. Allerdings haben weder die Politik noch die Unternehmen für die digitale Transformation bislang weder ein einheitliches Verständnis entwickelt, noch lassen sie in der Breite und Tiefe entsprechende durchdachte Investitionen erkennen. Vor allem politisch fehlt es an Konzepten, auf allen Ebenen, angefangen bei der Europäischen Union. Mit dem Resultat, dass Europa in puncto digitale Transformation abgeschlagen hinter USA und Asien in einer Art Schockstarre verharrt. Dabei ist heute unumgänglich, dass gerade die Weichensteller – in Unternehmen und Politik – adäquat informiert sind über die Entwicklung der technologischen Möglichkeiten und die damit verbundenen Chancen und Risiken: damit die Politik diese Entwicklung steuern und begleiten kann, um nicht morgen im Reaktionsmodus der Realität hinterherzuhinken. Deshalb gilt: Die Politik muss ihre Digitalkompetenz aufrüsten.

Was braucht die Digitalisierung von der Politik?

- Eine ganzheitliche Betrachtung des Themas.
- Klare Ziele, die mit der Digitalisierung verfolgt werden sollen, und die legislativen Voraussetzungen dafür.
- Rechtssicherheit.
- Förderung der Digitalbildung der Bürger.

Dazu bietet sich als erster Schritt in diese Richtung ein vom Landtag organisiertes Hearing mit Experten aus der Zukunftsforschung an, mit besonderem Fokus auf den neuen Technologien und Informationstechnologie (IT). Idealerweise könnte dieses Hearing in der Folge zu einer Arbeitsgruppe „Technologien" im Landtag führen. Mit dem vordergründigen Ziel, konkrete Situationen zu schaffen, in denen ein Austausch zwischen Forschungsinstituten, Politik, Unternehmern und Anwendern realisiert wird.

Dies alles vorausgeschickt,

beauftragt
der Südtiroler Landtag
den III. Gesetzgebungsausschuss

als für wissenschaftliche und technologische Forschung zuständigen Ausschuss, ein Hearing des Landtags mit Experten aus der Zukunftsforschung zu organisieren, mit besonderem Fokus auf den neuen Technologien und der digitalen Transformation.

Bozen, am 29.06.2021

Gezeichnet,

L.-Abg. Dr. Paul Köllensperger *L.-Abg. Dr. Gert Lanz* *L.-Abg. Rita Mattei*

Anhang 2

Programm Landtagshearing:
„Zukunftstechnologien Südtirol 2030" (BA 437/21)
Dauer: 09.00-13:30 Uhr
Termin: 08. Februar 2022
Modus: Hybrid (physisch und online)
Ort: Südtiroler Landtag
Sprachen: Muttersprachen mit Simultanübersetzung:
Deutsch, Italienisch, Englisch
Konzeption und Wissenschaftliche Leitung:
Roland Benedikter

Inhalt: Digitale Transformation, Blockchain, Künstliche Intelligenz, Big Data: Wohin geht die Reise? Welche Zukunft erwartet Menschen und Betriebe? Die Politik muss ihre Digitalkompetenz aufrüsten

09.00 Begrüßung und Anmoderation. Technologiezukunft Südtirol: Die drei Konzepte „Zukunftstechnologie", „Soziale Ökosysteme" und „Wissensökologie" miteinander verbinden (Roland Benedikter, Zukunftskreis des Bundesministeriums für Bildung und Forschung der Bundesrepublik Deutschland und Eurac Research Bozen)

09.10 Smart City – Smart Home – Smart Mobility (Wolfgang Müller-Pietralla, Direktor Zukunftsforschung und Trendtransfer, Volkswagen AG Wolfsburg, Professor für Zukunftsforschung, Zukunftskreis des Bundesministeriums für Bildung und Forschung der Bundesrepublik Deutschland)

09.30 Künstliche Intelligenz I (Giuseppe Stefano Quintarelli, Nettuno Università Telematica Internazionale und Parlament der Republik Italien, KI-Expertenkreis der EU)

09.50 Künstliche Intelligenz II (Federico Giudiceandrea, Südtiroler Wirtschaftsring, Microtec und Akademie für KI Brixen)

10.10 Blockchain (Marco Vitale, Quadrans Foundation CH/I, Foodchain.it und Blockchain-Strategie-Initiative des Italienischen Ministeriums für Wirtschaftsentwicklung)

10.30 Data ownership / data trading / privacy (Elena Pasquali, Ecosteer/NOI Techpark Bozen)

10.50 Kaffeepause

11.20 Neue Technologien und die Zukunft des Alterns (Nicola Palmarini, UK's National Innovation Centre for Aeging NICA, UK Government und Newcastle University)

11.40 Zukunftstechnologien im Gesundheitswesen / New Health Technologies: Präzisionsmedizin/Gendermedizin (Katharina Crepaz, Technische Universität München und Eurac Research Bozen)

12.00 Mensch-Maschine-Konvergenz – einschließlich ethische Überlegungen zur Zukunftstechnologie (Karim Fathi, Zukunftskreis des Bundesministeriums für Bildung und Forschung der Bundesrepublik Deutschland)

12.20 Futures literacy (einschließlich Tech literacy) (Riel Miller, Direktor Zukunftsforschung und Zukunftsbildung, UNESCO Paris, Norwegian University of Science and Technology NTNU)

12.40 Leben und Arbeiten in Südtirol 4.0 (Ingrid Kofler, Eurac Research Bozen)

13.00 Zusammenfassung und Abschlussmoderation. Technologievision Südtirol 2030: Zukunftstechnologien und die RIS3- und Nachhaltigkeitsstrategien Südtirols. Ein Ausblick (Roland Benedikter, Zukunftskreis des Bundesministeriums für Bildung und Forschung der Bundesrepublik Deutschland und Eurac Research Bozen)

13:20 Abschluss der Arbeiten durch den Vorsitzenden der III Gesetzgebungskommission, L.-Abg. Helmuth Renzler

13.30 Ende

Die Autor:innen

(in alphabetischer Reihenfolge)

Roland BENEDIKTER (Herausgeber) war Wissenschaftlicher Leiter des Südtiroler Landtagshearings zu Zukunftstechnologien 2022. Er ist Co-Leiter des Center for Advanced Studies und UNESCO-Lehrstuhlinhaber für Interdisziplinäre Zukunftsvorwegnahme und Global-Lokale Transformation, Eurac Research Bozen, Mitautor von Zukunfts-Berichten für die US-Regierung und den Club of Rome, und war Mitglied des Zukunftskreises des Deutschen Bundesministeriums für Bildung und Forschung (BMBF) für die deutsche Bundesregierung 2019–2023. Kontakt: roland.benedikter@eurac.edu. Homepage: https://www.eurac.edu/it/people/roland-benedikter.

Katharina CREPAZ ist Privatdozentin an der School of Medicine and Health der Technischen Universität München und Senior Researcher bei Eurac Research Bozen. Kontakt: katharina.crepaz@eurac.edu. Homepage: www.katharinacrepaz.com & https://www.eurac.edu/it/people/katharina-crepaz.

Karim FATHI ist Zeitanalytiker und Berater und war Mitglied des Zukunftskreises des Deutschen Bundesministeriums für Bildung und Forschung (BMBF) für die deutsche Bundesregierung 2019–2023. Er publiziert, forscht und berät zu gesellschaftlicher Multiresilienz und kommunikativer Komplexitätsbewältigung. Kontakt: mail@karimfathi.de. Homepage: www.karimfathi.de.

Federico GIUDICEANDREA ist Gründer und Präsident von Microtec, Gründer und Präsident von CoVisionLab, Startup-Mentor und Coach im NOI Techpark, Gründer der Akademie für Künstliche Intelligenz Brixen und Präsident des Südtiroler Wirtschaftsrings. Kontakt: fg@microtec.eu. Homepage https://microtec.eu/en/company/about/.

Ingrid KOFLER ist Forscherin an der Fakultät für Design der Freien Universität Bozen (Unibz). Kontakt: Ingrid.Kofler2@unibz.it. Homepage: https://www.unibz.it/it/faculties/design-art/academic-staff/person/18815-ingrid-kofler.

Paul KÖLLENSPERGER ist Abgeordneter im Landtag der Autonomen Provinz Bozen-Südtirol. Kontakt: paul.koellensperger@landtag-bz.org. Homepage: https://www.landtag-bz.org/de/biografien/koellensperger.

Gert LANZ ist Unternehmer und war bis 2023 Abgeordneter im Landtag der Autonomen Provinz Bozen-Südtirol.

Rita MATTEI war bis 2023 Abgeordnete im Landtag der Autonomen Provinz Bozen-Südtirol und Landtags-Präsidentin.

Riel MILLER war bis 2022 Direktor der Zukunftsforschung und Zukunftsbildung / Head of Foresight and Futures Literacy, UNESCO Paris, seitdem Lehrbeauftragter an verschiedenen Universitäten und Mitglied des International Advisory Board der Norwegian University of

Science and Technology (NTNU). Kontakt: r.miller@unesco.org. Homepage: https://en.unesco.org/futuresliteracy/about.

Wolfgang MÜLLER-PIETRALLA war bis 2023 Direktor für Zukunftsforschung und Trendtransfer, Volkswagen AG Wolfsburg / Head of the Volkswagen Group Research Department Future Affairs, Lehrbeauftragter für Zukunftsforschung an der Freien Universität Berlin, Trustee der Fraunhofer ISI und Mitglied des Zukunftskreises des Deutschen Bundesministeriums für Bildung und Forschung (BMBF) für die deutsche Bundesregierung 2019–2023. Kontakt: wolfgang.mueller-pietralla@volkswagen.de. Homepages: https://www.volkswagen-newsroom.com/en/images/detail/wolfgang-mueller-pietralla-19099 und https://www.ewi-psy.fu-berlin.de/v/master-zukunftsforschung/team/Lehrende/mueller-pietralla/index.html.

Nicola PALMARINI ist Direktor des UK National Innovation Centre for Aeging (NICA) unter der Leitung der Regierung Großbritanniens, und Professor an der Newcastle University. Kontakt: nic.palmarini@newcastle.ac.uk. Homepage: http://www.palmarini.org/.

Elena PASQUALI ist Mitgründerin und Direktorin von EcoSteer Srl, einem innovativen IoT- und Blockchain-Start-up mit Sitz im NOI Techpark in Bozen. In der Vergangenheit war Elena in Management-, Geschäftsentwicklungs- und Beratungspositionen bei GE Italy, SAP AG und Capgemini UK tätig. Sie lebte rund 20 Jahre lang zwischen Italien und Großbritannien und zog 2019 nach Bozen. Ihr Ziel ist es, die Konsumenten zum Motor einer neuen, dezentralisierten, verteilten und ethischen Datenwirtschaft zu machen. Kontakt: elena.pasquali@ecosteer.com. Homepage: https://ecosteer.com/#about-us.

Giuseppe Stefano QUINTARELLI ist IT-Unternehmer, Professor für Informationssysteme, Netzwerkdienste und Sicherheit an der UniNettuno/Università Telematica Internazionale und war Mitglied des Parlaments der Republik Italien Rom, Kommission für Internetrechte, Gründer und Vorsitzender der parteiübergreifenden Parlamentsgruppe für Technologische Innovation. Er war auch Präsident der Advisory Group on Advanced Technologies in Trade Facilitation and E-Business für die Vereinten Nationen (UN/CEFACT), Mitglied des Expertenkomittees zur Künstlichen Intelligenz für die EU-Kommission und Präsident des „Comitato di indirizzo dell'Agenzia per l'Italia digitale". Kontakt: stefano@quintarelli.it. Homepage: https://blog.quintarelli.it/chi-sono/.

Helmuth RENZLER (†) war bis 2023 Abgeordneter im Landtag der Autonomen Provinz Bozen-Südtirol und Vorsitzender des III. Gesetzgebungsausschusses.

Franz SCHÖPF ist Geschäftsführender Abteilungsdirektor der Abteilung für Innovation, Forschung, Universität und Museen in der Landesverwaltung der Autonomen Provinz Bozen-Südtirol. Kontakt: franz.schoepf@provinz.bz.it. Homepage: https://home.provinz.bz.it/de/kontakte/1118.

Marco VITALE ist Gründer und Chairman der Quadrans Foundation Lugano und von Foodchain.it sowie National Blockchain Board Member des Italienischen Ministeriums für Wirtschaftsentwicklung / Ministero dello Sviluppo Economico, mit dem Auftrag, die nationale Blockchain-Strategie für Italien zu erarbeiten. Kontakt: marco.vitale@quadrans.io. Homepage: https://quadrans.io/about-us.

Wissenschaftliches Komitee dieses Buches

Prof. Dr. Hanns-Fred Rathenow, Technische Universität Berlin, Deutschland

Prof. Dr. James Giordano, Georgetown University, USA

Prof. Dr. Manfred Steger, Universität Hawaii in Manoa, USA

Bibliografische Information
der Deutschen Nationalbibliothek
Die Deutsche Nationalbibliothek verzeichnet diese Publikation in der Deutschen Nationalbibliografie; detaillierte bibliografische Daten sind im Internet abrufbar: http://dnb.d-nb.de

1. Auflage 2025

Weinbergweg 7
I-39100 Bozen
buchverlag@athesia.it

Design & Layout: Athesia-Tappeiner Verlag
Druck: LegoDigit S.r.l., Lavis

Gesamtkatalog unter
www.athesia-tappeiner.com

ISBN 978-88-6839-795-1
ISBN 978-88-6839-845-3 (e-Book)